U0270179

庐山植物园
八十春秋纪念集

胡宗刚　编

上海交通大學出版社

内容提要

庐山植物园肇始于1934年，由中国现代植物学奠基人之一胡先骕创建，著名蕨类植物学家秦仁昌、著名植物园专家陈封怀任第一、第二任主任。抗战时曾迁至云南丽江，继续工作。1946年，在陈封怀主持下复员，至1954年植物园基本建成，形成今天的园林格局。

庐山植物园一直致力于植物学研究工作，涉及植物分类学、园艺学、造林学、药用植物学等诸多领域，取得骄人成绩，奠定了庐山植物园在中国植物园界不可撼动的地位。2008年又在鄱阳湖畔建设植物园分园，开辟生态湿地、水生植物和防沙植物等新的研究领域，开启二次创业。值此建园80周年之际，出版此《纪念集》，深切缅怀胡先骕、秦仁昌和陈封怀三位创始人的光辉业绩和几代人的艰辛努力，重温他们的道德文章，向老一辈科学家致敬。

本书分为三个部分，上篇“庐山植物园八十年简史”，简略回顾植物园80年历程；中篇“庐山植物园档案选编”，收录80年来该园一些重要的历史档案文献；下篇“庐山植物园回忆”，收录曾在植物园工作过的老先生或其子女撰写的回忆文章，以亲历者身份，讲述当年的艰难岁月。

图书在版编目（CIP）数据

庐山植物园八十春秋纪念集/胡宗刚编.—上海：
上海交通大学出版社，2014
ISBN 978-7-313-11890-5

Ⅰ.①庐… Ⅱ.①胡 Ⅲ.①庐山—植物园—纪念文集 Ⅳ.①Q94-339

中国版本图书馆CIP数据核字（2014）第182932号

庐山植物园八十春秋纪念集

编　　著：胡宗刚
出版发行：上海交通大学出版社　　地　　址：上海市番禺路951号
邮政编码：200030　　电　　话：021-64071208
出 版 人：韩建民
印　　制：常熟市文化印刷有限公司　　经　　销：全国新华书店
开　　本：710 mm×1000 mm　1/16　　印　　张：23.75
字　　数：403千字
版　　次：2014年8月第1版　　印　　次：2014年8月第1次印刷
书　　号：ISBN 978-7-313-11890-5/Q
定　　价：70.00元

弘扬"三老"精神　推进二次创业

——序《庐山植物园八十春秋纪念集》

中国现代科学起步于清末民初，如在大学里开设科学课程，培养科学人才；兴办研究机构，专门从事研究等。江西省、中国科学院庐山植物园创建于1934年，在中国近现代科学史上具有重要地位，今年迎来建园80周年，胡宗刚先生将80年来各类珍贵档案资料和一些回忆文章汇编一册，以资纪念，很有价值。

庐山植物园由中国现代植物学奠基人之一的胡先骕先生筹谋创建，由著名蕨类植物学家秦仁昌先生、著名植物园专家陈封怀先生任第一、第二任主任，开辟建造。其间受抗日战争影响，播迁至云南丽江，设立丽江工作站。1946年，在陈封怀先生主持下复员，至1954年植物园基本建成，形成今天的园林格局。同时开展广泛的研究工作，涉及植物分类学、园艺学、造林学、药用植物学等诸多领域，取得骄人成绩，树立起一座丰碑，奠定了庐山植物园在中国植物园界不可撼动的地位。值此建园80周年之际，深切缅怀胡先骕、秦仁昌和陈封怀三位创始人的光辉业绩，重温他们的道德文章，令晚辈后学景仰莫名，当受益良多。

胡先骕先生学贯中西，他一生至少在四个领域卓有建树。其一，他是一位植物学家，研究领域非常广泛，从孢子植物到种子植物，从植物地理到古植物，从专科专属分类到被子植物的系统演化，均有深入研究，是中国植物学家发表新科、新属第一人。发表多篇关于中国植物区系特征和亲缘关系，以及中国东南部森林植物区系分析等重要论文，编写《种子植物分类学讲义》和《植物分类学简编》等书。发表关于山东山旺第三纪植物区系专著，开辟中国古植物学新纪元，1948年发表活化石水杉，更是轰动国际植物学界。其二，胡先骕是中国植物学事业创始人，1921年在南京高等师范学校创建中国大学第一个生物学系，任系主任；1922年与著名动物学家秉志一同在南京创办中国科学社生物研究所，任植物部主任；1928年又与秉志一道在北平创建静生生物调查所，先任植物部主任，1932年任所长。其后创办庐山森林植物园、云南农林植物研究所，则为再传之薪。这些研究机构渐次兴建，为中国植物研究事业奠定坚实基础。其三，胡先骕是一位教育家，历任南京高等师范学校、东南大学、北京大学、北京师范大学教授；中正大学首任校长；编写中国大学第一部植物学教科书，培养门生众多，不少后来成为中国著名的动植物学家，如杨惟义、张肇骞、汪发缵、唐进、郑万钧、俞德浚等。其四，胡先骕还是一位造诣精湛的国学家，是中国传统文化的守护者，曾为《学衡》主将；他对清诗的评论，为旧学宿儒所赞佩；他还是著名的旧体诗人，有《忏庵诗稿》行世。民国时期，胡先骕拥有崇高学术地位，为中央研究院第一届、第二届评议员，中央研究院第一届院士。胡先骕并非仅为自然科学家，他具有现代公共知识分子的品性，对国家政治、经济、教育、文化均有独到见解，曾发表大量政论文章。总之，无论文理，胡先骕均有建树且足以彪炳史册。

庐山植物园创建只是胡先骕一生事业中的一项，但却是他最钟爱的事业。创建植物园是他早有的梦想，直至1933年，受国民政府江西省主席熊式辉邀请，为江西省筹划组织集农林管理、农林教育和农林研究于一体的江西省农业院，第二年即筹划由北平静生生物调查所与江西省农业院在庐山合办一座植物园，于当年8月20日宣告成立，委托秦仁昌主持。

秦仁昌是世界著名蕨类植物分类学家，1925年毕业于金陵大学，师从陈焕镛先生。1929年任中央研究院自然历史博物院植物部技师，1930年春获中华教育文化基金会资助，前往丹麦等欧洲诸国访问研究。1932年回国，任静生生物调查所技师，兼植物标本室主任。1934年庐山森林植物园创建，主动请缨，来到庐山。此时的秦仁昌已享誉国际植物学界，他没有留恋都市生活，而是率领十余人，在偏僻的庐山含鄱口三逸乡开创植物园事业。没几年，植物园初具规模，建有多个展览区，引种植物达4 000多种。1938年日寇进犯江西九江，植物园员工不得不撤往云南。后在秦仁昌率领下，在丽江设立工作站，从事高山植物研究，并采集大量植物标本，秦仁昌在此完成水龙骨科系统修订的论文。

1934年，为将庐山森林植物园建设成世界一流植物园，胡先骕特嘱即将赴英国留学的陈封怀,往爱丁堡皇家植物园学习植物园造园及报春花科植物分类。他1936年学成回国,即来庐山任园艺技师,此后植物园园林建设即出自其手。陈封怀1927年毕业于东南大学,毕业后曾一度任教于清华大学,1931年1月入静生所。1946年抗战胜利后,陈封怀受命返回庐山,主持植物园复员。1950年,庐山植物园成为中科院植物所庐山工作站,植物园建设得到发展,成为既有美丽园林外貌,又有丰富科学内涵和深厚文化底蕴的科研机构,享誉国内植物学界。此后,中国植物园事业发展迅速,各地兴建植物园,均重陈封怀之名,或请为规划设计,或亲为实施建造,如南京中山植物园、杭州植物园、武汉植物园、华南植物园等,甚至朝鲜兴建中央植物园也邀请前往规划设计。

陈封怀1958年离开庐山植物园,虽然与庐山依然保持密切联系,依然关心植物园发展,胡先骕、秦仁昌也不时予以关顾,但由于受政治运动影响,植物园发展缓慢。1978年后,虽受地域条件限制,庐山植物园得慕宗山、秦治平、徐祥美、杨涤清、王永高、郑翔、张青松等领导先后主持,作出辛勤努力,植物园事业稳实发展。

"雄关漫道真如铁,而今迈步从头越。"新时期、新阶段、新发展,2010年,植物园在庐山脚下兴建鄱阳湖分园,至今已征地536亩,计划投资2.3亿元人民币。该园以科技创新平台和专类园建设为主,重点对鄱阳湖流域的水生、湿生植物以及药用植物和珍稀濒危植物进行引种、保育和开发研究。庐山植物园的母园、子园将以"资源保育、科研创新、科普宣传、服务社会"为宗旨,依托名山大湖,以水生、湿生植物种类的保育及鄱阳湖湿地生态系统研究为重点,以山地植物与水生、湿地植物共彰特色,争取早日实现国际一流的大型植物园建设目标,为国家生物多样性保护和生态安全建设,以及地方经济建设贡献力量,为实现中华民族伟大复兴的"中国梦"而努力!

今天,我们将胡先骕、秦仁昌、陈封怀三位创始人尊称为"三老",他们献身科学、报效祖国、艰苦创业、以园为家的精神,已化为庐山植物园的核心价值,被一代又一代植物科学工作者传承光大。最后,谨以小诗《许多植物高过你的头顶》[1]作为此序结尾。

---

① 此诗刊载于《诗刊》2014年7月号。

许多植物高过你的头顶

逝者如斯
船行走在水之上
船之上
鸟慌张地盘旋

鸟衔着一粒种子
试图飞越一座山
种子落地长成一棵树
自己就在树上筑巢

山高于水
水高于土
你看我的周围
许多植物高过你的头顶

是为序。

吴宜亚

2014年7月16日于鄱阳湖植物园

吴宜亚：中共江西省、中国科学院庐山植物园党委书记。

目　　录

上篇　庐山植物园八十年简史（1934—2014）

一、胡先骕与庐山森林植物园之创办 ………………………………………… 003
二、秦仁昌与庐山森林植物园之初创（1934—1938）………………………… 009
三、庐山森林植物园丽江工作站（1938—1945）……………………………… 023
四、陈封怀与庐山森林植物园之复员（1946—1949）………………………… 028
五、中国科学院植物研究所庐山工作站（1949—1958）……………………… 032
六、几经改隶（1958—1976）…………………………………………………… 038
七、平稳发展（1977—2007）…………………………………………………… 048
八、二次创业——鄱阳湖分园之兴建（2008—2014）………………………… 054

中篇　庐山植物园档案选编

静生生物调查所设立庐山森林植物园计划书　胡先骕……………………… 061
庐山森林植物园募集基金计划书　静生生物调查所、
　　江西省农业院……………………………………………………………… 063
保护庐山森林意见　秦仁昌……………………………………………………… 073
胡先骕关于创办庐山森林植物园函札………………………………………… 078
秦仁昌关于创建庐山森林植物园函札………………………………………… 085

陈封怀与任鸿隽来往函札…… 091
庐山森林植物园工作报告…… 100
庐山森林植物园第二次年报…… 108
庐山森林植物园第三次年报…… 118
庐山森林植物园第四次年报…… 129
庐山森林植物园［民国］三十七年度工作年报 …… 136
中国科学院植物研究所庐山工作站现在状况和发展计划
庐山工作站…… 140
庐山植物园解放数年来工作总结 中国科学院植物研究所
庐山工作站…… 149
关于植物园建园工作一些问题 陈封怀…… 162
庐山植物园造园设计的初步分析 陈 忠…… 167
参加庐山植物园纪念建园30周年日记 竺可桢 …… 177
毛泽东及中央其他领导视察庐山植物园情况 中共庐山植物园
支部委员会…… 189
慕宗山日记（1980年1月至8月） 慕宗山 …… 194
敢问路在何方 郑 翔…… 211
庐山植物园鄱阳湖分园建园分析 吴宜亚…… 223
鄱阳湖植物园大事记…… 231

下篇 庐山植物园回忆

回忆庐山森林植物园 熊耀国…… 311
庐山森林植物园丽江工作站始末记 冯国楣…… 318
山中无老虎的岁月 胡启明…… 322
淡淡的人生 深深的追求 陈贻竹…… 328

胡先骕与庐山植物园内的“三老墓” 胡德焜 …………………………… 336
景寅山记 李国强……………………………………………………………… 342
我所亲历亲见的陈寅恪先生归葬庐山之过程 胡迎建…………………… 348
雷震与庐山森林植物园 胡宗刚…………………………………………… 351
且把清明祭先人 郑 翔…………………………………………………… 354
钱仲联为纪念胡先骕题诗 胡宗刚………………………………………… 358
马曜与庐山 胡宗刚………………………………………………………… 362
闪烁的界碑 吴宜亚………………………………………………………… 365

后记 胡宗刚………………………………………………………………… 367

上篇
庐山植物园八十年简史①
(1934—2014)

① 本篇共八个章节，前七个章节由胡宗刚执笔，第八章节由鲍海鸥执笔。

一、胡先骕与庐山森林植物园之创办

庐山森林植物园创办于1934年，其创始人是北平静生生物调查所时任所长胡先骕，植物园由静生所与江西省农业院合办。

图1-1 1925年，胡先骕第二次留美，获哈佛大学博士学位。

胡先骕(1894—1968)，字步曾，号忏庵，江西新建人。1909年入京师大学堂预科学习，1911年清王朝被推翻，学堂停办，胡先骕回乡，参加江西省都督府举行的选拔留洋学生考试，获录取，赴美国加州大学伯克利分校留学。开始选择的专业是农学，旋改为植物学。1916年，胡先骕获学士学位。回国后首选往其母校、时已改名之北京大学求职，欲得教员职位。但是北京大学并没有接纳他，只好改在北京一所政法学校教授英文。几个月后，辞职南下，欲在上海商务印书馆谋一职位，也未获同意。两次求职，均告失败，使胡先骕甚为失意，最后在一位江西籍议员介绍下回到家乡，就聘江西省实业厅，任庐山森林局副局长。

庐山森林局成立于清宣统三年(1911)，由江西劝业道在庐山名刹东林寺附近择地开办。民国后，森林局划分为三区：东林为第一区，黄龙为第二区，另辟湖口为第三区，总事务所设于九江城内。胡先骕入森林局时，该局成立未久，人员变动频繁，且无长远计划。甚为失意的胡先骕，寄居于九江与东林之间，以抄写宋诗排遣忧怀，亦尝往黄龙，登临庐山之巅。1917年秋，胡先骕调回南昌，任省实业厅技术员。1918年，受南京高等师范学校农林专修科之聘，移家南京，任该校植物学与园艺学教授。

胡先骕在庐山工作虽仅半载，在与庐山自然风光交融中，得到纯美之熏陶。

这段美好情感，在其日后生涯中起了重要作用，为其选择庐山创办植物园奠定了情感基础。有学者认为，胡先骕在庐山森林局时，即有创设植物园的构想。笔者认为这应该是后人的臆想。以庐山森林局当时事业状况，以及胡先骕之思想情态，皆未有创办一项事业之可能，更何况他并不是森林局的主持者。胡先骕之有创办植物园志向，是在10年之后的1926年，尝言曰："本人有志于创设植物园，在民国十五年，当时执教鞭于东南大学，有美国哈佛大学萨金得博士，即要求双方合作，在东大设一植物园，培植吾国植物，其经费由双方募集之，嗣因北伐军兴，此议作罢。"①此时，正是胡先骕第二次留美，获哈佛大学博士学位回国之际。

1918年，胡先骕往南京之后，在高等师范学校农科主任邹秉文的支持下，前往浙赣进行大规模植物标本采集，与人合编《高等植物学》教科书。其后，高等师范学校改组成立东南大学，1921年，他与动物学家秉志一起，创建了中国大学中第一个生物系。翌年，在中国科学社任鸿隽、杨杏佛等支持下，又与秉志一起创办中国科学社生物学研究所，此为中国第一个生物学研究机构，开辟了中国生物学事业之新纪元。1923年秋，胡先骕为全面研究中国植物种类与区系，得江西省教育厅资助再度赴美，入哈佛大学，攻读植物分类学博士学位。哈佛大学乃世界著名学府，全世界的学者无不以入哈佛为荣。该校的"阿诺德树木园"（Arnold Arboretum）享誉全球，园中栽植木本植物达6 000余种，其中不少来自中国，大多为该园采集家威尔逊（E.H.Wilson）博士先前四次来中国采集而得。该园致力于中国植物研究，收藏中国植物标本甚为丰富，为当时研究中国植物的权威机构。胡先骕在此，跟随导师杰克（D.G.Jack）撰写《中国有花植物志》。该园景致甚为美丽，同样引起胡先骕注意，徜徉其中，感慨良多，遂有回国创办植物园之志。1926年，东南大学与哈佛大学有合办植物园之议，后因北伐战起，未能实施。

1927年，秉志、胡先骕领导的中国科学社生物研究所发展迅速，但其研究范围尚未能伸展到中国北方。因此，中华文化教育基金董事会与尚志学会在北平成立一生物调查所，由尚志学会出资15万元，交由基金会保管生息，用于购买有价证券，调查所常年经费则由基金会拨付。该所管理，由中基会和尚志学会共同组成委员会，负责审定预算、聘定所长和重要决策等。

在该所筹备过程中，中基会干事长范源廉不幸去世。范源廉（1874—1927），字静生，湖南湘阴人，早年出身于湖南时务学堂，和蔡锷、杨树达等人同学于梁启超。戊戌变法失败后，湖南旧派当权，遂往日本。在日本，他做过宏文学

---

① 张大为编：《胡先骕文存》上册，南昌：江西高教出版社1995年，第337页。

院速成师范科和法政大学速成法政科的翻译。后学于东京高等师范，攻博物学。回国后，组织国民促进会、尚志学会。民国肇始，蔡元培任教育总长，范任次长。未几，蔡离去，他继任总长。后曾任北京师范大学校长两年。范源廉素爱自然，暇时辄治博物之学，十几年不辍。1925年，由中美两国民间知名人士共同发起，以美国退还庚子赔款余额，成立中华文化教育基金董事会，范源廉出任干事长。

为纪念范源廉倡导生物之学，特将新成立的调查所命名为“北平静生生物调查所”，所址在石驸马大街83号范源廉旧居，范家以“范景星堂”名义捐赠于调查所使用。

静生所在筹办之时，胡先骕即北来谋划。成立之初，秉志兼任所长并任动物部主任，每年来所工作两次。胡先骕任植物部主任，所长不在时代理所长之责。1931年，秉志难以兼任所长而辞职，由胡先骕继任。静生所成立后，设立植物园即列为事业之一。1930年10月13日，静生所委员会召开第六次会议，胡先骕列席。会上，胡先骕报告了西山植物园计划：“因林斐成君拟将其鹫峰林场地亩捐入本所作植物园，但以本所能筹三万元以添购地亩及建筑为条件。决议由所中派人合同林先生作测量以计算添山地之价值。”①并派陈封怀负责办理。但不知何故，此项计划未能实施。数年后，胡先骕应西部科学院卢作孚邀请，前往四川北碚，为该院创设植物园作指导，仍对西山植物园事念念不忘，感叹云：“作者有意在北平创一植物园，数载于兹，尚无眉目。而在数千里外，在作者指导之下植物园，在短期内即可实现，可见在适当领袖人物领导下，百事皆易于成就也。”②由之可见，创建植物园一直萦绕于胡先骕的心中。

因北平未寻得恰当园址，静生所创设植物园计划无从进展，然而，在江西庐山，却如意得到。1930年代初，陈三立寓于庐山，有感山志之不修甚久，乃倡议重修《庐山志》。时南丰吴宗慈也寄居牯岭，欣然从命，担任其事，又聘请胡先骕主持撰写庐山动植物。胡先骕论诗宗江西诗派，陈三立乃江西诗派的祭酒，又是乡邦先贤，早在胡先骕任教南京高等师范学校时，陈三立也寓居南京，胡先骕常往拜谒，得其亲炙，交往甚密。1931年8月，为编写《庐山志》，胡先骕率静生所同仁、动物学家寿振黄、昆虫学家何琦等同行重上庐山，对庐山动植物资源作科学考察。

此次登临庐山，胡先骕对庐山植被类型、野生观赏花木、果树及药用植物等

---

①《静生生物调查所委员会议记录》，南京：中国第二历史档案馆，609（3）。

② 胡先骕：《中国科学发达与展望》。《胡先骕文存》下册，南昌：江西高教出版社1995年，第260页。

作了全面的科学考察，得庐山林场雷震协助甚多，共采得蜡叶标本300余号，木材标本11段，皆带回北平。[①]此番考察，发现许多庐山特有植物分布，而一些东南诸山广布的植物，在庐山却未发现，后来他撰写了《庐山之植物社会》一卷。更重要的是，这次登山，令胡先骕感到庐山也适宜建一个森林植物园，可以实现多年的夙愿。

30年代的庐山，自蒋介石驻山避暑起，国民政府大员辐辏咸集，可谓全国政治“副中心”，牯岭一隅，乃有“暑都”、“夏都”之称。优越的政治地位和宜人的气候，使得学界名流亦多云集于此，自然形成了良好的文化氛围。胡先骕选择庐山创办植物园，主要是因为庐山的文化环境，而庐山的地理环境、自然条件、植物种类还属其次，只有优先考虑社会条件，才容易得到政府和社会各界的支持，而主其事者也容易得到社会的关注，获得声誉。

此时胡先骕已经是著名学者，与国民政府要员多有交往，也常对国家建设、教育、科学等领域提出意见，尤其得江西省主席熊式辉倚重。由于受家庭、教育和师长的影响，胡先骕思想本属于保守，五四运动后，仍坚守中国传统价值观念，虽有以科学服务社会的人生观，但对现实政治并不关心。在东南大学，他与吴宓、梅光迪组织《学衡》杂志社，与胡适大开笔战，当时胡适等人与他在京师大学堂的老师林琴南展开论争，欺侮林琴南不懂英文，他出来为老师鸣不平。但自从他第二次留学美国，不仅随导师杰克教授治植物分类学，也受其西方公共知识分子品德的影响，对社会政治、经济、文化、教育等问题发生兴趣。回国之后，看到国民政府一些新政策使社会发生新的变化，胡先骕逐渐认同国民党政府。看到有学者步入政府从政，他便认为，经过知识分子治理，国家将会走上正轨。1931年，熊式辉主持江西省政，邀请萧纯锦回江西任职。萧纯锦，字叔絅，江西泰和人。留美习经济专业，曾任东南大学经济系主任，《学衡》社员，与胡先骕交往深厚。当熊式辉邀请时，萧纯锦特来与胡先骕商量。胡怂恿他回江西，并写了一封长函与熊式辉，对江西省政变革提出一些建议。这是胡先骕与政府要员接触之始。其后，萧纯锦出任江西省财政厅长，胡先骕的学识也为熊式辉所赏识。胡先骕接近熊式辉，并不是谋求个人仕途，他有自己的事业，只是想借重熊式辉，使自己的事业得到发展。由于胡先骕无私心杂念，对熊式辉敢于提出批评，并以自己的学识提出建议；而熊式辉亦有接受的雅量，故两人相交渐深。在熊式辉执政十年里，不仅支持胡先骕办植物园计划之实现，还推荐

① 《静生生物调查所第四次年报》。

他出任中正大学首任校长。

1931年，震惊中外的"九一八"事变爆发，日本发动侵华战争，占领中国东三省。东北沦陷，华北也危在旦夕，北平许多文化教育机构都在作撤往南方的准备，静生所在庐山设立植物园也有此层打算。1933年1月17日，胡先骕在静生所委员会第十一次会议上提出议案："华北情势终难乐观，拟先在庐山筹建分所，以作将来迁徙基础。"[①]此为胡先骕首次正式提出在庐山建设植物园之议。有委员认为，迁所尚未至其时，故未将提案议决。虽未议定，但丝毫没有影响胡先骕的决心。之所以在这次会议提出此项建议，是因为此前不久接到江西省政府主席熊式辉邀请，回江西参与讨论江西省建设，或者他已预感到，在庐山创办植物园，可以得到江西方面的支持。此次会议中，胡先骕还告假一月，以应熊式辉之邀。

胡先骕认为，要复兴农村，实有组织大规模农业和改良农业机关之必要，如此才能宣传和组织现代农业生产，故提倡设立农业院。省政府听取了胡先骕的建议，"虽在兵燹凋敝之余，尚不惜巨金以设立农业院，以为农业研究与推广之机关。"[②]1933年3月14日，农业院正式成立。胡先骕还向熊式辉推荐时任北京农业大学教授的农业经济学家董时进来江西任职，聘为农业院院长。而胡先骕本人，及著名农学家邹秉文、萧纯锦等则兼任该院理事，辅助业务之实行。农业院是综合主持全省农业研究、农业推广和农业教育的机关，直隶于省政府。在当时国内各省中，此类机构很少，可见熊式辉主持省政之业绩。农业院先设于南昌南关口，后迁至莲塘，建有办公及研究大楼一幢。

1933年12月，胡先骕再度来江西，出席农业院理事会第一次会议。会上，胡先骕力陈由静生生物调查所与江西省农业院合办庐山森林植物园想法，得到与会理事的赞同。回北平后，12月22日静生所委员会第十二次会议上，胡先骕汇报了在江西的情况，再次提出筹设庐山森林植物园议案及筹设方式和预算，得到原则上通过。1934年3月22日，在中基会第八十三次执行、财政委员会联席会议上，由干事长任鸿隽提出，讨论通过静生生物调查所与江西省政府合作，设立庐山森林植物园议题。合作基本方式是，江西省政府拨付地亩及开办费，日常运作经费每年1.2万元，则由两家平均负担，先行试办三年。[③]

---

① 《静生生物调查所委员会议记录》。南京：中国第二历史档案馆，609（3）。

② 胡先骕：《中国科学发达与展望》。《胡先骕文存》下册，南昌：江西高教出版社1995年，第260页。

③ 赵慧芝：《任鸿隽年谱（续）》，《中国科技史料》，第10卷第1期，1989年。

胡先骕以其在学界的地位和出色的组织才能，说服了静生所委员会，使得在庐山创建森林植物园成为大家的共识。之后，胡先骕即开始了创办工作。他致函江西省政府，请求捐地亩、划拨开办费，并担任常年经费的半数；亲自起草《静生生物调查所设立庐山森林植物园计划书》、《江西省农业院静生生物调查所合组庐山森林植物园办法》、《庐山森林植物园委员会组织大纲》、《庐山森林植物园预算》等重要文件，并寄往江西。1934年3月，农业院理事会第二次常务会议议决，合组庐山森林植物园管理办法，所担经费半数6 000元的预算等也获准通过，自3月起支。但开办费2万元预算未获通过，而是以划拨兴建植物园土地，其地上房屋等资产抵作开办费。其时，江西省农业院成立未久，经费预算每年虽有30万元，然事关全省农业建设，对植物园不能有更多拨付。常年经费从3月起支，是从商议创办植物园时开始计算，已属尽力。对创办植物园所需地亩，江西省农业院理事会第三次常务会议决定：指拨庐山含鄱口省立农业学校林场地址及房屋作为植物园开办的园址和设备。1934年5月中旬，胡先骕即派秦仁昌南下，经九江而登庐山，了解学校林场所在地含鄱口三逸乡，勘查周边地形情况，以确定是否适宜建造森林植物园。

二、秦仁昌与庐山森林植物园之初创（1934—1938）

图 1-2　1931 年代秦仁昌赴丹麦访学时留影。

在静生生物调查所与江西省农业院就合办庐山森林植物园进行磋商之时，胡先骕也与静生所同仁、标本室主任秦仁昌商定，请其南下主持。秦仁昌对建设植物园素有兴趣，欣然接受。秦仁昌（1898—1986），字子农，江苏武进人。出生于农民之家，自幼却受到良好的教育。1914年入江苏省第一甲种农业学校，师从我国林学界老前辈陈嵘和植物学开创者之一钱崇澍，遂对植物学发生兴趣。1919年入金陵大学，得到中国植物学另一开创者陈焕镛的指导。由于家境贫寒，在毕业前一年，因陈焕镛提携，介绍到东南大学任其助教，遂与胡先骕交往。1926年，秦仁昌感到蕨类植物研究在中国尚属空白，遂决心在此领域肆力。1929年中央研究院自然历史博物馆成立，秦仁昌任植物部技师。1930年春，为深入研究蕨类植物，秦仁昌获中华教育文化基金会资助，前往丹麦访问研究，后往英国丘皇家植物园继续研究。之后，秦仁昌不仅对中国所产蕨类进行全面整理，更重要的是，对整个蕨类的分类系统进行修订，创建新的分类系统。此次欧洲之行，为蕨类植物系统创建奠定了基础。今日世界各国蕨类植物学家所用系统，大多为秦仁昌之系统，可见具有广泛的国际影响。秦仁昌在欧洲时，还拍摄了1.8万张中国植物模式标本照片，这些照片极为重要，是后人研究国产植物不可或缺的材料。

秦仁昌在欧洲留学和考察期间，秦仁昌还曾访问过了不少国家的植物园或皇家园林，见到许多原产于中国的植物在那里被广为广泛栽培，并引以为荣，甚至有“无中国花，不成花园”之说。相比之下，秦仁昌在欧洲所感与胡先骕在美国所感有类似之处，在植物资源极其丰富的祖国，却不为国人所知，即是连一个像样的植物园也没有。这种感觉与胡先骕留学美国后的感觉颇有类似之处，故决心在回国之后，创办一个正规的植物园。1932年秋，秦仁昌回国，任静生所技师[①]兼植物标本室主任。当静生所决定与江西农业院合办植物园于庐山时，秦仁昌愿承担任建园之责，其时，他在蕨类植物研究领域已经取得卓越成就。

1934年5月中旬，秦仁昌南下，了解含鄱口三逸乡及周边情况，实地勘查。考察结果令秦仁昌非常满意，回北平向胡先骕汇报南行经过。胡先骕其后致中基会云：“该林场地址及房屋曾经敝所技师秦仁昌前往踏勘，据云该地最适宜于植物园之用，面积约一万亩，多杂木，其谷底平地与缓斜地，可供苗圃用者约二千五百亩，土质肥沃，在庐山首屈一指。植有日本扁柏、枞树、落叶松、厚朴等数千株，均已蔚然可观。昔日有房屋五幢，今惟最大一幢，略加修葺，可供办公之用。”[②]

含鄱口为庐山著名景区，位于庐山东南部，《庐山志》记载：“为栖贤谷最北之山巅，在含鄱岭东南，乃天池之南道，口向鄱湖而峻，势若可吞鄱湖，故云。”[③]其地距牯岭8里，去九江50余里。三逸乡为含鄱岭与月轮峰之间的山谷，海拔1 154米。谷内绿树成荫，溪壑交错，流泉潺湲，终岁不绝。这里地形多样，土壤肥厚，水源充沛，环境优良。如此自然条件，不仅可栽培陈列不同的植物，同时利用自然地形，还可营造优美的园林风景。

三逸乡在历史上曾建有多处庙宇，今尚有多处荒冢，只是碑文泯灭，不悉何代之物，而历代《庐山志》也失记，几无可考。民国三年（1914），张伯烈偕二位好友在此有创立新村计划，建造别墅，植树造林，名之为“三逸乡”并镌石，至今保存完好，只是右边镌刻的三位堂名在植物园之前即被铲除。山林地界处立有“亚农森林界”石碑以作标记。张伯烈（1872—1934），字亚农，湖北随州人。1912 年1月任南京临时政府参议员，4月任北京政府参议员。1922年第二次恢复国会时，复任众议院议员、副议长。张伯烈在月轮峰南麓所建别墅曰亚农山庄，栽植林木约十余载，初具规模，“多数蔚然成林，惜其后管理不严，斧斤时加。”至庐山植物园开办时，“张氏当时所植主要树木有杉木、柳杉、日本枞、日本落叶

① 静生所技师职称如同今日之研究员，其研究员如同今日之助理研究员。

② 静生所致中基会，1934 年 6 月 12 日。南京：中国第二历史档案馆藏静生所档案，全宗卷 609，案卷号 21。

③ 吴宗慈：《庐山志》（重印本）上册，南昌：江西人民出版社 1996 年，第 288 页。

图 1-3　三逸乡石刻原貌。

图 1-4　2013 年三逸乡石刻。

松、扁柏、日本厚朴、马尾松、赤松”，[①]只是所余无几。今天庐山植物园内尚有一些高大树木，即植于当时。北伐成功后，张氏私产被国民政府没收，三逸乡林场及其别墅也收归国有。1928年，由江西省政府议决，连同七里冲、青莲谷之国有土地和山林拨归星子林业学校，名为演习林场，不久该校迁移牯岭。1933年江西省农业院成立，该校与沙河农林学校合并，改称江西省立农林学校，隶属于农业院，三逸乡演习林场也就改称江西省立农林学校实习林场。[②]

1934年6月15日，胡先骕据《合组庐山森林植物园办法》第三条和《庐山森林植物园委员会组织大纲》第二条之规定，向江西省农业院函告：“敝所委员会推定范锐旭东、金绍基叔初二先生为庐山森林植物园委员。”范锐（1884—1945），字旭东，实业家，范静生之胞弟。1914年在天津塘沽开办久大盐业公司，创办永利制碱公司。其于静生所及庐山森林植物园多有资助。随后胡先骕又函告：“暂拟聘请敝所技师秦仁昌为庐山森林植物园主任，雷震为技士，俟将来委员会正式委任。”[③]江西省农业院也在第五次理事会常务会议上推定，理事程时煃柏庐、理事龚学遂伯循担任庐山森林植物园委员会委员。[④]

庐山森林植物园仿照静生所委员会，由合组双方共同成立委员会，为植物园最高决策机构。据《组织大纲》，静生所所长、农业院院长、植物园主任为委员

① 《庐山森林植物园第一次年报》。

② 《庐山森林植物园募集基金计划书》，南京：中国第二历史档案馆，609（36）。

③ 胡先骕致江西省农业院，南昌：江西省档案馆，61（1055）。

④ 江西省农业院致胡先骕，南昌：江西省档案馆，61（1055）。

会当然委员，另由静生所、农业院各推举2人，共7人组成该委员会。第一届委员会成员有胡先骕、董时进、秦仁昌、范锐、金绍基、程时煃、龚学遂。按《组织大纲》规定，委员会每年召开一次会议，听取园主任上年度工作汇报，讨论和决策年度预算及植物园重大事件。

与此同时，胡先骕又令时在庐山的雷震先往林业学校办理交接手续。雷震（1903—1978），江西南昌县人，1923年毕业于江西农业专门学校，即入庐山林场任技士十余年。胡先骕1931年来庐山调查植物时，与之相稔。7月1日，雷震会同农业院技士冯文锦一同前往庐山含鄱口农林学校办理正式交接手续，将该校林场山地、房屋、家具、农具等分别赶造清册，绘制山林地图，由农林学校陈达民与雷震负责移交，并在《清册》上签字盖章。计有山林土地9 379亩，房屋1幢，工人宿舍1幢，物品主要有《藏经》4箱、《湖北通志》1箱、竹对联1副、记温亭1个，[①]盖为张伯烈时期旧物。

随后，秦仁昌也赶赴庐山，着手开办工作，诸事安排妥当后，又回北平料理他事。7月16日临行之前，致函董时进，汇报筹备进展："昌自离省来山后，即到此积极筹备，房屋修葺、改造、油漆，定制家具、农具，修建桥梁道路，现各事都在顺利进行中。昨日到了平方职员数人，帮同筹备，昌将各事安排妥当后，即于日内下山过京北返，料理公私各事，至迟于八月十五日可再到山。植物园正式成立，相约八月廿三、四号左右。"[②]秦仁昌果不负众望，董时进对他的工作非常满意，回函云："承示筹备情形，甚佩贤劳，亦为森林植物园前途得人庆也。"[③]返回北平后，秦仁昌稍加料理，即携新婚之妻一同移居庐山，在此开辟新事业，为中国植物学史揭开新的一页，并继续从事蕨类植物研究。胡先骕也偕静生所及中基会成员南来，会同江西省农业院成员，于8月20日举办植物园成立典礼。

民国时期，中国自然科学最大的学术团体当属中国科学社，在1937年抗战全面爆发之前，该社网罗了自然科学所有学科的大多学者，每年夏季都要择地举行年会，1933年始，各学科之学会也在年会期间分别举行会议。1934年第十九次年会定于8月22日在庐山举行，胡先骕遂借此机会，于8月20日举行植物园成立典礼，邀请出席年会的代表参加。这天下午1时，科学社理事

---

① 《江西省农业院附设农林学校林场地亩房屋器具山林苗木清册》，南京：中国第二历史档案馆，609（36）。

② 秦仁昌致董时进，1934年7月16日，南昌：江西省档案馆，61（1059）。

③ 董时进致秦仁昌，1934年7月，南昌：江西省档案馆，61（1059）。

会在莲花谷召开，之后即翻过大月山，经七里冲，来到三逸乡之春色满园，参加3时在这里举行的植物园成立典礼。出席典礼的著名科学家甚多，从签名簿可知，有动物学家秉志、气象学家竺可桢、农学家邹秉文、植物分类学家钱崇澍、植物形态学家张景钺、物理学家胡刚复、林学家傅焕光、林学家郑万钧、动物学家张孟闻、林学家侯过等。前来祝贺的知名人士众多，可见庐山植物园创建，寄托了中国科学界的厚望。

庐山植物园之诞生，选择了极好的地点——国民政府之“夏都”；选择了极好的时间——四方学者云集庐山之时。植物园果然不负学界重托，在蕨类植物分类学家秦仁昌主持下，后又有植物园专家陈封怀加入，不几年，以其进步之速、成绩之优，获得广泛称赞，赢得国际声誉。之后，胡先骕曾说：“庐山森林植物园成立虽仅两年，而进步之速、规模之大，至为可惊。他日对于植物学、森林学与园艺学之贡献，殆不可以臆计也。”庐山森林植物园的创办成功，加之静生所事业不断壮大，遂使胡先骕在中国科学界的地位亦不断上升。1935年被遴选为中央研究院首届评议员，1948年又被评为中央研究院首届院士。

图1-5　庐山森林植物园成立时员工合影。前排左起：胡先骕、秉志、秦仁昌；后排左起：曾仲伦、刘雨时、涂藻、冯国楣、雷震、汪菊渊。

在植物园成立典礼之日，还召开了庐山森林植物园委员会第一次年会，出席的委员有胡先骕、程时煃、范锐、秦仁昌、董时进。金绍基缺席，由胡先骕代表。会议由胡先骕任临时主席，秦仁昌任书记。经过讨论形成下列决议：

（一）推定本委员会职员、正副委员长、书记各一人。程柏庐为正委员长、范锐为副委员长、董时进为会计、秦仁昌为书记。

（二）追任秦仁昌为植物园主任及由植物园主任推荐各职员之任命：

1. 技士雷震，字侠人，22岁，江西南昌人，江西公立农业专科学校林学专业毕业，历充江西农专白鹿洞演习林场及江西省立庐山林场技士。

2. 技士汪菊渊，字辛农，21岁，江苏上海人，金陵大学农学士。

3. 技助曾仲伦，字艺农，20岁，湖南邵阳人，浙江大学代办省立高级农业职业学校卒业。

4. 会计涂藻，字镜清，48岁，江西丰城人，北京大学毕业，历充北大预科英文事务员兼本科法文校对员，农工部佥事，尝任事社会调查故宫抄档处保管员。

5. 练习生刘雨时，字润生，20岁，河南通县人，北平私立进德中学毕业。

6. 练习生冯国楣，18岁，江苏宜兴人，无锡私立匡村初级中学毕业。

7. 施尔宜，23岁，云南大姚人，浙江农学院修业。

（三）植物园主任报告筹备经过及下半年度计划。

（四）确定本园事业方针。本园事业方针分森林植物及园艺植物之研究，研究旨趣分为“纯粹植物学研究与应用植物学研究”两个方面。纯粹植物学之研究，乃胪列各种植物，聚植于一处，供学术上之研究及考证；应用植物学之研究，为研究各种植物之繁殖利用等方法，为改进全国农林事业之张本。

（五）通过下年度预算案。

（六）决定报销手续。

（七）决定植物园生产之收入，全部归植物园增加预算之用。①

早在秦仁昌准备南下来庐山筹设植物园时，陈封怀即向其介绍时在庐山的李一平，认为植物园与当地事务可请他帮助。李一平（1904—1991），云南大姚人，东南大学毕业，无党派人士。1930年代初来庐山养病，在养病之余，于芦林兴办存古学校，免费招收附近学生。在庐山，其与国民党军政人士来往密切，于庐山植物园事业予以热情关顾，并推荐学生杨钟毅、熊耀国到植物园工作。杨钟毅，陕西华县人，系著名古生物学家杨钟健胞弟，抗日战争前离开植物园。中华

---

①《庐山森林植物园委员会议记录》，南京：中国第二历史档案馆，609（13）。

图 1-6　汪菊渊在庐山森林植物园时留影。

人民共和国成立后,曾供职于陕西渭南林业局;熊耀国(1910—2004),江西武宁人,其在植物园服务甚久,做出较大贡献。

植物园建园之初只有为数不多的人员,由于秦仁昌对员工要求非常严格,[①]故与静生所一样,具有浓厚的研究和学习气氛。据熊耀国言:秦仁昌每天早饭后出门,手拿拐杖到全园巡视一遍,风雨无阻。他身材高大,接近2米,体格强壮,精力旺盛,夜里则在油灯下研究蕨类植物,不知疲倦。身体素质好是学术研究之基,故其成绩非一般体弱者可以比拟。建园之初,主要任务是开辟苗圃、修筑道路、修沟砌磡、采种造林等,这些工程需要大量劳动力,招募民工由雷震全权指挥,由工头监督管理。植物园制订的作息时间,技术人员和练习生每天工作8小时,场地工人工作12小时。遇到雨天也要披蓑衣、戴斗笠继续工作。在工房东边松柏岭上,挂了一座铜钟,由炊事员打钟报时,东起五老峰、西至芦林,

① 汪菊渊曾以一次种子处理不当,遭辞退处罚,离开庐山植物园,可见秦仁昌的严厉。也许,这次失误给汪菊渊的教训极为深刻,其工作更加慎重,因而铸造其后来之成就。汪菊渊离开植物园后,一度执教于金陵大学,1949年后任北京林业大学教授、北京园林局长,1993年当选为中国工程院院士。

都可以听到。每周六上午，全体技术人员和练习生到办公室开会，实际就是上技术课，附近庐山林场的全体业务人员也来参加。讲解内容包括理论和实践，植物研究方法、植物拉丁文、英文等，以及当前工作、存在的问题和今后应注意的事项，全面周到而又简明扼要。每个夜晚，技术员和练习生则自修，秦仁昌还要予以督导。

冯国楣曾云：在庐山体会到社会上一般人对科学家、专家的特别器重，而这些科学家也自命不凡，地位超然，政治可以不闻不问，一心抱着科学救国的目标在研究、工作。我亦认为只要把真实的本事学好，一样会为国家尊重。[①]因此，在植物园为数不多的人员当中，大多一心求学，钻研业务，在开创未久，即能赢得普遍赞誉。后来这些人员都成为科学家和技术专家，在国内外享有声誉。

秦仁昌来庐山工作时，已是知名的植物分类学家。为了研究事业，秦仁昌成家甚晚，系欧洲回国之后、来庐山之前的1933年。夫人左景馨是清末大臣左宗棠后裔，一向生活在顺适的环境中，结婚之后随夫君来庐山。其时，庐山虽是夏天避暑之地，但每到深秋，山居之人大多离开，山上又恢复宁静与寂寞。而秦仁昌等却要长期在此工作，忍受漫长而寒冷的冬季。以秦仁昌当时在蕨类植物学的成就，完全可以生活在城市中，却毅然前来，为了植物园事业做出之牺牲可谓多矣。1936年《海王》期刊曾节刊一通胡先骕致范旭东函，描述了庐山生活艰苦给秦仁昌带来的伤痛："庐山森林植物园主任秦子农君近遭一极拂意事，其夫人拟赴安庆分娩，由牯岭下山，竟以轿夫失足跌伤，至胎儿殒命，幸大人尚无危险。子农年近四十，并无子嗣，此次意外，不得不谓为植物园牺牲，而所牺牲者大矣！"[②]幸亏老天还是眷顾仁者，一年之后还是赐予秦仁昌夫妇一子，名人有后矣。但是，庐山生活条件艰苦，一直是困扰植物园发展的原因之一。往后，虽然庐山修建了公路，有了一些现代生活设施，但是用人制度与秦仁昌时代大不相同，加上政治运动冲击，难以吸引优秀人才在此安心工作，其发展终为有限。

在三逸乡，建设植物园首先是清理办公室附近的园地，修建道路，设防火线；其次是建立各类植物展区，首先是开辟苗圃，此被称为植物园命脉。在野外采集到的苗木、种子要先在此繁殖、扦插、培育，然后将生长良好的苗木，移植到相应的展览区。1934年植物园成立当年，即开辟苗圃5亩，第二年扩大至20亩。

---

① 冯国楣：《自传》。昆明：中国科学院昆明植物研究所档案。

② 《海王》第七年，第29期，1936年6月30日出版。

图 1-7　1936 年庐山森林植物园中心区全貌。

庐山冬季寒冷，许多从平地引种来的植物，在露天不易越冬，温室即为必要之设施。然建园之始，所费之处甚多，资金极为有限。1934年秋幸得植物园委员会委员范旭东捐资2 000元，建筑温室1幢；第二年又得捐1 000元，修造温框10余个。1935年秋，国民党军官训练团团长陈诚，也为捐助建筑温室1幢。至此，所遇问题勉强得到解决，一些珍奇花卉在温室中可为展览，供游人参观。两年之后，随着引回植物种类增加，温室不敷使用。1936年10月3日，秦仁昌向江西省政府申请经费，以建造更大温室。其时，有几幢玻璃建筑，组合成为温室区，掩映在绿色山林之中，内有名贵鲜艳花木，无疑是一道亮丽的风景，吸引了游山客驻足参观。在抗战撤离之前，植物园除苗圃、温室区外，先后还设有木本植物区、草花区和石山植物区等。

植物园另一重要设施，即植物标本室，此时设有经济植物标本室和蕨类植物标本室。设立经济植物标本室，是因为当时国内大学生物系和生物学研究机构之植物标本室，所收集的标本均是一般的标本，而于具有经济价值的植物标本未有专门搜集。森林植物园的创立，即有为农林建设服务之目的，故在组建标本

图 1-8 1936 年庐山森林植物园温室与温框。

室时，特以经济植物相标榜，以期于经济植物搜集完备，供生产和研究之参考。在抗战前的4年中，该室标本共有35 600余号，其来源除在庐山及其他地区自行采集外，大多为学术机构所赠予，主要来自静生生物调查所、金陵大学农学院陈嵘、北平研究院植物学研究所、中国科学社生物研究所等。蕨类植物标本室之设立，则因植物园主任秦仁昌所从事的蕨类植物分类学研究，自北平调任庐山时，静生所蕨类标本随之南下，1934年12月安全抵达庐山。其时，静生所收藏蕨类标本，为东亚最完善者之一，尤以中国所产蕨类标本最齐全。又由于秦仁昌在学术界已有较高声誉，来庐山后，还不断收到来自国内外各地寄赠或交换的标本。至抗战前，蕨类植物标本已达7300号。秦仁昌利用这些标本继续从事研究，完成了专著《东亚大陆的鳞毛蕨科的研究》。该书共分10个部分，30余万字，第一次梳理清楚这群植物的亲缘关系，为世界各国植物学家所重视。1936年，秦仁昌当选为国际植物学会命名审查委员会委员。

庐山与东南其他诸山气候特征虽为相似，而所产植物种类却有不同。森林植物园成立伊始，即开展庐山及东南诸山植物调查，比较其中的差别，引种庐山没有的种类。此项工作不仅有必要，而且切实可行，易见成效，故而新成立的植物园首要任务，是开展庐山植物调查，以求在短期内，探悉其种类与分布等情形。1934年的最后四个月中，植物园往全山各处调查，计有16次之多，获得植物标本800余号，苗木2 000余株，发现10余种新记录。因庐山区域较小，至第二年，植物情况基本调查清楚。1936年，对庐山植物的调查仍在进行，尤以在四五月间，着重采集着花植物标本，以补标本室这类标本之欠缺，所获约750余号。又有许多新记录，最著名的有紫杉（*Taxus chinensis*）、光叶栾（*Koelreuterlia integrifoliata*）、亨利红豆（*Ormosia henryi*）、白云木（*Styrax dasyanthus*）等。至此，庐山植物已基本探明。抗日战争之后，1947年，吴宗慈再为编辑出版《庐山续志稿》，其中《物产》一卷，由庐山森林植物园提供《森林植物名录》，计1 473种，当为抗战之前植物园庐山植物调查之完备记录。

安徽九华山、黄山之植物调查与采集，由刘雨时担任，于1935年、1936年两次前往，每次两月。得蜡叶标本200余号，木本植物种子80余种，及大量苗木，其中有安徽杜鹃（*Rhododendron anwheiense*）、缺叶高山蕨（*Polystichum neolobatum*）、黄山玉兰（*Magnolia cylindric*）。1937年则由冯国楣担任，历时三月，所获甚多。从安徽所得种子，在园内进行了试种，重要者有香果树（*Emmenopteris henryi*）、贾克氏赤杨（*Alnus Jackii*）、小花藤绣球（*Hydrangea anomala*）、毛叶绣球（*Hydrangea strigosa*）、亨利椆树（*Lithocarpus henryi*）、里康槭（*Acer nikonnse*）、铁杉（*Tsuga chinensis*）等。

除上述地区的植物采集和调查外，1936年杨钟毅于借回陕西之便，顺道往太白山、终南山、南五台山等地采集；杨钟毅、刘雨时又赴四川，经成都往峨眉及峨边、天全等地采集，历时七月。其时静生所在云南进行大规模采集，也为植物园采集到不少种子，分批寄来，又赠送了一些采集的蜡叶标本。1934年蔡希陶在云南所采多数种子即寄至庐山试种；1936年王启无在云南西部采得乔木、灌木、宿根植物种子446份，及蕨类植物标本；1937年王启无又在云南南部，采得种子300余种，球根350余个，皆寄往庐山；此后，静生所更派俞德浚赴云南，专为植物园进行园艺植物种球之采集。

植物园积极组织采集种子，一方面是为本园进行植物繁殖增加新的种类，一方面也用于与国外植物园或农林机构进行种子交换，以获取更多的种类。种子交换乃世界各国植物园之间早有之约定。庐山植物园成立第二年，即与国内外同行建立广泛联系，1935年，“今春各种种子计二千五百余包，由于本园分送于国内外植物园、农林场凡三十六所、十八国别，然因本园种子有限，供不应求，发至后来者，未能尽其所求，良用愧仄。”[①]而交换所得计有种子5 700余包。1936年，植物园采种工作更加努力，交往范围也更加扩大。“本园本年所获中国植物种子计三千五百余包，分送世界各国植物园、农业场及研究所凡六十八处。”[②]

庐山森林植物园创办之时，即以世界一流植物园为目标，因而事业巨繁，但经费却甚少，政府支持毕竟有限，继而寻求社会支持。植物园本属公益事业，维持和发展不仅需要政府扶持，还需社会各界人士援手。为此，1935年初庐山森林植物园发起大规模的募集基金活动。基金之用途，一是补助经费不足，更重要的是为永久之事业奠下基石。植物园时为官民合办，合办协议是先为试办三年。胡先骕、秦仁昌目光远大，谋求的是一项长久事业。为应付不可预测之变故，必须有一笔资金，才能维系事业于不坠。于是秦仁昌致函给江西省政府，请示开展募集活动。

4月10日，庐山森林植物园委员会在南昌江西省教育厅召开第二次会议，出席会议的委员有龚学遂、程时煃、董时进、胡先骕、秦仁昌，会议通过了募集植物园基金原则，并嘱植物园拟具详细办法，呈请江西省政府核准。[③]此次大规模募集基金得到了国内各界名流的支持，纷纷加入发起人行列。他们是：林森、蒋中正、蔡元培、张人杰、黄郛、孔祥熙等，共计40人。[④]惜募集活动开展未久，即遇抗战事起被迫中断，捐款者仅有任鸿隽、黄郛、陈登恪、韩复榘四位先生而已。

庐山森林植物园成立时，山林地亩系承农林学校的全部面积，但是当时界址并不明确，虽说有近万亩，却无法定凭据。1935年初，植物园发起并组织募集植物园基金活动，募集方式是以出让植物园土地，作为永租地，供捐款人建造别墅，胡先骕致函江西省主席熊式辉，请求批准实行。熊式辉接读胡先骕请示函后，认为“来函所称庐山森林植物园面积九千余亩，其地点及四至均未述明，殊属无凭核定”，故令江西省农业院会同庐山管理局“查明界址，核议具报，以凭核办”。[⑤]由此展开了为时一年多的勘定，其经过如下：

江西省农业院接到1935年4月10日省主席熊式辉的指令后，于4月12日致函庐山管理局，言明此次勘定界址之缘由，并致函农业院庐山林场冯文锦技士，

① 《庐山森林植物园第三次年报》，1936年。

② 《庐山森林植物园第四次年报》，1937年。

③ 《庐山森林植物园委员会议记录》，南京：中国第二历史档案馆，609（12）。

④ 《庐山森林植物园募捐簿》，南京：中国第二历史档案馆，609（15）。

⑤ 《江西省政府训令》，建字第3489号，南昌：江西省档案馆。

派他与庐山管理局接洽，查明核议。4月18日，庐山管理局局长蒋志澄复函省农业院云，植物园本来之面积，本局“无案可稽，碍难照办”。[①]4月22日，农业院再致函管理局，言明植物园土地之由来，“查该园所有林地，本系本院附设农林学校所属演习林场，经二十三年五月七日本院理事会第二次常务会议议决，拨交该园备用，并呈请省政府备案。其面积四至，并经农林学校绘具地图报院转至该园存卷备查，兹特绘具一份，送请贵局参考，即希按图会同本院庐山林场实地勘明。”[②]庐山管理局遂就此事向江西省政府汇报，并请求指令。不知何故，此事被延一年之久，直至第二年11月，江西省政府才以“建一字第七二六〇号训令，为植物园园址界线至今尚未勘明，由农林院向建设厅调取案卷，派员会同庐山管理局迅速彻查”。

1937年，植物园又补刻界石，3月开始，至11月结束。11月27日，植物园主任秦仁昌曾致函庐山管理局，请其派员察看界石，并准予备案。函电云：“本园园址界线前经会同贵局暨农业院于二十五年十一月二十七日勘定，并呈奉省政府“建字九〇二八号”指令备案；复于本年三月二十一日以森字第六六号公函请贵局派员会同补刻界石。兹查上项界石业经本园补刻完竣，特函请查照备案。”[③]1937年《庐山森林植物园第四次年报》对此次勘定界址始末作了详尽的记载：

> 本园成立以来，土地界址，迄未正式勘定。按前江西省立林业学校移交本园宗卷内，仅有彩色实习林场地图一幅，四址具详，但未经省府及庐山管理局登记备案，实不足为本园土地界址之根据。本年，经省府明令江西农业院、庐山管理局、庐山林场，会同本园，重行勘定。计东至七里冲、西至太乙村、东南至骆驼峰、北至刷子涧，共计面积四四一九亩，全线冲要地点，均竖有本园界石为记。除已向庐山管理局登记，曾得执业证外，并经呈准省府备案。本园久悬之土地界址问题，于此解决矣。[④]

1936年江西省建字九〇二八号指令仅是对园址界线备案，而未涉及园址面

---

① 《庐山管理局致江西省农业院》，南昌：江西省档案馆。

② 《江西省农业院致庐山管理局》，南昌：江西省档案馆。

③ 《庐山森林植物园文稿簿》第二册，南京：中国第二历史档案馆，609（12）。

④ 《庐山森林植物园第四次年报》，1937年。

积、执业证等项。1938年1月10日，秦仁昌又呈文江西省政府，请求省政府对此再予备案。函云："兹查本园园址面积业经测量完竣……共计面积四四一九亩，庐山管理局查照，并已由该局发经理字第二三号管业证，理合检同本园平面图一份，备文呈请钧府鉴核备案，实为公便。"

经过60多年的风雨，世事变幻，庐山森林植物园当时所得《执业证》、《管业证》均已遗失，省政府指令备案的文件今也不知藏于何处，只有立于山野林间刻有"植物园界"字样的界石尚存，为给后人最可靠的凭据。

三、庐山森林植物园丽江工作站（1938—1945）

“七七事变”后，因中基会决策迟缓，致使静生所未能如胡先骕先前提议迁所至南方，只好依靠中基会与美国的关系，继续在北平维持。而此时庐山森林植物园尚未受到战争直接影响，各项工作仍按计划进行。1937年与国外交换所得种子，和派人赴四川、安徽等省采集，及俞德浚在云南为植物园所采等各路种子，经播种均有良好结果。夏初，秦仁昌主任还亲往湖南衡山，调查蕨类植物之结实情况，兼及采集，所得标本，亦复不少。

植物园园林建设也有进展，草本植物早已分科栽培。1938年夏，更将其余之木本植物分属划区移植；初春，开辟园中松杉岭北麓之荒地，为草本花卉区，种植各种宿根草本花卉，达70余种；又建石山植物区一块，以便将草本花卉及鸢尾等需要排水良好、多沙砾环境能生长的种类，而移植时，已是秋天，此时植物园已濒于战区，工作遂告停止。总之，自植物园创建，至不得不撤走人员的短短4年间，经引种培育成功各类植物共4 000余种。[①]如此成绩，令人艳羡。

抗日战争全面爆发后，为应对严峻形势，1937年9月1日，植物园召开第七次园务会议。在会上，秦仁昌对植物园工作做了如下安排：一面加紧建设，一面作撤离准备。第二年，1938年6月26日长江要塞马当失守，九江即将沦陷。7月24日，秦仁昌先往长沙，途中获知国民政府部队将放弃庐山，便立即指示其他人员也离开庐山，将所有物品寄存于庐山美国学校。物品共有120箱，每只箱长2米，高、宽约1米，甚为巨大。其中也有私人物品，每人约1箱。庐山美国学校，是因其时庐山外国侨民众多，由外国人自己设立的学校。植物园每月出资30元，租借该校房屋多间，供物品存放并请负责保管。

---

① 《静生生物调查所第十次年报》。

在撤离之前，植物园房屋建筑已有温室6幢、总办公室1幢、员工宿舍2幢，以及工房、厨房等。还有1幢重要建筑，本是寄托植物园之希望，却在未竣工时不得不放弃。该项工程系1937年2月，植物园向管理中英庚款董事会申请，请求建筑森林园艺实验室及仪器设备补助金。该会第四十六次董事会议决定，同意补助1万元，分两年拨付。该幢建筑本力争在1938年完工，谁知工程进行到架设房梁、铺钉屋面板时，遇庐山沦陷，植物园人员匆忙撤离而未能竣工。待抗战胜利返回时，此未完之建筑仅剩一些短墙而已。后改建为一层建筑，也未作森林园艺试验室之用。

图1-9 1938年撤离之前的庐山森林植物园。前为温室，后为尚未竣工之森林园艺实验室。

植物园人员撤离时，将目的地确定为云南昆明，以便依靠云南农林植物所继续工作。“七七事变”后，胡先骕与秦仁昌即已商定，若庐山不保，即前往昆明。植物园主要人员离去后，尚留有6名工人看守，并一一作出安排，请美国学校吴校长督促管理。1941年12月太平洋战争爆发，日军占领庐山，英美侨民也受到冲击，纷纷离开庐山，寄存在美国学校的物品被日军霸占。当日军获悉植物园与静生所的关系后，便把部分物品运往北平，与霸占的静生所物品放在一起，供日军使用。所有图书都盖有“北支派遣甲第一八五五部队”的番号印章，今日中科院植物研究所图书馆和庐山植物园图书馆的藏书中，均能见到盖有此印章的旧籍，是为日本侵略中国的又一罪证。此后不久，因看守植物园的英人赫伯特病故，植物园遂沦落为无人看守的境地，园林任其荒芜，房屋也任人拆毁。

庐山植物园大多数员工在1938年8、9月间陆续到达昆明，加入静生所在云南刚刚组建的农林植物研究所。由于静生所从北平撤离人员亦多来该所，使在

图 1-10　2012 年云南丽江大研古城，当年庐山森林植物园丽江工作站即设于城内。

黑龙潭中的所址已无房舍容纳。植物园本有志于高山花卉研究，遂决定往高山花卉种质资源丰富的丽江设立分所，于当年12月到达。

丽江位于云南省西北部，是云贵高原与青藏高原连接部位。境内多山，主要有玉龙雪山和老君山两大山脉。有金沙江和澜沧江两大水系。形成了寒、温、热兼有的立体气候，因此具有丰富的植物资源。庐山植物园选择前往丽江，诚可见主政者的非常能力与坚毅精神。迁抵丽江后，承地方长官及士绅热心协助，得丽江县建设局空余房屋，稍事修葺，作为办公及园丁夫役食宿之所，并租赁办公室附近民田四亩，为临时苗圃，租用私人住宅一处，为职员宿舍。嗣又承建设局让用该局东侧围墙内园地一块，为盆栽植物与莳播珍稀植物种子之所。

安顿下来之后，最困难还是经费问题。江西省农业院所担负的半数经费已经停付，仅靠中基会每年5 000元开展工作，十分吃紧，常有拖欠员工工资情况。但丽江植物资源的丰富，给人带来兴奋，可将眼前的困难暂时忘却，很快便投入到工作中，一样做出令人艳羡的业绩。大约在1940年，考虑到终要返回庐山，故将此处命名为庐山森林植物园丽江工作站。

植物园主要人员撤往云南，雷震抵达丽江后一年，因夫人患病返回江西治疗而离开了工作站。之后曾入江西省农业院在南城麻姑山设立的林业实验所，一度任该所所长，从事森林植物的调查、繁殖及病虫害防治工作。[①]往丽江时，原计划由陈封怀率领，临行时，陈封怀患疟疾，改由秦仁昌率领。陈封怀在云南工作几年后，回江西泰和，在新成立的中正大学任教。但也有未能随之远行者，熊耀国就因武宁家中有老母需要奉养而未同行，回老家后，起先还能领到植物园发给之薪金，在当地从事植物采集，这些标本在胜利后，皆运回庐山。后来薪金停发，为维持生活，只好在当地中学任教。

在丽江，为工作便利，秦仁昌在仅有的几间办公室内，辟出一间作标本室之用，陈列方式一如图书馆之陈列书籍，极其简陋。此时标本来源除在当地大量采集外，仍能得到国内其他学术机构的赠予，秦仁昌在此，蕨类植物研究仍不断深入，除继续从事《中国蕨类植物志》编写，不断发表新种，还于1940年发表了《水龙骨科的自然分类系统》论文，刊于陈焕镛主持的中山大学农林植物研究所出版之《中山专刊》，[②]该文从蕨类植物的外部形态和内部结构及生态习性等进行比较研究，“把当时世界上包罗万象的水龙骨科划分为三十二科，归纳为四条进化线的方案，震动了世界植物学界。”秦仁昌后来如此评价自己此项工作：“《水龙骨科的自然分类》一文，是我关于世界蕨类论文之一。在此以前，所谓水龙骨科在整个蕨类植物界中，是最大的一科，以种的数目论，占了蕨类植物的将近4/5，这个数字上的不相称，引起了我对它在长期工作中的不断注意，终于根据外部形态及内部构造的异同，初步把它分裂成为33科。这应该被认为在近代分类学上一个革命性的行动。这并不是说这个新的分类法在它的体系上已经完美无缺，相反的还有很多缺点，如我在最近七年多来已经发现了的。”[③]秦仁昌因之荣获1940年荷印隆福氏生物学奖。

庐山森林植物园迁往丽江的首要目的是，收集各种珍奇森林园艺植物以供繁殖，采集植物蜡叶标本以供研究。1939年，采集分三路进行：一往滇康交界之中甸，一往丽江东部之玉龙雪山，一往丽江其他各地。采集重点在丽江与维西交界之金沙江与澜沧江分水岭，以及丽江东部之金沙江西岸等处。在植物丰富地点，皆作数次采集，以求详尽无遗。三路工作于1939年12月中旬才结束。此

---

① 《江西农业院设立林业实验所》,《农业院讯》, 1941年。

② 秦仁昌:《水龙骨科的自然分类系统》,《中山大学农林植物研究所汇报》, 1940, 5（4）。

③ 秦仁昌:《中国蕨类植物研究的发展概况》,《植物分类学报》, 1955, 3（3）。

外还曾于4月中旬前往鹤庆之南松桂马耳山采集,计得蜡叶标本6391号(每号4份),活植物800余号,种子94号,珍奇木材标本18号。所得活植物皆植于苗圃,种子除自己播种外,还分送云南农林所等机构。担任采集任务者,主要是冯国楣,其成就后来也最大,被誉为“云南四大采集家”之一。

工作站自1939年起,“三年间共采集了标本2万余号,其中发现了很多有价值的蕨类植物,新种数十。”[①] 冯国楣“在云南各地采集植物标本7625号(仅据野外记录本统计),今存于中国科学院昆明植物研究所、中国科学院植物研究所和中国科学院华南植物研究所标本馆。其中有新植物359种(蕨类植物53种、种子植物306种)”。[②] 冯国楣还曾往中甸、维西等县调查天然森林,抗战胜利后,他未返回庐山。

抗日战争时期,中基会对所赞助的机构没有持续几年,就因法币不断贬值而难以为继,静生所亦难以幸免。故静生所所属之植物园工作站困难重重,工作陷入停顿,人员生活亦难维持,不得已,有些人在当地中学兼课。所幸1942年6月,国民政府林业部批准在丽江金沙江流域设立“林业管理处”,秦仁昌兼任处长。[③] 秦仁昌遂将工作站人员也纳入该处,使原有之工作不致中断。与此同时,秦仁昌等还进行一些应用技术的研究。1941年,经多次试制,松节油及透明松香制作获得成功,并与当地资本家集资组建大华松香厂,从事批量生产。

留驻昆明之陈封怀,协助农林植物研究所工作,对俞德浚自1937年至1938年在滇西北及康南所采报春花标本及报春花属各种种子进行研究,撰写了《云南西北部及其临近之报春研究》[④]和《报春种子之研究》[⑤]两文。1942年,农林所因经费拮据难以为继,胡先骕此时已往江西任国立中正大学校长,于是招陈封怀回江西,在该校从事教学工作。

---

① 《静生生物调查所年报(1939年)》。

② 包士英:《云南植物采集史略(1919—1950)》,北京:中国科学技术出版社1988年,第127页。

③ 《丽江地区志》下册,昆明:云南民族出版社2000年,第148页。

④ 陈封怀:《云南西北部及其临近之报春研究》,*Bulletin of the Fan Memorial Institute of Biology*, 1940, 9(5)。

⑤ 陈封怀:《报春种子之研究》,*Bulletin of the Fan Memorial Institute of Biology*, 1940, 10(2)。

四、陈封怀与庐山森林植物园之复员（1946—1949）

胡先骕在筹划开创中国植物学事业之初，即以国际著名机构的建制、学术规范和学术水准相要求。如研究所之设立，学术刊物之出版，研究项目之选定等皆然。当其创办庐山森林植物园时，亦以英国邱皇家植物园为楷模。1934年夏，静生所研究员陈封怀通过中英庚款董事会组织的留英公费生考试，获得资助，派往英国爱丁堡大学留学，专习植物园造园及高山花卉报春花的分类研究。该校所属爱丁堡皇家植物园，也是世界著名之植物园。陈封怀（1900—1993），字时雅，江西义宁（今修水县）人，出身于诗书簪缨之家。1927年东南大学生物系毕业后，曾一度在清华大学任助教，1931年1月入静生所，先后在河北、吉林等地采集标本，发表有关镜泊湖植物生态和河北省菊科植物分类的论文，积累了丰富的实践经验。陈封怀出国留学，之所以选择爱丁堡植物园，是因为庐山植物园有培育我国高山花卉，开发中国园艺花卉新品种之旨趣，而爱丁堡植物园引种中国云南高山花卉已获成功，杜鹃花、报春花即是通过该园传播于欧洲。1936年

图1-11　陈封怀晚年。

5月22日，陈封怀即将学成归国时，庐山植物园委员会在南昌洪都招待所举行的第三次会议上，决定聘请陈封怀担任植物园园艺技师，以加强植物园园林建设。陈封怀7月返国，在北平稍事停留，即偕夫人一同来庐山。此后，植物园园林布置、园艺工作皆出自其手。抗日战争之后，1946年，胡先骕令陈封怀重返庐山，主持植物园复员工作。

1942年夏，胡先骕从云南昆明调陈封怀来江西泰和中正大学任教，意在泰和地近庐山，将来可由陈封怀主持庐山森林植物园复员。抗战胜利后，陈封怀返回庐山之前，时在武宁之熊耀国已先来庐山察看。其时，各方对于庐山植物园情形甚为关心，尤其是寄存在美国学校的物品究竟如何，更是牵动很多人的心。在云南大学任教的秦仁昌获悉这些物品全部丢失，十分着急，得知陈诚为政府接管大员，当即去函，请为查明。经查这些物品皆被日人运往北平，与静生所物品放在一起。寄存在美国学校的物品，还有李四光领导的中央研究院地质研究所的图书和标本。

图1-12　工人罗亨炳晚年。

历经战乱的庐山森林植物园已是景物全非：千亩山林变成荒山，原有名贵苗木3 100余种110万株枯萎殆尽。原有生活及工作设施概被拆毁，家具杂件更是荡然无存，园林道路也被洪水冲毁，处处杂草丛生。雷震先来办理接收，1946年初夏陈封怀重来庐山，正式复员则在当年8月1日。人员编制规定为：主任陈封怀，技师唐进，技士一是雷震，一为熊耀国。助理一为王秋圃，一为冯国楣。还有技工、粗工8人，即熊耀国自江西武宁招来之邹垣、王名金，及重新召回的工人罗亨炳等人。唐进时在静生所，未曾来庐山，冯国楣尚在云南农林植物研究所。雷震重来庐山一年余，由于经费有限而往省农业院，1949年后任职于江西省农林厅。

1946年，植物园仅得到农林部补助和静生所下拨之经费，数额至少，故于工作进行甚微。是年夏，胡先骕借来庐山参加国民政府主办讲习会之机，又为植物园向社会各界发起募集基金，但所得甚微。由于江西省农业院应承担的半数常年经费未能恢复，1946年底，陈封怀多次致函江西省农业院，声明植物园仍属静生生物调查所与江西省合组之事业，要求农业院按战前签订的《合组办法》，下拨半数经费。为此，时任江西省农业院长之萧纯锦呈请省主席王陵基，经省政府

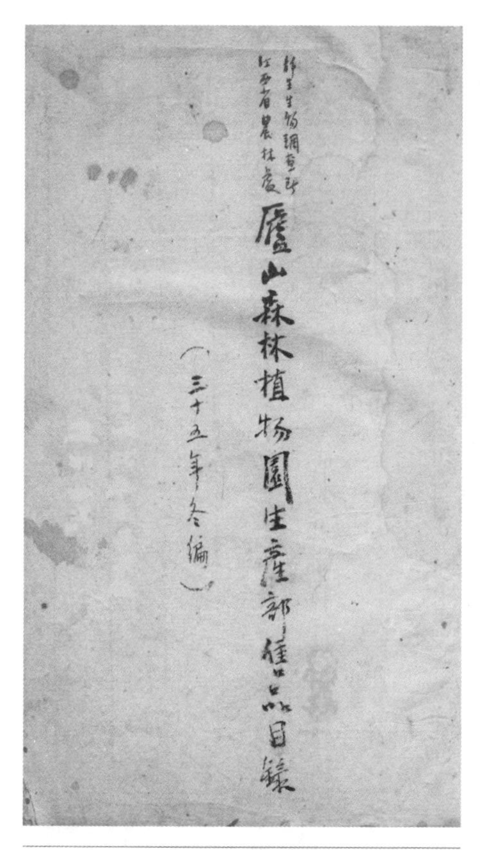

图 1-13　1946 年出售种苗目录稿本，封面题名为陈封怀书写。

1874次会议决定，继续合办并补拨植物园1946年下半年度经费200万元，1947年预算1 200万元也照列。1949年初，陈封怀对农业院所拨经费之少，未符合办之义，不免有所抱怨。而静生所于植物园虽是尽其所能，但由于自身经费紧缩，下拨亦有限。1949年1月，静生所在不得已情况下，以出售显微镜之款，作为植物园修葺房舍之用。该显微镜被清华大学购去，得美金1 500元，[①]植物园因战争破坏的建筑得以修缮，然尚未完工，是年5月，庐山解放。

陈封怀早已预见，向上申请经费困难，故在复员之初即开展向国内外出售种子，以所得收入弥补经费不足。1946年秋即大规模采集种子，是年冬编制《售品目录》，所售种类有种子、苗木、标本，每种植物列有中名、拉丁名、播种期、价格、说明等。陈封怀出售苗木，并非唯利是图，而是为了发展中国森林园艺事业，此亦植物园历来之目的。经营结果，国内由于受社会经济和政治动荡影响，收益不佳。国外尚可，每年纯收入也仅得一二百元美金。因为与国外通信、交换种子等，邮费一项，一月非10元银币不能开支。印刷种子目录500份，费去100元。且在庐山、九江，换兑美元甚不方便。植物园还通过项目合作，从中央林业研究试验所、哈佛大学阿诺德树木园得到外出调查经费，陈封怀还将自己在南昌中正大学兼任教职所得，贴补员工生活。

植物园在复员时，组织植物调查与采集工作主要在三个区域进行：一为庐山地区，一为江西、湖北、湖南三省交界地区，一为云南南部地区。调查工作于1947年开始，第二年继续，第三年由于受时局影响，野外工作几乎陷入停顿。湘鄂赣三省交界地区植物，此前未曾有人作深入调查，熊耀国在抗战期间虽对武宁

① 赵慧芝：《任鸿隽年谱（续）》，《中国科技史料》，第 10 卷第 1 期，1989 年。

植物有所采集，尚不全面。此时欲作全面调查，恰逢静生所所长胡先骕与农林部中央林业实验所所长韩安联系，商谈两所合作事宜，即以湘鄂赣地区的森林资源调查为合作内容，其调查经费共计500万元，由两家各担负一半，由庐山植物园具体承担此工作。经遴选，派技士熊耀国率领技术员叶永丰及练习生2人前往，于当年6月1日出发，至年底返回，历经赣西北12县，途程2 000余里。该区域的植物调查自此始，得蜡叶标本1538号、木材标本32种、球根1 100余个、种子71种，其中有不少新种或新记录。植物园在云南南部之采集，由尚留在云南之冯国楣担任，代表植物园与云南农林植物研究所合作进行。因同在静生所领导之下，故合作易于进行，仅以1948年而论，所得森林园艺植物种子及标本，计草本植物蜡叶标本780余号，木本植物蜡叶标本290余号，种子70余包，球根500余个。其后，云南农林所与庐山植物园一样，同被中科院植物分类所接收，成为该所昆明工作站，冯国楣不曾返回庐山，留在昆明工作站工作。其所采集除寄回一些种子外，其他连同丽江工作站时期所采标本皆未运回庐山，而收藏于昆明。

繁殖试验所用材料，除上述三个地域调查采集所得种苗外，还恢复与国内外植物园与农林学术机构交换种子。试验内容分为两项：一为插条繁殖试验，一为经济植物栽培试验。插条试验为木本植物落叶类，如小蘖、棣棠、木槿等20余种；常绿树类，如花柏、翠柏、柳杉、冷杉、黄杨、茶花等60余种。1946年，胡先骕与中央大学郑万钧发表水杉生存新种，引起极大反响。1948年郑万钧派人专往四川万县采集水杉种子，以所得广为寄赠国内外各机构，庐山森林植物园得种子50克，经王秋圃繁殖试验，结果共得成苗2 700余株，从当时各处繁殖报道看，美国哈佛大学播种之后，发芽甚好，但以庐山植物园所得结果最好。王秋圃撰写成《水杉在庐山初次繁殖试验经过》一文。经济植物栽培试验，有糖槭、漆树种子发芽率试验，头年由于雨水太多，发芽效果不佳。第二年继续播种，始有较好结果。糖槭（*Acer saocharum*）种子系向加拿大托贝种子公司购得2磅。该植物可在皮部取糖汁，在北美一带为主要糖蜜来源。其时国内尚无机构栽培，若试验成功，可大量推广，增加糖蜜生产，裨益匪浅。观赏植物，如荷兰引来之唐菖蒲12个品种，法国引来之大丽花、香石竹、桂竹香，以及西洋参等10余种名贵种，均分别栽培试种成功。

五、中国科学院植物研究所庐山工作站（1949—1958）

1949年乃革故鼎新、新旧交替之年代。是年，植物园员工仍旧照常工作，继续在庐山采集，照看园中苗木及所有财物。自5月起，中基会经费中断，其他接济也断绝，但工作依然继续，只是员工生活自行维持。5月18日上午11时35分，中国人民解放军冒雨到达庐山，此为庐山解放时刻。6月，植物园与九江军管会接洽，得该会拨给生活维持费，不仅员工生活得以维持，诸项工作如采集植物、鉴定标本、扦插苗木等也得以进行。江西省人民政府成立后，9月，植物园编制并呈报今后一年之《工作计划及经费概算书》，言明庐山森林植物园工作旨趣。10月21日，省建设厅又下达"关于制定江西省农林场整理办法的通令"（建农字第四号），指令"原庐山林场与庐山森林植物园合并，由农林总场直接领导，以林业试验研究为主"。[①] 至此，静生生物调查所与江西省农业院合组之庐山森林植物园正式结束，改名为"庐山植物研究所"，由厅指派吴长春为所长，廖桢为副所长，陈封怀被调往江西农林科学研究所任副所长。

庐山植物研究所成立后，主要工作是造林、护林和植物调查，前两项为林场工作内容，植物调查则为植物园研究项目。

在庐山森林植物园被江西省人民政府接收的同时，中央人民政府在北京成立了中国科学院。中科院将静生生物调查所与北平研究院植物学研究所合并，成立中国科学院植物分类研究所。交接之时，胡先骕以庐山植物园与静生所之渊源关系，要求中科院将植物园也纳入植物分类所，作为下属之工作站。1950年1月20日，静生所整理委员会作出"静生所在江西设有庐山植物园，在昆明设有云南农林植物研究所，北平研究院在武功与昆明各有工作站，应请本院接收"

---

① 江西省人民政府：《关于制定江西省农林场整理办法的通令》。《江西林业志资料》第三辑。

之决定。2月，中国科学院植物分类研究所正式成立，钱崇澍任所长，吴征镒任副所长。庐山、昆明、西北工作站也相继组成，又将陈封怀请回，任庐山工作站主任。其后，又将南京的中央研究院植物研究所高等植物研究室改组为华东工作站。

9月6日，分类所在北京召开工作站座谈会，陈封怀报告了庐山植物园被江西省政府农业厅接管之后，与庐山林场合并一年来情况。会议形成“中国科学院植物分类研究所在庐山设立工作站及植物园办法草案”，并与江西省农业厅订立合作办法。人员编制保留原有人员，有主任1人，研究人员3人，技术人员2人，工人或技术工15人，仅新增1名事务员。第二年5月，分类所又在北京召开工作站会议，吴征镒对庐山工作站作如下发言：

> 庐站在已往是无计划的买办性的机构。改为所属设立之高山植物园，重点放在森林植物园，其他也可搞一些，生产方面试验可以作，但不以生产为目标，试验可以，但不作推广工作。小规模的售卖种苗交换可以。用不着的山，把其中重要（树种）移植出来，其余交林场。标本是作保存性质，陈自己研究的可以留下。[①]

吴征镒时为分类所副所长，分管工作站，这番话当然影响了对庐山工作站的定位。此次会议对庐山站工作内容作如下决定：庐山植物园的环境对于栽培高山森林植物甚为适宜，将来发展目标是高山森林植物园；近期工作任务是编辑《庐山植物志》。也就是说，庐山工作站不是以“分所”来设置，而是一单纯之植物园，其研究内容比其他工作站少，研究力量不是得到加强，反而是削弱。只是山地仍是自行管理，并未交给庐山林场。

1953年，已改名的中国科学院植物研究所在制定第一个“五年计划”时，对庐山工作站任务作出新的部署：“配合全所中心工作，参加中南区的资源和植被调查，与庐山管理局合作，在技术方面领导庐山绿化，使之成为游览区，并将原有植物园简化为高山森林植物保护场。”[②]而前已着手进行的《庐山植物志》编纂则放弃。1953年9月，中国科学院接收南京中山植物园，将华东工作站与中山植

---

① 工作站会议记录，中国科学院档案馆藏中国科学院植物研究所档案，A002-12。

② 中国科学院植物研究所：《五年计划大纲草案》，中国科学院档案馆藏中国科学院植物研究所档案，A002-119。

物园合并，对庐山工作站则缩小规模，抽调该站人员，充实中山植物园。吴征镒亲赴庐山，促使陈封怀率员前往南京。当时庐山工作站共有人员24人，其中研究人员9人、行政人员3人、工人12人。此次调离7人，且都是研究和行政人员，无疑达到了缩小规模简办的目的。

陈封怀调离庐山后，依旧兼顾庐山植物园领导之责。对山中各项工作，无论巨细，一一过问，只是其离开时，主任一职，由熊耀国代理。不久，从植物所调来政工干部徐海亭，任办公室主任，领导逐渐深入的政治运动。1957年，中科院武汉分院及武汉地区高校植物学、园艺学教授们为加强武汉植物园建设，邀陈封怀前去主持。陈封怀在武汉第二年，发生"大跃进"运动。江西成立省级科学院，庐山植物园被下放到江西。隶属关系的改变，使陈封怀对庐山植物园的影响日渐微弱。

庐山工作站研究和技术人员原本就少，1954年陈封怀率领部分人员往南京后，更显空虚，仅有熊耀国、胡启明等几人。1956年10月江西省科学院筹备处分配云南大学生物系毕业生沈绍金来园，1957年经陈封怀与武汉大学生物系主任孙祥钟联系，将其门生赖书绅分配来园。而熊耀国于1956年被政治运动所整肃，犯有"错误"，1957年2月被调到中山植物园。是年7月，植物所又从南京中山植物园调转业干部、办公室副主任温成胜来庐山工作站，任办公室副主任。

在庐山工作站时期，研究成果主要有：陈封怀在50年代初期发表的《中国报春研究补遗》、《江西植物小志Ⅰ》、《庐山及其临近卫矛科植物研究》等论文，为了将科学知识服务于农林业，陈封怀还编著完成《乌桕·漆树》、《农村公园》等小册子。1953年夏，陈封怀还受邀为杭州植物园兴建规划设计。熊耀国在50年代初期负责管理种苗、标本的交换和经营，同时不曾放弃研究，在为中南林业干部培训班授课时，即以其研究的本地树木为主要内容并撰写讲义，名曰《中南主要经济树木志》，记载树木百余种。为满足来庐山实习学生的需要，熊耀国还写有《庐山植物分布概况》。胡启明1950年10月来园，年仅16岁，初中尚未毕业。经陈封怀培养，没几年即成长起来。在庐山植物园时期，主要完成《庐山植物园栽培植物手册》和《江西（经济）植物志》的编写。《庐山植物园栽培植物手册》是一部40万字的专著，全面记载庐山植物园20余年引种、试种成功的各类植物。该书撰写始于50年代初，最初源于来园参观实习人员之建议。陈封怀认为，本园栽培植物已获得一些成就，实有整理和总结之必要，一来可以作为参观学习研究的资料，二来可作农林园艺栽培的参考文献，遂决定编写。陈封怀任项目负责人，实际编写由年轻的胡启明承担。全书记载植物凡147科，599属，

图 1-14　1950 年代初，庐山工作站在庐山吼虎岭的办公室。

1 255种，190个变种或变型，除少数是本山特殊野生种外，绝大部分是从国内外引种而来。

工作站成立后，由于工作用房缺乏，与庐山管理局交涉，借用吼虎岭代管房屋1幢，作为办公之用。在芦林，有前中央研究院地质研究所二层小楼1幢，为30年代李四光在庐山调查第四纪冰川时所建，1951年3月，中国科学院将该建筑修缮，交付庐山工作站使用，遂将办公地从吼虎岭移入其中。后又向中南行政委员会申请下拨芦林之房屋，获得同意。1953年，中国科学院药物研究所丁光生岳母沈葆德，愿将其在庐山鄱阳路一处房产及家具等物品，捐献给中科院作疗养之所。中科院上海办事处与中科院办公厅交涉，庐山疗养所一时不能设立，将该房舍移交给中科院植物所庐山工作站。后因该房屋不适合使用，遂与庐山管理局交换吼虎岭房屋。

1953年，植物园园区建设基本形成，至1957年全部建成，奠定了庐山植物园园林格局。主要有：

1. 松柏区：1953年在原松柏区之上，扩建一倍，使面积达到18亩，至1958年栽培植物园历年搜集之裸子植物共26属，100余种。

2. 树木园：约百余亩，起先分为乔木区和灌木区两部分，1954年乔木区开始布置，而灌木区在此之前已培植了不少杜鹃。后将此两区合并为树木园，按照植物的生态习性，栽培乔木、灌木300余种，同科同属植物集中于一起。

3. 岩石园：面积约4亩，1953年布置完成。用人工模仿自然，栽培各种矮小宿根草本和丛生灌木，形成高山植物群落。全区栽培高山植物400余种，其中许多是我国西南高山或欧洲阿尔卑斯山的名贵种类，如报春、紫菀、望江南、百合等。

4. 草本植物区：包括草花区、鸢尾区、道旁花坛等，先有4亩，1952年新辟4亩，后又扩充2亩，连成一片。庭园总体风格按欧洲规则几何园林布置，种植药用植物、芳香植物和纤维植物。

5. 温室区：1950年曾修复温室两间，因经费有限，所用材料均很简陋，致使年年损坏、年年整修。1954年复加彻底修缮，并修复其他温室，至1958年有温室4座，分为陈列温室和试验温室。陈列温室收集热带、亚热带植物400余种，其中有重要经济价值者，如橡胶树、木本番茄、香蕉等；试验温室主要进行植物有性繁殖和无性繁殖试验。温室之东有温框40个，也供种子繁殖之用。

1950年归并于中科院植物分类所后，由于人力所限，采集范围仅限于庐山

图 1-15　1954 年，中科院植物所组织赣西武功山植物考察队成员合影。后排右 1 为熊耀国，前排右 1 为李启和。

本地。1953年夏，陈封怀亲自率领经济植物调查队，前往鄱阳湖畔冲积地带及九江附近红黄壤区，调查栽培植物的品种和栽培方法、生长状况等，采得栽培植物和有关改良育种的野生植物标本100余号。至1953年底，在庐山及邻近地区共采得标本5 000余号，经过鉴定整理，探明庐山野生木本植物300多种，草本植物1 100余种。

1954年春、秋两季，熊耀国、李启和参与中科院植物所组织的赣西武功山和萍乡北部红壤植被调查，对红黄壤植被作详细采集，曾将所采植物编制名录。

1956年至1957年，根据中国与苏联等国家签订的技术合作协定，中科院植物所组队承担川东、鄂西植物调查任务。组织三个调查队，分别到达宜昌、兴山、巴东、建始、恩施和巫山等地，并深入到海拔3 000米的神农架原始森林，历时一年余，采得蜡叶标本12 000余份，珍贵种苗270余种，完成了国际合作任务。庐山工作站参与其事，经时在南京的陈封怀主任批准，1956年派胡启明、萧礼全、李启和参加。第二年自4月开始，至10月结束，由植物所刘瑛任采集队长，庐山工作站派胡启明、户象恒、胡金保一同前往。

六、几经改隶(1958—1976)

1958年2月，中共中央召开成都会议，要求各省、市、自治区建立成立中国科学院分院。会后，各地不管条件是否成熟，各地纷纷建立分院。随即中科院随即将其在各地的研究所交付各地当地科学院管理。4月29日，江西省人民委员会作出"关于成立中国科学院江西分院的决定"。中国科学院植物研究所庐山工作站遂移交给江西省科学院，并改名为中国科学院江西分院庐山植物研究所。

植物园隶属关系发生变动，为保障其正常发展，在陈封怀要求下，植物所调张应麟来庐山主持业务工作。但张应麟来庐山后不久，即是"大跃进"运动，张应麟不是中共党员，且家庭出身被认为有问题，故不被重用。而此前开展的业务工作也被否定，引种各种植物被认为太多，没有人看得懂；植物名牌上写拉丁学名，也认为没有人看得懂；每年与国外种子交换寄出太多，被认为是洋奴思想。1959年，国家经济已发生严重危机，物资匮乏，全面饥荒。庐山植物所事业费大为减少，为改善职工生活，提出"自力更生，争取半自给"，大力开展副业生产，利用植物园已开垦的园地，种蔬菜15亩，红薯10亩，饲养猪、羊、鸡，将种植、养殖任务下达到各个研究组。1960年2月，省科学院调刘昌标来庐山植物研究所任副所长。刘昌标为红军出身，资格甚老，但仅有初中文化。来庐山后，正适宜领导副业生产。2月29日召开全体职工、家属大会，动员开展生产。3月1日续开比武大会，会后接到决心书47张之多。是年，农作物种植面积更大，并要求家属也参加生产劳动。进入下一年，经费更加紧张，遵照省科学院指示，职工工资和粮食全年8个月实行自给，研究工作在不误生产自给的前提下进行，而研究项目也以农业，特别是粮食生产为主。其时全所职工56人，原办公室和农业、资源、园林、化验四个工作组，调整为办公室和农业、业务两个工作组。原农业组8人增加至28人。生产任务增加，原有种植面积28亩不够，重新开荒35亩。植物所还在科学为生产服务大的背景下，开办实验站。

图 1-16　庐山植物研究所职工合影，2 排中为刘昌标。

植物研究试验站　1960年10月，庐山植物所支部研究并作出决议，在庐山莲花公社国庆大队设立“植物研究试验站”。经省科学院和庐山党委批准设立，该站组织机构、成员构成、工作任务如下：在上级党委和庐山党委的统一领导下，具体工作由庐山植物研究所和莲花公社直接领导，在国庆大队建立植物研究试验站。由植物所负责，配组长1人，大队配副组长1人，成员3—5人。拟利用中等水田20亩，荒山300亩，进行农林牧渔试验、农业丰产试验和培养农村人才等。① 其后，上级要求植物园生产自给，试验站便成了为植物所职工提供农副产品的生产基地，未久试验站就草草结束。

南昌西山科学试验场　1959年夏，中共中央八届八中全会在庐山召开。为加强保卫，对庐山居民中所谓家庭出身不好人员清除下山，植物所有张应麟、胡启明、梁苹、苏锡煊4人被剥夺了在山上工作和生活的权利，安置在南昌西山省

① 《中国科学院江西分院庐山植物研究所关于在莲花公社国庆大队建立植物试验站由》，1960 年 10 月 17 日，庐山植物园档案。

科学院农林试验场劳动。直到1961年夏，这些人还在西山，省科学院认为，庐山植物所可以在此设立分支机构，在筹设之初，由张应麟负责，庐山植物所又派来2名工人来此参加劳动。1962年曾一度以西山为总部，将庐山植物所改名为江西省西山科学试验场庐山植物园，全部实行自给自足。但不久这种机制便告结束，张应麟、胡启明先后去了中科院华南植物研究所华南植物园，苏锡煊因有海外关系而申请去了澳门，只有梁苹留下，重回庐山。

在此期间，虽然科学研究难以进行，但在先前研究积累基础上，还是完成了几项任务，《江西经济植物志》和裸子植物研究即是当时的重要项目。

《江西经济植物志》 1958年4月，国务院发布《关于利用和收集我国野生植物原料的指示》，全国各地迅速组织了以植物研究单位和商业部门为主，包括大专院校和轻工业部门约3万多人，开展“入山探宝取宝”的群众运动，进行大规模资源普查和成分分析，采集标本20万份。1958年12月10日至17日，中科院召集各植物研究单位工作会议，决定在1958年调查基础上，组织一次更深入的普查工作，各研究机构担任所在地区普查及编写该省、自治区经济植物志的技术指导工作。庐山植物研究所根据会议决定，即着手此项工作，计划挑选500种经济价值较大的野生植物，编写成《江西野生经济植物志》。在此之前，庐山植物所以历年收集到的经济植物原始资料，并在植物园进行驯化改良，变野生为家生，已收集、栽培各种纤维植物300余种，药用植物300余种，野生果树100余种，芳香油和油料60余种，还进行了提炼加工，试制成品。仅1958年提炼出芳香油及脂肪20余种，并用山苍子油合成紫罗兰酮，用野生植物及肥料制成多种人造纤维、纤维板，用果树酿制成多种果酒、果酱等。其实，这些试制产品大多无推广价值，不过是响应上级号召而已。

1959年2月，中国科学院和中华人民共和国商业部联合呈文国务院《关于1959年开展野生植物资源普查利用和编写经济植物志工作的报告》。报告认为，此次植物资源调查工作，给编写全国经济植物志打下良好基础。拟定在各省、自治区普查、汇编的基础上，选出分布广、经济价值高的2 000种植物，编写成《中国经济植物志》。1959年2月7日，国务院批准了这份报告，转发各省、自治区和有关单位参照执行。

随后，中科院和商业部于1959年5月12日又联合发布编写《经济植物志》安排的通知，要求各省、自治区在10月底以前结束普查工作，12月底之前完成各省、自治区经济植物志编写，第二年3月1日以前，各省、自治区携带各自地区经济植物志全部资料，赴北京参加编写《中国经济植物志》。5月29日，中科院江西分院将该项通知转发至庐山植物研究所，并发文云："此项工作由你所负责办理，希按该通知中所提各节，根据我省具体情况，请即着手进行研究，按月作专题汇报，第一次报告由文到日后之第五天送出。"[①]庐山植物研究所接此函后，于6月4日呈函报告：编写《江西野生经济植物志》，根据去年中科院召开的植物研究单位工作会议精神，在胡启明主持下已开始进行。

庐山植物研究所普查与编写工作全面展开后，江西省科学院于8月组织成立"江西省野生植物资源利用和经济植物志编写领导小组"，由副省长彭梦庚兼任组长，副组长和成员由有关省厅局、高等院校、研究所的人员担任，庐山植物研究所徐海亭也为成员之一。普查工作要求全省各科学研究所和各地区国营综合垦殖场分别进行。标本鉴定由庐山植物研究所担任。化验工作，油料、芳香、纤维类由轻工业厅试验所及化工局研究所负责；橡胶由省化学所负责；丹宁、树脂、树胶由林科所负责；淀粉由庐山植物研究所负责；药用植物由中药研究所和化工局研究所负责。至此，庐山植物所担心的化验工作基本得到解决。而所需绘图人员，立即与南京中山植物园和华南植物研究所联系，要求代培人员。因各所在"大跃进"中，工作任务皆十分繁忙，无暇顾及此项请求，只好另请懂绘画人员代为绘制。编写工作进入10月，一切尚称顺利，按进度，年底之前完稿。该书由江西人民出版社出版，邵式平为之题写书名，并删除"经济"二字，实与书中体例不符。该书编写完成后，聂敏祥曾往北京，参与《中国经济植物志》的编写。

裸子植物研究　裸子植物在建园之初，即列为引种的重点，至1958年已形成特色。1960年2月18日，在《庐山植物所大搞庭院布置》的报道中，对所搜集到的裸子植物有这样的记述："我所根据庐山自然特点，以松柏类植物为主，大力进行引种驯化和培育新品种工作。到目前为止，已从国内外引进11科36属500余种。全园除泪柏、台湾杉尚未引进外，其他都有栽培。我所正在五一节前引进上述两种植物，并将成为全国裸子植物研究中心。"为了成为研究中心，对尚未收集到的种类，立即设法引回。1960年3月4日，庐山植物所分别致函国内主要植物园，请求交换裸子植物种类。所需者为泪柏（*Dacrydium pierrei*）和台湾杉（*Taiwania cryptomerioides*）两种，愿以日本金松、福建柏、白豆杉、穗花杉等稀有种类相交换。三月中旬，特派张应麟与工人胡金水前往广州华南植物园，得到泪柏苗木3株，而台湾杉因该园没有，而改往原产地搜求。1964年庐山植物所已

---

① 《中国科学院江西分院致庐山植物研究所》【（59）院规张字57号】，1959年5月29日，庐山植物园档案。

改隶于中国科学院，并改名为庐山植物园，全国植物引种驯化学术会议在庐山召开时，朱国芳、梁苹、李华、涂宜刚合编的《松杉植物引种栽培总结》已铅印成册，作为会议交流材料。该书介绍了植物园搜集到的裸子植物111种，其中包括温室中的幼苗和庐山最常见的马尾松、黄山松和杉木等，所述内容包括中名、学名、形态、产地、生长条件、在本园引种时间、栽培地点、繁殖技术、生长习性和物候期等。

植物园事业是一项公益事业，需要大量投入。而实行“生产自给”，只能是牺牲植物园事业，而求人的基本生存。1961年底，在北京的胡先骕获知植物园窘境后，不能坐视其创办之事业就此衰败下去，不顾自己已在政治运动中多次受到冲击，且年老体弱，抱病在身，几次约请中科院副院长竺可桢相见，向其反映庐山植物园情况。他认为，只有将庐山植物园重新纳入中科院领导，才能摆脱目前困境。胡先骕所言引起竺可桢重视，1962年2月竺可桢赴广州，遇见中科院华东分院刘述周院长，转述了胡先骕所言庐山植物园困境，并言“庐山（植物园）为有名的山岳植物园，应加以很好保管”，请刘院长加以注意。两月后，竺可桢返回北京，于4月8日院长办公会议上，作出收回庐山植物园的决定。《竺可桢日记》记有这件事：“上午九时至院，张副院长召集处理生物学部、地学部、技术科学部讨论各分院所（问题）的办法。……生物学部（将）庐山植物园收回（从江西省），归北京（植物所）直辖。”[①]回归科学院乃关系庐山植物园发展的大事，经竺可桢过问，很快得到解决。

植物园重回科学院后，1963年初，科学院调中央气象局庐山天气控制研究所所长沈洪欣兼任庐山植物园主任。沈洪欣为军人出身，作风正派，对植物园管理甚严，要求年轻人用心业务，园内风气有所好转，主要工作回到研究上来，对园内植物种类进行清查鉴定，对几个展览区植物予以充实。1965年中科院斥资30万元，兴建植物园实验大楼，由庐山建筑工程公司设计施工，共三层，建筑面积2 693平方米。该幢大楼成为植物园主要建筑，大大改善了科研条件。这一时期所开展的研究工作主要有：

植被调查研究　中国全面开展植物生态学研究甚晚，庐山植物园则更晚。自50年代初植物生态学研究在国内开展后，50年代末至60年代初，分配来园的大学毕业生已具备生态学专业知识，即以生态学方法研究庐山及江西的植被。此前所作调查，大多只是进行植物标本采集。开展植被调查，全面掌握植物资

---

① 《竺可桢日记》第四卷，北京：科学出版社 1990 年，第 609 页。

源、植被概况，以利于开发山区、利用资源和保持水土。此项研究亦符合“科学研究为生产服务”的政策。

庐山植被调查　关于庐山之地质、植物、土壤、地貌等，此前有学者曾作专题报道，但未曾有综合调查。为了进一步了解庐山植物群落分布特性和演替过程，为庐山造林绿化及合理开发利用自然资源提供依据，同时也为来庐山参观实习者提供资料，1963年5至8月，陈世隆、王江林、杨建国、聂敏祥、户象恒、王文品诸人，对庐山植被进行调查。共采得植物标本1100号，3 300份，样地调查面积15 000余平方米。调查线路自北麓莲花开始，经赛阳、通远、张家山、庐山垅、隘口、归宗寺、秀峰寺、星子、白鹿洞、海会寺、高龙、威家等地，环山一周。又选好汉坡和观音桥两线作南北垂直调查。山上则以黄龙寺、汉阳峰、铁船峰、牧马场、仰天坪、碧云庵、五老峰、黄龙庵等为重点调查区域。于第二年写出《庐山植被调查报告》初稿。《报告》分为八个部分，主要有：庐山的自然环境概况、庐山植被在区划上的位置与植被区系特征、庐山的主要植被类型、主要植被类型的相互关系与演替、庐山植被保护和营造意见。通过两年的实地调查与研究，《报告》论证了“中国植被区划”和“中国植被”对庐山所属区域划分，认为适宜恰当。在具体植被类型上，基于庐山自然环境复杂，提供多种多样的生境条件，植被类型也就多种多样；再由于庐山有着悠久的开发历史，使得植被类型更具复杂性。《报告》详尽分析各种植被类型及演替过程，如此全面描述，当属首次。

庐山植物园植被调查　1964年4月，又对庐山植物园植被开展研究，写出《庐山植物园植被概况》一文，目的在为植被保护和改造，为园区规划提供科学依据。文中将园区分为天然植被和人工植被两种类型。天然植被指栽培区域周围分布于山坡和山谷的天然植物群落，根据其外貌和结构特征及产生条件的不同，分为针叶林、落叶阔叶林、灌丛和山地草甸四个类型。由于受人类活动影响，这些天然植被已不是原始，而是次生或正在发育生长的植被，文章提出抚育和改造意见，并将月轮峰一带列为名副其实的“自然保护区”。人工植被包括历年栽培和开辟的12种人工林和树木园、松柏区、岩石园、草花区、茶园、苗圃、药圃、温室区、行道树绿篱等。文章以生态学观点，提出各园区建设应注意的问题，如对单一自然植被改造应以常绿阔叶林以及针叶和落叶阔叶混交林的营造为主，但其后并未见诸实施；主张在药圃之下立堤筑坝，建造水库，开辟水生植物区，以增加沼泽植物，也因工程过大，耗资甚巨，未能实施。

九岭与幕阜山植被调查　此项调查由赖书绅主持，参加人员先后有户象恒、张作嵩、萧礼全、余水良等。调查分两次进行，第一次在1963年，自4月下旬开始，至10月下旬结束。第二次在1964年，自4月21日至5月12日。共计180日。调查区域，依据九岭、幕阜两山脉的自然走向，选择有代表性的山峰，如云山、太平山、武陵岩、老鸦尖、黄龙山、五梅山、王家山、石花尖、仙姑坛及大沩山等，采得标本1827号，样方调查40余个。1964年7月写出《九岭幕阜山脉植被概况》，此前尚无关于两山脉之调查，所在各县之土壤、地质、气象等也无正式资料，故该调查报告洵为开创之作。惜该报告亦为油印之作，未公开发表。

此次调查之前，经与中科院植物所秦仁昌联系，得该所资助1 500元，用于旅宿、伙食和消耗性物品购置，采集结束，向该所提送每号标本三份。3月19日签订合同，秦仁昌和沈洪欣、刘昌标在合同上签字。[①]此项合作本是一件佳事，然而沈、刘向主管机构江西省西山科学试验场领导汇报时，所得回复却不尽如此。4月24日来函云："从我们植物园的长远利益看，这一植物调查工作应当进行。为另一方面，我们还不是缺少这1 500元的经费问题。因此，党组决定：植物调查工作还可进行，但该局（引者注：来函将中科院植物所称为中科院联络局）汇来1 500元，应即退回，希遵照进行，并即婉言答复。"[②]可见地方官员，文化水平有限，不懂学术交流与合作基本规则，思想狭隘。但据笔者询问赖书绅先生，庐山植物园并未遵从此项指示，依旧履行与中科院植物所签署之合同。

园林景致 庐山植物园自50年代初开始，逐步恢复或新辟各个展区，至60年代初，植物园隶属关系、人事安排虽屡经变动，但先前培植之植物却默默生长，整体园林已呈现出意境之美。再加上周围荒山予以绿化，许多来庐山的游客皆来植物园参观，声誉日隆。1964年4月，为迎接第一届全国植物引种驯化学术会议在庐山召开，特邀请园艺学家陈俊愉来园，希望在已有基础上有所改进。陈俊愉是12年后重游故地，对呈现在眼前的景致赞叹不已，欣然写下《庐山植物园建园设计初步分析》一文。此后，庐山植物园不知经历多少次道路、建筑和园区改造，70年代因备战需要，修筑一条公路，从园区穿过；温室区在80年代也进行改扩建，数量有所减少，总的体量却有增大；新辟和改建展览区及道路更多。

第一届全国植物引种驯化学术会议 1964年，为纪念中国这座著名植物园的诞生，上年中国植物园会议在云南西双版纳召开，庐山植物园主任沈洪欣前往出席。会议决定明年召开"第一届全国植物引种驯化学术会议"，经沈洪欣邀请，安排在庐山举行。为迎接在庐山召开全国性会议，庐山植物园将各项研究皆

---

① 采集植物蜡叶标本合同，1964年3月19日，中国科学院植物研究所档案，A002-242。

② 江西省西山科学试验场党组致庐山植物园，1964年4月24日，庐山植物园档案。

图 1-17　出席"第一届全国植物引种驯化学术会议"部分专家与庐山植物园部分研究人员合影。前排左 2 俞德浚、左 3 陈封怀。

予以总结,共形成15个专题。每个专题在撰写完成后,还以通信方式,请国内专家如盛诚桂、单人骅、陈封怀、俞德浚等予以审稿。同时,对园内各展区布置和管理予以加强,以达到最佳水准。并举办庆祝建园30周年展览,有历史沿革、引种驯化、植物资源、园林建设、研究成果、展望未来几个部分,委托南昌市美术设计公司制作庐山植物园沙盘模型一个。

参加这次会议的专家有俞德浚、陈封怀、叶培忠、盛诚桂、王战、章绍尧、董正钧、林英、冯国楣、张育英等。全国科协副主席、中国科学院副院长竺可桢也到会祝贺。庐山植物园出席会议的正式代表有沈洪欣、刘昌标、朱国芳、聂敏祥四人。会议于9月21日开幕，由王战主持，沈洪欣报告会议筹办经过，竺可桢作"引种驯化的历史"主题报告。23日至25日进行学术讨论。庐山植物园人员在会上宣读论文的有：赖书绅《九岭幕阜山脉植被概况》；方育卿《三尖杉尺蠖初步观察及防治试验》；王士贤《庐山云雾茶引种栽培》；李华《庐山常见经济植物种子与果实外部形态观察》；朱国芳《人参引种栽培试验的初步总结》。

"文革"时期　植物园回归中科院未几年，研究工作尚在恢复当中，又遇"文化大革命"到来。自1966年至1976年，全中国都陷在这场政治运动中，社会动乱，正常工作无法开展，庐山植物园未能幸免。在"文革"初期，植物园开展的运动是外出串联，派员赴天津解放军农场等地进行劳动锻炼，人员大量外出，影响了园内正常工作。后来运动越来越激烈，不断召开批斗会，不少人受到冲击，如园领导温成胜被确定为漏网地主而遭受批斗；梁苹因在日记中对时局发表议论，被打成反革命，关进监狱。运动开展之后，植物园先前之工作遂为停顿。不过为配合政治运动，还有一些为政治服务的研究工作，如井冈山政治地位重要，而该地区植物种类丰富，1966年有在井冈山设立植物园计划，派人前去筹备，后因园址、人员编制没有落实而终止。1968年为生产皂素，在园内开办小型药厂，但生产原料，如酒精之类都难以获得，终难见成效。

"文革"开始时，先前负责人沈洪欣已调走，刘昌标也已退休，由造反派主政。"文革"后期，运动激烈程度有所消退，各机构成立革命委员会，植物园"革委会"由慕宗山负责。慕宗山也为转业军人，1966年由中科院分配而来，其在部队从事文员之类工作，有文人情怀，故与年轻知识分子相处甚好。此时有业务干部34人，多是50年代末至"文革"前分配来的大学毕业生，他们仍然是青年。1970年，中科院将大多数研究所又下放到各自所在省市，庐山植物园又回到地方。此时仍是慕宗山为主要领导，植物园一边开展运动，一边恢复工作。

1970年，庐山植物园与九江医院合编《庐山常见中草药》一书，收入200余种，编制成名录，记载其药性、功能。该书共印1 000册，双方各出1 500元，各得一半。当时庐山卫生局开办中草药学习班，即以此书为教材，并请赖书绅前往授课。此后还编写出《庐山中草药》和《九江地区中草药》等资料。其时，国家提倡计划生育，以寻找具有避孕功效的中草药作为一项研究课题，由周锐负责。其初，植物园还隶属于中科院，1970年遂向华东分院请示，请求调拨白鼠，以作为试验材料，并派人往中科院上海药物所学习如何养殖白鼠。该项研究后由张伯熙进行，在栀子花中发现具有抗早孕药性，至1970年代末，因化学实验仪器有

图1-18　1974年庐山植物园职工合影。前排左起：赖书绅、陈世隆、张鸿龄、虞功保、李庆、叶培忠、陈封怀、慕宗山，右起朱国芳、单永年。

限，遂与中科院上海药物所合作研究。在筛选抗生育植物药过程中，发现栀子花的乙酸乙酯粗提物对大鼠有明显的抗早孕作用。从粗提取物中分得有抗早孕作用的cycloartane型新二萜酸——栀子酸(gardenic acid)。继而从该粗提取物中分得多种黄酮、环烯醚萜、三萜酸和甾醇类化合物。其中一个cycloartane型新三萜酸——栀子花乙酸(gardenolic acid B)经药理试验证明，对大鼠也有抗早孕作用，但最终没有形成药品用于临床。此外还进行枫香叶止血研究，该研究与九江171医院联合进行，先在九江屠宰场用于猪体试验，后又自行养狗，在狗体上试验，均有良好效果。1977年予以鉴定，送九江制药厂试生产，但在报请九江地区药检所批准时，需要有临床病例(100例)，因未有临床试验而未获得批准，此项研究也就到此为止。

1974年，广州珠江电影制片厂来园拍摄科学教育电影《庐山植物园》，其时，拍摄电影属稀罕之事，对植物园而言，也是幸事。为配合拍摄，以求有良好的效果，促使植物园在园林外貌方面有所提升，拍摄之后，还派多人几乎长居广州，在该厂进行补拍、剪辑、修改解说词等。1975年10月经广东省委宣传部及省委审查通过，再送中央审查，获得通过，于是年底在国内放映，在宣传科学知识的同时，也宣传了庐山植物园。1977年该片还翻译成英文，向海外发行。

七、平稳发展（1977—2007）

十年“文化大革命”动乱至1976年结束，步入拨乱反正阶段。庐山植物园在慕宗山领导下，逐渐恢复到以研究工作为重心上来，此前年轻科学工作者，如今已到中年，重获重视，倍受鼓舞，愿将被政治运动耽误的时间追赶回来，学外语、搞科研成为新的风尚。国家对知识分子政策也一一予以落实，1979年庐山植物园被列为江西省专业技术职称实行正常晋升试点单位，有9人晋升为助理研究员，4人晋升为工程师，至此植物园始有中级研究人员，第二年又有5人晋升为助理研究员。此后十余年间，他们成为植物园中坚力量。1990年前后，这批人员又晋升为副研究员或高级工程师，其后不久即到退休年龄，只有少数几位年龄稍轻者，在退休之前晋升为研究员。此时，计划经济开始有所松动，人员可以流动，植物园还招募了一些研究人员来园工作，至1979年，共吸引7人调入，但其中没有高级研究员。

至1979年底，全园有职工112人，比“文革”期间增加不少，但研究人员为37人，增加不多。增加最多的行政人员和工人，分别为12人和63人。江西省政府也将植物园作为落实干部政策安置点，调来一些即将离休的行政干部，出任领导。此时，园领导成员由秦治平、慕宗山、王凡、朱而义、丁占山组成，主任由秦治平担任，慕宗山为副主任，分管业务工作。为了发展科学事业，还需要一些辅助工人，先将原先大部分家属工转为正式工。因“文革”影响，一时没有新的大学生毕业分配来园，即招收待业青年，以职工子女为多，或者以职工退休，子女顶替入园。其后，工人数量还有增加。

1978年，中国科学院植物园工作会议重新颁布“植物园工作条例”，将植物园作为研究机构，强调注重基础研究。据此，庐山植物园调整机构，将先前以组为单位，改为以研究室为单位，成立四个研究室：引种驯化、生态分类、园林果树和植物化学。另成立办公室、业务科和行政科。先按各个科室设置岗位，再分配人员。各科室正、副主任,以民主选举方式产生,自然是业务能力优秀者获得最多选票而当选。杨涤清、赖书绅、刘永书、王永高分别为四个研究室主任。

“文革”结束后,中科院恢复先前建制,将已下放至地方的研究所逐渐收回,实行双重领导,以中科院为主,地方只是对党务予以领导。大多研究机构得到当地政府支持,积极办理重归中科院手续。庐山植物园亦在收回之列,但不为江西省政府所赞同。1977年7月中科院工作会议、1977年9月全国自然科学规划会议、1978年4月全国科技大会,中科院对收回庐山植物园均没有变化,但是江西省科技组对此一直没有明确意见,致使收回一事被搁置。此后,慕宗山为重回中科院四处游说,积极争取。1978年8月中国物理学会在庐山召开年会,中科院副院长周培源、钱三强来山主持会议,慕宗山又将此事提起,获得同意,但江西省科技组仍未有明确意见。不久之后,江西省科委成立,慕宗山再为请示,获得赞同。此时中科院认为,江西省政府应向国务院报告,并抄送中科院;中科院再向国务院报告,即可办理完毕。江西省科委遂向省政府报告,但未获同意,终于无果。慕宗山仍作努力,致函中科院副院长兼生物学部主任冯德培,又请秦仁昌向中科院院长方毅呼吁。1981年9月在生物学部得到通过,学部遂拟文提交院长办公会议。12月11日,院长办公会议研究决定:因“我院调整、整顿的任务十分繁重,近期内不宜再增加机构。有关收回、分建、新建研究机构的问题,近期内一律不予考虑”。[①]所有努力再次落空。不久之后,慕宗山离休,植物园后任领导,也多次提出此项要求,均未形成正式议案。直至1996年,实现江西省与中科院双重领导,但以江西省为主,故改名为“江西省、中国科学院庐山植物园”。此双重领导机制,中科院仅是给予一些项目支持,而于园务管理、科研计划、人才培养等,仍由江西省科技厅领导。但江西省财力有限,再加上庐山地域偏远,其学科优势未能得到发展,多年之后,已不可与中科院直属研究所或植物园同日而语。

1983年12月,秦治平、慕宗山离休,改由徐祥美、舒金生继任。1989年选拔杨涤清主持工作,1995年吴炳文主政一年,第二年改由王永高继任。在秦治平时期,经费尚充裕,不仅江西省下拨事业费,还有科研三项经费,中科院也予以一些补助。随着改革开放深入,国家对科研投入不足,1993年为摆脱困境,实行机构内部改革,其主旨是“抓紧有利时机,加快分流人才,合理调整机构”,将原行政办公室与总务科合并,成立行政管理办公室,原业务科改为科研管理办公室,成立基建办公室,园林室改为园林植物研究室。将原资源室和引种驯化室合

① 中国科学院生物学部致慕宗山函,1981年12月。

并为资源研究室，先前之植物化学研究室早已撤销。调整后党政人员不超过20人，集中精干人员从事研究，分流大部分人员从事各类开发及服务工作。庐山植物园本就人才有限，此时正是新老交替时期，"文革"之前大学毕业生正在陆续退休，而"文革"之后虽然也分配不少大学本科或研究生来园，但由于植物园生活艰苦，研究条件缺乏，留下的人才不多，可知研究规模之萎缩。分流出来的人员，从事开发之类经济活动，也未形成规模，没几年即自行解散，大多又回到原先的体制中来。此后，这些矛盾一直困扰着植物园，因人才缺乏，甚至在园内选拔不出园领导，只得由江西省科技厅调人前来主持，1998年之后，先后有胡星卫、郑翔、张青松等来园主政。

在这30年中，在有限的条件下，还是做出一些研究成绩，简述如下：

1973年，《中国植物志》编委会下达庐山植物园参与大风子科、旌节花科编写，分别由赖书绅、单汉荣承担，于80年代末完成并出版。1978年，由江西大

图1-19 1982年，冯国楣重回庐山，与庐山植物园领导和研究人员合影。前排右起：赖书绅、秦治平、冯国楣、慕宗山；二排右起：罗少安、陈辉、陈世隆、张伯熙、朱国芳、舒金生；后排右起：李华、杨建国、王正刚、黄演濂、刘永书、汪国权、杨涤清。

学林英倡导，江西大学与庐山植物园联合向江西省科技组申请编纂《江西植物志》，获得批准。成立编委会，林英为主编，庐山植物园赖书绅为第一副主编，负责起草编写十年计划，并分配各科编写任务，庐山植物园大多数研究人员承担了编写任务。全书共分5卷，1993年出版第1卷。此后林英去世，由赖书绅主持编写，2004年出版第2卷，2014年出版第3卷。1978年中国科学院下达1978—1985年植物化学研究规划，其中庐山植物园王永高、单永年等承担其中部分种类植物油脂分析任务。该项研究成果后结集出版《中国油脂植物》一书，并于1991年获得中国科学院自然科学二等奖和国家自然科学二等奖。

庐山植物园致力于松柏类植物引种驯化，其中有一些种类属于造林树种，得到推广。1970年春，浙江省林业科学研究所来庐山植物园引种裸子植物，共424株，其中有日本扁柏、冷杉、花柏、细叶花柏、日本花柏、北美香柏及罗汉柏。试种之后，以冷杉长势最好，是年秋，还来函购买冷杉种子5公斤。不几年，以日本冷杉、柳杉、扁柏、花柏、北美香柏五个树种生长最好，多次召开现场会，逐年推广，1979年获浙江省重大科技成果三等奖。浙江引种成功后，1982年国家林业部继续组织推广，在浙江西至天目山、东北至四明山、南至百山祖，植树造林，面积达11 000多亩，其中包括混交林3 000多亩。1985年，庐山植物园将此项成果申请获得江西省科学进步三等奖。

庐山适宜高山花卉引种栽培，1982年重新开始杜鹃花引种驯化研究。此系上年冬冯国楣来庐山后竭力倡导，并亲自陪同慕宗山往南昌，向江西省科委说项，得到支持，遂为立项，由刘永书承担。第二年春开始往云南大理，秋往江西井冈山，引来杜鹃花苗开始种植，并采得种子播种。1989年，该项目又获得国家科委支持，新建国际友谊杜鹃园，扩大展览面积，开展杜鹃花植物专属引种，先后自云南、四川、贵州、江西、江苏、浙江、安徽等省、自治区及国外引种260余种和大量园艺品种。刘永书退休后，该项研究由张乐华继续从事，2006年4月，将多年研究成果系统总结，通过江西省科技厅组织的专家鉴定，于当年获得江西省科技进步二等奖。

自1980年起，庐山植物园开展了物种生物学和野生生物资源的开发利用研究，杨涤清从事物种生物学研究，对人参属等中国特有物种染色体核型进行研究，结合形态学、化学成分、地理分布，提出中国西南地区是人参属现代发布中心，也是变异和起源中心的新见解。还对伯乐树等珍稀濒危物种，以及兰科、百合科有关物质染色体核型进行研究，发表了一系列论文。黄演濂主持“中华猕猴桃优良品种‘庐山79-2’的选育”，1988年获得江西省科技成果三等奖；王永高、单永年参加的“江西省野生芳香植物资源中含香成分及其利用前景的研究”，1996年获得江西省科技成果三等奖；张伯熙、单永年等主持完成的“京尼平甙对黄瓜和长豆角增产效果研究”，1999年获得江西省科技成果三等奖。方育卿长期致力于园林植保、森林病虫调查工作，并对庐山蝶蛾类昆虫进行系统研究，最终出版《庐山蝶蛾志》一书，2007年获江西省自然科学三等奖。

植物园为社会公益性事业，其栽培各类植物，设置各种展区，向公众传播植物学知识，普及科学文化，庐山植物园对此工作向来予以重视，并以此为职志。1999年12月，在科技部、教育部、中宣部、中国科协召开的全国科普教育工作大会上，庐山植物园获得“全国科普工作先进集体”和“全国青少年科技教育基地”荣誉称号，并被中国科协命名为“全国科普教育基地”。在郑翔主政时期，对科普工作更加重视，每年开展“免费科普讲解导游活动”、“科普活动月”，将科普展览办到庐山牯岭街，吸引更多游客来植物园参观；在庐山管理局设立科普讲座，以此提升植物园声誉。在此期间，人才培养也有大力提升，十多名具有

图1-20 2010年庐山植物园中心区全景。

大学本科学历人员，先后被送往大学或研究所，攻读在职硕士或博士学位，他们毕业之后回园，对植物园整体研究能力有所提升。此外，还加强与中科院等研究所，与一些大学及国外植物园进行学术联系，共建实验室，合作进行研究等。这些学术交流，对庐山植物园的发展也有推动作用。

2004年9月，在庐山植物园庆祝建园70周年之际，中国植物园学术年会在庐山植物园举行。全国52家植物园和植物研究机构（含香港、台湾）140余名代表参加此次学术年会，美国、英国、新西兰等国的著名植物园，如密苏里植物园、哈佛大学阿诺德树木园，也派出代表参加。这是继1964年第一届全国植物引种驯化学术年会之后，又一次在庐山植物园举行的全国性学术年会。

八、二次创业——鄱阳湖分园之兴建（2008—2014）

庐山植物园发展受到限制，很大一部分原因是所处山岳地理位置，吸引不了优秀人才在此长期工作。为改变这一格局，植物园早已形成共识，在山下南昌或九江开辟分园，将室内研究部分和职工主要生活地点安置在城市，依托城市公共资源，让植物园走上良性发展，但此愿望直至2008年才实现。

图1-21　2010年8月7日，全国政协副主席林文漪（中）来庐山植物园参观，与植物园领导班子成员合影。左起：雷荣海、张乐华、吴宜亚、詹选怀、徐宪、鲍海鸥。

2008年,随着江西省"鄱阳湖生态经济区"建设的深入推进,江西省科技厅将庐山植物园建设分园提上议事日程,决定分园建在鄱阳湖边,以鄱阳湖生态为研究主旨。8月,全国政协常委、原国家科学技术部部长徐冠华来江西,江西省政府聘其为"鄱阳湖湿地与流域研究教育部重点实验室学术委员会"主任,23日来庐山植物园视察,省教科文卫委副主任李国强、省科技厅厅长王海等陪同。在听取园主任张青松汇报后,领导、专家们认为庐山地理环境制约庐山植物园的发展空间,建议在鄱阳湖边建设分园,不仅可为环鄱阳湖生态经济区建设提供科学保障,同时还能把研究方向转移至湿地生态、水生植物和防沙植物等新领域,为治理湖泊、荒山、沙漠做出应有的贡献。是日,调吴宜亚任庐山植物园党委书记,负责鄱阳湖分园筹建。陪同前来的九江市委副巡视员、庐山区委书记陈和民同志当即拍板,表示全力支持庐山植物园鄱阳湖分园建设。

建设分园,获得九江市及庐山区政府的支持,遂在庐山区范围内踏勘选址,最终选定威家镇和虞家河乡交界处泉水垅西山头,毗邻鄱阳湖,距九威大道2公里。2008年10月18日,庐山植物园与庐山区政府签订庐山植物园鄱阳湖分园项目建设合同书。11月10日,江西省科技厅以赣科发办字(2008)185号文批复,同意建设庐山植物园鄱阳湖分园。同月14日,九江市人民政府办公厅以九府厅字(2008)123文批复鄱阳湖分园选址,面积486亩。2009年5月首先以310万元征得114亩第一批土地,后办理其中核心区53.3亩新增建设用地土地证,6月18日开始,对核心区域进行土地平整和修筑道路。格局初定,为有效推进,江西省科技厅党组书记、厅长王海同志率省科技厅党组成员及相关处室领导,于7月10日赴威家镇召开分园建设现场办公会。会议认为:"鄱阳湖分园立项意义重大,工作进展很快,是加快科学发展的需要,是几代植物园人的夙愿,也是进入新阶段发展的必然选择!是一件关乎科技创新、继往开来的千秋伟业!必须集中力量投入,举全厅之力把这件实事、大事抓好、抓出成效。"[①] 8月18日,中国科学院生命科学与生物技术局副局长苏荣辉博士等专家学者一行6人,来鄱阳湖分园筹建处进行实地调研。苏荣辉副局长说:鄱阳湖分园的建设符合江西省委、省政府提出的"鄱阳湖生态经济区"战略,是生物多样性保护战略的一个组成部分,体现了科学界"支撑引领、开拓创新"的精神。他表示生物局会大力支持这项工作,强强联手,院地合作,实现共赢。10月12日,鄱阳湖分园规划设计条件获批,并获得九江市规划局颁发《鄱阳湖分园建设项目选址意见书》,选字号为

---

① 《鄱阳湖分园简报》第六期,2009年7月29日。

图 1-22　2010 年 4 月 7 日，江西省副省长谢茹在鄱阳湖分园实地调研。左起：江西省科技厅厅长王海、庐山植物园副主任詹选怀、江西省科技厅副厅长左喜明、谢茹、庐山植物园党委书记吴宜亚。

360400200900033。11月4日，九江市房产局以九房拆许字（2009）第21号，颁发《鄱阳湖分园房屋拆迁许可证》。12月30日，省科技厅党组就鄱阳湖分园项目建设召开专题会议，对鄱阳湖分园一年来工作取得突破性进展给予充分肯定。会议决定：① 以科技厅名义向省政府报告，申请专项经费，每年500万元，连续支持5年；② 着手向科技部、中科院争取支持；③ 所有下达的项目，都安排在鄱阳湖分园的建设中去；④ 管理用房的建设按既定的思路搞下去；⑤ 资源开发与综合实验室也可放到分园建设中一并考虑。

2010年3月12日，江西省省长吴新雄、副省长谢茹率队走访中国科学院，希望在鄱阳湖生态经济区建设过程中，得到中科院在技术、人才、项目等方面的大力支持，并且在生态保护、技术升级、产业发展等方面开展更广泛的合作。中科院常务副院长、党组副书记白春礼对中科院与江西省的合作给予高度评价，对江西省提出的请求给予五项答复，其中第四项就是中科院同意支持庐山植物园鄱阳湖分园建设。4月7日，副省长谢茹来到江西省中国科学院庐山植物园鄱阳湖分园，实地调研建设情况，提出建议：一是高标准规划，着眼于长远，要作为千秋伟业来抓，特别是要体现时代发展的要求，迎合国家战略方针，要有前瞻性、先导性，要可持续发展性；二是多方面筹措资金，从省科技三项里设立专项，每年500万元，连续支持5年。当然这还不能满足建设的需要，所以同志们要群策群力，尤其是科技厅领导，要带领同志们去争取、去跑部委；三是科学调度，整合资源，一步一个脚印地向前推动，"有为才有位"，要在服务大局中提高地位，要在干事创业中提高地位，赢得更多的支持，才能有效地自我发展。

5月6日，九江市委副书记张学军来到江西省中国科学院庐山植物园鄱阳湖分园，就该项目建设情况进行现场办公。详细了解项目进展程度和目前存在的问题，以及需要解决的困难。12日，中共九江市委办公厅以九办字［2010］88号文，印发《推进江西省中科院庐山植物园鄱阳湖分园项目建设现场办公会会议纪要》，就如何推进项目建设，从征迁、规划、土地及政策支持等方面给予了明确指示。

6月4日，江西省人民政府以政字第337号文正式批复，同意设立"鄱阳湖分园建设专项"，每年从科技三项经费预算中安排500万元，连续支持5年，解决鄱阳湖分园条件平台、示范基地建设及前期研究的部分经费。

在省、市、区（县）各级政府的大力支持下，庐山植物园鄱阳湖分园的立项、环评、征地、拆迁等各项工作顺利完成。2010年10月29日，鄱阳湖分园建设正式开工，举行隆重开工典礼，副省长谢茹，省科技厅党组书记、厅长王海，厅领导吴文峰、左喜明、王晓鸿、卢建、赵金城，九江市委副巡视员陈和民，副市长卢天锡，省厅各处室、各直属单位领导，庐山区区长钟好立、庐山区委组织部部长刘建，以及金融、新闻单位朋友共300余人，出席开工典礼。谢茹副省长宣布开工，并为项目奠基。12月17日，江西省发展和改革委员会以赣发改高技字（2010）2390号文件，批复《庐山植物园鄱阳湖分园一期建设项目可行性研究报告》，同意建设内容和规模：一期建设用地53.4亩，土建总面积13 372平方米，其中科技创新大楼5 080平方米（包括标本馆、科普展览馆、图书资料室、学术报告厅、会议室、行政办公室等），管理用房6 240平方米（包括后勤服务、专家公寓、学生公寓等），综合实验中心2 052平方米，以及水、电、道路等配套设施，总投资3 502万元。建设周期为2011年至2012年。科技创新大楼等主体建筑，委托九江市城市规划市政设计院设计，经公开招投标，由南昌对外建筑工程公司承建。科技创新大楼于2012年8月竣工，第二年初启用。鄱阳湖分园在2009年征得第一批土地114亩之后，第二年又征得第二批土地372亩，共计486亩。

在鄱阳湖分园建设中，2010年6月园主任张青松调离，改由园党委书记吴宜亚主持工作，鄱阳湖分园即在其谋划下建成，并对庐山植物园发展提出"二次创

图 1-23 鄱阳湖植物园创新大楼。

业”思路，意在以分园建设带动整个植物园发展，达到山上与山下联动，在胡先骕、秦仁昌、陈封怀所开创的辉煌业绩之后，再创辉煌。2011年申请到科技部国家支撑项目《鄱阳湖流域重要珍稀濒危植物保育技术及资源可持续利用的集成与示范》，获得1 709万元资助；2012年申请到江西省重大科技专项《鄱阳湖流域水生植物资源保育与利用研究》，获得500万元资助。此两项课题支持力度在以往几十年中未曾有过，以项目促发展，为植物园在整体上迈上新台阶奠定了坚实的基础。

在分园基本建设同时，根据总体规划，园林建设也在进行。现已初步建成观赏灌木区，科研实验区，水生、湿生植物专类区等。水生、湿生植物专类区建设面积达200多亩，多次到武汉、杭州植物园及周边地区引种，并在鄱阳湖流域开展野外调查，采集和引种植物，引种植物种类600多种，为深入研究积累资料。铺植草坪40 000平方米，办公楼前后景观种植基本完成，鄱阳湖分园建设初具规模。

中篇
庐山植物园档案选编

静生生物调查所设立庐山森林植物园计划书[①]

胡先骕

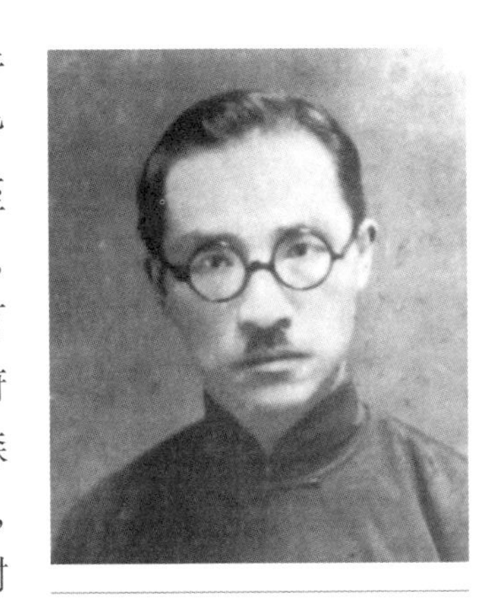

图 2-1　胡先骕。

中国天产号称最富，而植物种类之多，尤甲于各国。盖因气候温和，雨量充足，除北部诸省外，皆多名山，其森林带较之同一纬度之美国东部，高至二倍，故中国虽无彼邦著名伟大乔木，如桸�之类，然蜀滇诸省之针叶林亦至雄伟；美国林木不过五百余种，中国则有一千五百余种之多。第因昔日政府人民不知保护与培养，遂使交通便利各省之原始森林砍伐殆尽，市场呈材荒之象，外国木材乘机输入，遂为巨大漏卮。又以内地森林未经详细调查，致树木之种类不辨、材性不明，可用之材不能利用，货弃于地，殊为可惜。而各地林场年糜巨款，盲目造品质低劣之森林，实国民经济中最不经济之举也。

江西素以出产木材著称，然以民间砍伐之无度，造林之不讲，遂令全省木材产量日减，而全省大部分皆呈童赤之象。如百余年前西人在赣北旅行游记中，曾述及鄱湖两岸，尽生金叶松林，至今则金叶松仅庐山北岭有数株，即一事例。他如有价值之巨材，若宜昌楠木、珍叶栗、大叶锥栗等在浙江、湖北诸省均甚普遍，而赣北仅在庐山略有残余。即以杉木论，亦以轮伐之期过促，至无巨材，直接影响林业经济甚大。故欲树立江西林业政策，必须从调查本省所产林木种类，研究其材性与造林之性质入手，则森林植物园之组织实为当务之急。

① 胡先骕：《静生生物调查所设立庐山森林植物园计划书》，1934 年，南昌：江西省档案馆，61（1055）。

又中国名葩异卉，久为世人所艳称。西人年糜巨款，至中国搜采种子苗木，然尚供不应求，如四川产之栱桐、苗高二尺者，在伦敦每株价可贵至英金一镑。西人每谓若在扬子江下游，择一适当地点，以繁殖改良中国产之卉木、蔬菜种子，必可垄断世界市场。而当中国内政益趋修明之时，国内行道树、风景树、花卉灌木之需亦日广，苟不自起经营，必至又添一笔巨大漏卮，苟森林植物园成立于此，亦可兼营。

在目下江西农村复兴运动发轫、贵院成立之初，宜及时着手以树百年大计，为发达林学与花卉园艺计，森林植物园之设立实不可缓。敝所自成立以来，即以全力调查全国树木，采集植物标本，远及东北与西南各省，研究成绩颇为欧美先进诸邦学术界所称道，久有创办森林植物园之拟议，第以经费拮据，迄未积极进行。

庐山地处长江下游，气候温和，土质肥沃，为东南名胜，交通亦称便利。于此创办森林植物园，洵为适当。斯园成立，必能解决江西林业问题，兼可辅助江西花卉园艺新事业之成立。

庐山森林植物园募集基金计划书

静生生物调查所、江西省农业院

第一章　植物园计划

第一节　植物园之旨趣

世界文明国家，莫不有植物园之设立，远者始于百数十年前，近者亦有五六十年以上之历史。属于前者，如法国巴黎植物园、英国皇家植物园、苏恪兰皇家爱丁堡植物园等等是；属于后者，如美国哈佛大学之阿诺尔森林植物园、纽约植物园、德国柏林植物园、瑞典京城植物园等等是。考其宗旨，不外栽培与研究国内外之植物种类，一方促进植物科学之进步，一方为国家讲求利用厚生之道。盖今日世界各国盛倡之植物生产科学，莫不胚胎于植物园焉。植物科学之研究在我国为时不过二十年，至今虽有数知名之植物研究所，然规模宏大之植物园，则以庐山森林植物园为巨擘。本园创设之旨趣，约分为纯粹植物学研究与应用植物学研究两端。属于前者，如江西全省及其邻省植物之调查、采集、栽培，以供有系统之分类研究之用；属于后者，如江西全省森林调查、造林学之研究、木材利用、花卉园艺植物之介绍与繁殖，以及世界各国经济植物种类之引进及栽培。二者相辅而行，庶几植物园之使命得以完成焉。

第二节　园址及地势

本园园址，位于历史悠久之胜地庐山之东南部，距九江五十余里，去牯岭约八里，其入口位于园之西首之横门口，共占地约一万亩（据前林业学校之测量），包括东西向之两大山谷，即三逸乡与七里冲是也。后者复与其中部南首

图 2-2　1936 年庐山森林植物园。

之青莲谷相衔接，迤东至本园之极东界三叠泉止。园之西端与前俄国租界芦林接壤，由此向西南，经太乙峰之阴而达含鄱口之南，为牯岭与星子县治之交通要道也。

三逸乡高出海面一一五四公尺，位于两峰之间，其北曰月轮峰，宛如半轮明月；其南曰含鄱岭，东西横卧如屋脊。七里冲位于三逸乡之东北隅，亦介于两山之间，其北曰大月山，其南即庄严奇伟、绝壁巉岩之五老峰是也。形如圆帏之团山，位于两谷之间，为天然屏障。由园之西端横门口起，迄园之极东界三叠泉止，长凡十七里余，由南至北，其阔约一二里不等。谷内溪壑交错，流泉潺湲，终岁不绝，虽久旱亦无涸竭之虞焉。

第三节　园址史略及本园成立之经过

本园园址为前江西省立沙河农林学校之演习林区，全园土地除三逸乡外，悉为官有。三逸乡于民国三年至十五年间，为前北京政府时代参议院副议长张亚农氏所经营，盖造别墅，栽植森林，阅十余载，规模粗具。洎十六年北伐告成，北京政府瓦解，张氏私产为政府没收，三逸乡林场及其别墅亦以入官。十七年夏，由省政府议决，连同七里冲、青莲谷之官地，拨归前星子林业学校，旋该校迁移牯岭，三逸乡地址则作为该校学生演习之场所。二十二年，该校合并于沙河农林学校，改称江西省立农林学校三逸乡演习林，亦改称江西省立农林学校实习林场。至二十三年五月,设立植物园议成,乃由江西省农业院第三次常务理事会议决,呈准江西省政府,全部拨充庐山森林植物园园址。是年七月,由静生生物调查所会同江西省农业院派员正式接收,嗣经短期间之筹备,庐山森林植物园遂于八月二十日正式成立。此本园成立经过之梗概也。

第四节　本园现状

本园成立为时既暂,经费亦复有限,故目下一切工作仅限于三逸乡内。该地原有西式房屋一所,现为办公室及职员卧室。二十三年冬,新建植物园主任住宅及园丁宿舍,植物暖房各一幢,又本园委员会委员范旭东先生捐资盖造繁殖温室一幢,植物暖房一幢,温床十框等,均于本年春季完成。新辟之苗圃约六十余亩,主要通衢及小道均已修筑完竣,松杉岭及杜鹃区已规划定妥,灌木区及竹林区亦已开辟过半,果木园已栽有各种果树六百余株,蔬菜园亦开辟完竣,茶树试验区亦已定植。经济植物标本室已有标本三千余号,此外本园在庐山采掘所得森林及园艺植物苗木及国内各农林机关赠送之苗木,合计有五百十余种,计壹万数千株。又球根块根及其他宿根花卉约四万数千,于今春复接到世界各国著名植物园赠送之花卉、森林及其他植物种子四千三百余包,均经莳播。另有花卉及森林树种插条五十八种,计二万数千条。此为本园现状之梗概也。

第五节　本园事业

本园事业暂定下列三种:

一、森林方面。(一)森林树种之调查与造林方法之试验。拟先调查江西全省森林植物之种类及分布,而尤致力于全省杉树林之面积材积之调查,与最高价值轮伐期之测算,以为改进杉树造林施业方案之张本。同时复拟搜罗全国各地主要树种及国外重要林木种子,从事试验栽培,俟得有结果,然后介绍于全国,以有计划之方法推广造林。(二)木材研究。包括木材种类之鉴别,木材性质之测定,而尤注重各种木材之比重、重量及负担力等之试验,拟与静生生物调查所木材研究室合作,为大规模之研究,而为江西省林业计,尤拟致力于杉树最高价值之轮伐年龄之测定。至杉树造林之适地生长率及造林方法,均拟作详尽之研究,以确定杉树造林施业方案,以备全国产杉区域造林之参考。

二、园艺方面。我国花卉园艺植物种类之富,世界各国罕与伦比,据爱丁堡植物园园长史密司教授之调查,英国今日之园庭植物百分之三十五以上产自中国,西谚谓“无中国花卉,不成园庭”一语,洵非偶然。而川滇高山之杜鹃

图 2-3 含鄱岭下。

花及报春花，经欧西各国庭园栽培者，约共七八百种之多，而国内罕有知之者。此类名花多数能于庐山生长，因土质与气候均甚相宜也。再则重要药用植物如人参、厚朴、杜仲、党参、贝母、石斛等等，在庐山均有栽培成功之可能，本园将广为栽培之。

三、植物方面。江西全省植物种类，除庐山一隅历经中西学者稍事采集外，其余各地植物在全国各省中，知之独少，因甚少学者为详尽之调查、采集故也。本园计划先着手庐山及其附近地域植物之调查，渐次按年向赣南各区推进，直达闽粤湘等省边境。预计于五年之内可以完成江西全省植物之初步调查。调查完竣后，即拟先编一《江西树木志》，以供林学家之借鉴，同时拟编印彩图《庐山野花志》以供爱好植物与园艺者之参考。

第六节 植物分类区

植物分类者为植物园主要工作之一，其目的不外为教育、研究与观赏三种，其分区方法有下列二种。

甲、自然分类区：照植物学分类程序依次栽培，使观赏者洞悉植物进化之程序，并供学生实验时教材之用，依植物生态之不同，更分为下列三区。

（一）森林植物标本区（或称乔木区）：本区更分为被子植物及裸子植物二亚区。本区内之植物，类皆为森林树种，每种须有十至二十株，每属各为小区，俾便于比较同属中各种之发育生长适地阴阳性及郁闭度之差异。

（二）灌木区：不呈乔木状之灌木，属之此类植物，多数系观赏种类及重要之木本园艺植物，每种栽培一株至十株，依庭园式栽培之。

（三）草本植物区：木区内之种类最多，每科各为小区，每种栽植二至六株，排列整齐，使观者易于识别。

图 2-4　月轮峰下。

乙、性质分类区：依各种植物之生态习性或效用而分类如次：

（一）竹林区：我国竹种至繁，然迄今无确实记载，究其原因，不外竹类通常须经十数年或数十年着花一次，而其类种之识别惟花是赖，故竹之分类研究舍栽培之法末由。且竹为森林植物，又为重要工艺植物，故宜广事搜集品种而栽培之，每种各为小区，以免年久混杂。

（二）药用植物区：我国药物什之八九取诸植物，自西药昌行后，中药大受影响，近来少数国内药物学家欲明了中药性效起见，竞相从事研究国产药物，然或因取材非易，或因种类鉴别不明，甚难有良好结果。本园拟搜集各省新鲜著名药用植物栽培、繁殖，鉴定其种名，然后加以化验，则中国药物学之标准，庶几可以确定。且我国药物除少数种类系栽培品外，余皆取诸野生植物，殊非经济之道，苟经化验知为有效良药，则大举栽培，实为刻不容缓之举。

（三）食用植物区：属于此区者，为蔬菜、瓜、叶蔓、谷类植物，栽培目的为使一般人一目了然于其日用必需食品之来源与种类。

（四）工艺植物区：我国产生工艺植物种类特多，如漆油桐、乌桕、各种之麻及其他纤维植物等皆属之，栽培目的一方面为生产的，一方面为研究的。

（五）沼泽植物区：我国水生植物种类至繁，或为食用种，或为观赏品，应另置一区以位之。且本园虽位于高山，而水源则在在皆是可资利用，以栽培此项植物。

（六）石山植物区：属于此区之植物类多，富于耐旱性，或具肉质组织，如景天科、仙人掌科之植物，或具极美丽之花，或具奇形之茎叶，在欧美园亭竞以栽培此类植物相尚。我国对于此项园艺学则素乏研究，本园允宜首为之倡。

（七）天生植物区：划定园中一隅，由山麓至极顶，不加人力干涉，任其界内各种植物滋生繁殖，而调查其种类及组合情形，一方面为植物生态学之研究，一方面可以永观本园界内植物社会之本来面目。

（八）温室植物区：凡温热地带之植物，在本园气温之下，不克生长。而在植物分类上，复不可少之种类，则须在温室栽培之。本园现有小温室一幢，仅供繁殖之用，将来尚须建筑大温室，以栽培此类植物也。

（九）杜鹃区：杜鹃花为我国川滇高山特产，种类之多，不下五百余种，欧美人士莫不珍异之。本园气候土质最适宜于此类名花之栽培，故拟辟专区以大规模栽培之。

图 2-5　苗圃。

（十）花卉区：专培植球根、宿根及一年生草本园艺花卉，而研究其用途，兼备夏季牯岭之需要。

（十一）苗圃区：此区专为培育花卉及各种树苗，以供以上各区定植之用。

（十二）森林区：除以上各区外，本园尚有倾斜度较急之山地，概划入造林地带，以供建造风景林、经济林及薪炭林等，其树种以金钱松、锥栗及各种杨柳为主，前者为建筑用材林，后者为薪炭林。

以上各区之规划，均在分别进行中，预计三年内大体均可就绪。至蔷薇花区、绣球花区、金银花区等等，亦渐次添辟。

第七节　经济植物博物馆

经济植物博物馆，为一切植物之有经济价值产品之总集成，以供展览及研究之用。馆址预定在新苗圃温室后之平坡上，为一字二层式，全部建筑费及内部设备费，约须国币三万五千元至四万元。内分下列各室：

甲、经济植物产品陈列室一，搜集国外、国内一切经济植物之原料品及精制品，分类陈列，以供展览。

乙、经济植物标本室二，收藏国内、国外一切有经济价值之植物蜡叶标本，以供植物生产研究之参考。

丙、木材研究室二。

丁、经济植物研究室二。

戊、办公室二。

己、会议厅一。

第二章　募集基金办法

第一节　旨趣

今日世界著名之植物园，如巴黎植物园、英国皇家植物园等，其成功之原因虽甚复杂，要以主持者之得其人，兼有良好之环境、悠久之历史及有充裕而又稳固之基金有以致之。庐山森林植物园为全国今日仅有之大规模植物园，其使命之重大，既如前述。惟经费支绌，进行困难，溯本园开办之初，既未筹有开办费，又未筹事业费。成立伊始，一切开支仅恃每月一千元之经常费，由静生生物调查所与江西省农业院各任其半，即维持现状，犹时虞不足，安有余力从事建筑，充实设备，更无论百年大计矣。园委员会有鉴于此，爰于第二次年会通过募集植物园基金原则，并嘱本园拟具详细办法，呈请江西省政府核准。此为本园发起募集基金之始末也。

第二节　募集方式

按本园位于庐山东南部，面积几近万亩，擅林泉之胜，无尘嚣之烦。南瞰则宫亭如镜，东眺则五老岳峙，太乙拱于西，月轮、大月诸峰环于北。景物秀绝，虽黄龙芦林，犹多让焉。园中土地，除供培植各区植物及造林外，尚有因地位土质不适于前述各项用途之余地，如倾斜较急之山坡上，及清泉长流之溪涧边，可供建筑别墅及布置普通庭园之用。本园此次募集基金办法，即凡热心学术研究及爱好自然景物之各界人士，一次捐助本园基金在千元以上者（千元以下勒碑纪念），得由本园在上述之地带内，划给土地一百二十方丈作为永租，归捐助本园基金者建筑别墅之用。惟永租之地，每户以此数为限，不以捐款之多寡，为此例以明其非市道也。此项永租地，由本园精密划定，提交本园委员会通过，呈报江西省政府备案。

第三节　基金保管办法

募得之基金，拟仿国立清华大学及静生生物调查所等基金保管成例，交由中华教育文化基金会保管之。本园每年仅得动用其息金，由本园委员会核定，供建筑、或设备、或常年经费之用。

第四节　永租地管理暂行办法

（一）永租地地点及四址，由本园主管人员会同捐款者或其代理人勘定之。

（二）捐款者须以本人姓名向本园登记之，不得用堂名或其他代名词。

（三）捐款者一次清交捐款后，由本园发给永租地执照，并呈报江西省政府备案。上述之执照中，应详载永租户户主姓名、年龄、籍贯、职业及永租地之用途等。

（四）永租户须将缴款登记及备案等一切手续完毕后，方得应用其永租土地。

（五）永租户有爱护本园名誉及协助本园业务进行之义务。

（六）永租户应遵守本园一切规则。

（七）永租户如有伤害本园产物或建筑物，及纵放家畜越界践噬园产之行为时，应负赔偿责任。

（八）本办法经植物园委员会通过，呈请江西省政府核准施行。

（九）本办法如有未尽事宜，得由植物园委员会委员二人以上之提议，经委员会多数之通过而修改之。

附　庐山森林植物园募捐基金启

吾国天产号称富饶，而植物种类之繁多，尤甲于温带。盖因气候温和、雨量充足而地形差别极大。名山大壑，平原沙碛，靡不具备，其森林带较之同纬度之美国高至二倍以上。加以四境与性质不同之植物系统邻接，种类错综，尤易繁赜，故奇花异卉为世界所艳称，久有花园之号，又擅园庭之母之誉。以树木种类论，北美洲所有者仅六百余种，而在吾国则数逾二千；以名花论，杜鹃、报春皆以吾国种类为最多，其他珍卉，尤难覼缕。故海通以还，欧美各国不惜派专家辇重资，至吾国搜集花卉苗木种子，甚至组织专门学会，如杜鹃学会者，以从事研究焉。

吾国天产既丰，而园艺技术发达亦早，然除昔日以帝王之尊，尚知以上林艮岳为搜集卉木之用，以供个人娱乐外，政府或社会设立之植物园则阒然无闻焉。故吾国园艺森林学术不进步，良有以也。至于近世以科学称先进诸邦，则莫不有规模宏大之植物园，盖不仅广栽卉木，美化人生，且以植物园为研究植物学之中心也。如英国邱皇家植物园与印度之加尔客答植物园，则为印度茶业之发祥地。而爪哇之茂物植物园，则为南洋橡皮业与金鸡纳霜业研究之中心，皆所以增加印荷两国无量之富源者也。吾国森林树木种类极多，而森林砍伐极滥，虽历年中央与地方政府耗费巨款造林，然一般从事林业者，既不能辨国产林木种类，复不能知各种国产木材之性质，故虽年年造林，而于国计民生裨益甚少焉。静生生物调查所有鉴于此，乃与江西省农业院合办庐山森林植物园于牯岭附近之含鄱口，其地气候适宜，土壤肥沃，水源充足，地积近万亩，规模宏大焉东亚之冠。而自成立以来，成绩卓著，为世界各国所重视。自开办迄今，本园搜集及与各国交换之种子苗木已达一万二千余种，镃基已

图 2-6　任鸿隽募捐之后，在植物园所建古青书屋。

立，发展堪期。惟常年经费过少，而计划不能达所预期，是以呈准江西省政府，为大规模基金之募集，尚乞国中贤达，惠然解囊，集腋成裘，众擎易举，使兹名园经济基础可以奠定，事业得以积极进行，则国家社会咸利赖之。

发起人：林森、蒋中正、蔡元培、张人杰、黄郛、孔祥熙、王世杰、吴鼎昌、王正廷、石瑛、翁文灏、陈果夫、韩复榘、熊式辉、朱家骅、程天放、刘健群、金绍基、周贻春、胡适、钱昌照、李范一、孙洪芬、蒋梦麟、任鸿隽、梅贻琦、罗家伦、范锐、陶孟和、江庸、汤铁樵、俞大维、卢作孚、邹秉文、辛树帜、秉志、程时煃、龚学遂、董时进、胡先骕。

谨启

保护庐山森林意见[1]

秦仁昌

一、庐山森林之现状及其所有权之剖析

庐山为东南胜地，土质肥厚，气候温和，昔日森林，本称茂密。在十九世纪初，西人巴罗游记犹称鄱阳湖两岸，森林深密，而以今日仅见金钱松为尤盛。洎清季牯岭开辟租借地以来，人口日增，建筑材料、薪炭所需，均惟林木是赖，随地滥伐，毫无限止，兼之野火焚烧、牲畜践踏等种种摧残，迄于今日，曩昔之茂林，非夷为童山，即化为丛薄。所谓天然林者，仅于庐山林场之黄龙区及少数寺庙附近，尚有一、二遗迹可见耳。至牯岭芦林一带之中年生松林及杂木林，或由人工栽植，或由天然萌芽而起，而非本来之林相，是可断言也。

庐山森林，依所有权之不同，可分为公有林、私有林及寺庙林三种。公有林面积最大，约占全山三分之二强。因山民侵害之结果，迄今除庐山林场之黄龙、牧马场尚有一部分之天然杂木林及人工林（针叶树类）外，余皆化为丛薄。甚有数处，如大林冲、土坝岭、五老峰、狮子峰等处，几全为童山矣。私有林大半在山腰以下，林木种类以松、杉、竹为主，桐、茶、油茶等次之。除太乙村匡庐林业公司所经营者尚属可观外，余都成绩不良。芦林一带之森林，亦大半属于私有，其树种则以落叶阔叶树为主，松类次之。寺庙林以各寺庙为中心，昔日本称茂密，唯以历年来主持者之图利及附近人民之摧残，迄今亦砍伐殆尽矣。

二、庐山森林破坏之原因

庐山森林破坏之原因不外下列数种：

---

① 该文作于 1936 年，载吴宗慈主编：《庐山续志稿》（1947）。

（一）居民之滥伐也。森林破坏之原因，以附近居民之任意滥伐为主要，庐山森林之破坏亦然。缘庐山自牯岭开辟以来，居民激增，夏季游人亦以牯岭、芦林一带为中心。其细小用材及薪炭所需，唯附近林木是赖。据调查所知，近几年来，除夏季来山避暑之游人旅客之临时性质之工商人等不计外，其常川居山上之居民及留守房屋之仆役等约五六千人，富者购买棍子柴、木炭，贫者则随地砍取杂树，甚至挖掘树根，以充燃料。昔日之政府对此既无调剂管理之良策，贫民复迫于生计，唯利是图，此滥伐习惯之所由成也。

（二）野火之焚烧也。野火亦为破坏森林最大原因之一。庐山每届秋、春二季，天干气燥、杂草枯死之际，各地森林火灾，几日有所闻。森林被火灾后，小树悉化为灰烬，大树亦剥夺青叶，甚至枯死。且火灾不唯直接对于林木有害，间接对于林地亦有害。盖林地经过火灾后，因林木枯死而减少其含水力，表土被雨水冲去，渐次露出岩骨，甚至不复再见树木之生长。

考火灾发生之原因，不外天然与人为二种。天然发火，如大树触电发火（民十三年白鹿洞古松一株触电焚烧）、摩擦生火或因植物之腐败起化学变化发热而生火，但此等实例极少。人为之原因，又分“不慎”及“故意”二种。前者与行人猎者等之不慎，遗留烟头烟灰、火柴等引火物于路旁草中，或烧炭者之不慎引起火灾；后者即放火是，其目的不外烧除荆棘，俾火后易于刈取新柴或促林地内发生杂草野菜，以便放牧牛羊。甚有盗伐者欲消灭其犯罪形迹，或对于森林所有者及管理者报复而放火，亦有出于无知之游戏者。庐山森林火灾之起因，多属于人为，近年来因庐山管理局之注意防范，已逐渐减少矣。

（三）牲畜之啮食践踏也。林内放牧，其为害森林，亦等于滥伐。因幼小树木之芽叶及嫩枝一被啮食，虽不立时致死，但元气已伤，抵抗病害之力量渐弱，久之终必枯死。且倾斜之山地，土质干燥，因牲畜之往来，益令轻松。久之，土壤崩坏，岩骨毕露，若是再易新地放牧，则天然下种之幼树及人工造林之小苗，往往与杂草一同被食。庐山五老峰、白鹿升仙台、仰天坪等处之森林所以残废，其因牛羊之啮食践踏，实为最大原因之一也。

三、森林保护之急切及其办法

庐山为东南避暑胜地，夏季中西人士之来游息者，动以万计，盖皆慕其林泉之胜而来者。然而将来之繁荣，实系于现存之点点残林能否保存，及其已呈童濯之区域能否复变为苍翠。何以言之？盖森林之功效，非特能增进地方风景，以壮观瞻，即气候之调节，水源之涵养，莫不赖之，其理甚明，无待赘述。庐山今日气候之良，水源之丰，较之往昔，已大有逊色。如汉阳峰在六七年前，隐隐清流，随处可见，今则非至深壑幽谷，不可复得，因该处森林破坏，渐失其涵养水源之能力也。设今日庐山上部之残存林木再不严密保护，免于消灭，及其已呈斑剥童濯之区域不加速造林，则不仅风景之破坏、气候之变恶日甚一日，即水源之竭蹶可立而待也，而庐山今日之繁荣或将随之终古矣。由是观之，保护庐山森林实有刻不容缓之势，彰彰明矣。

庐山森林破坏之程度及其主要原因，已如上述。然则保护之道，究应如何欤？据《森林法》第四一、四二及四四等条之规定，地方主管官署对于经营森林者，于必要时得指导之，并得命其停止砍伐，或停止土石、树皮、树根等之采掘。由此可知地方主管官署对于保护森林一事，在必要时得采取各种有效办法，其理甚明。兹就管见所及，略陈保护庐山森林办法，以供当事者参考。

（一）森林区划。为指导及保护上之便利起见，须将全山依天然界限划为若干林区，每区设一负责人员，协同行政警察，办理各该区内森林保护上一切事项，及指导人民与森林有关之一切行为。此项负责人员，可于各区居民中选其熟悉该区内一切情形及粗通文字，品行端正者充任之，由主管官署会同本山林业机关，加以短期训练，授以森林常识，如重要树种之认识，森林火灾之预防及扑灭，与风景树、行道树之保护等等。俾其实行指导监督时，能胜任愉快也。

（二）规定绝对禁止砍伐之树种。庐山居民因牯岭之繁荣，有增无减，此系必然之理。顾居民愈增，则除一切用材之需量日益增加外，即薪炭之需要亦必与之愈增，而庐山森林之破坏亦愈甚，此乃必然之势也。虽曰牯岭与九江间之汽车道在最近将来可望实现，山下之煤可以应牯岭之用，然居民之乐用煤，抑仍用柴炭，犹需视二者市价之高低以定之。即曰煤廉于柴炭，而牯岭中下级居户所需之全部燃料，恐仍取给于柴炭，即用煤之户，亦仍有赖于柴炭之引燃，特其需量视前有差耳。是则他日山上交通便利后，或仅足以减少庐山森林破坏之速度，而仍不能保证其免于破坏也。似此牯岭繁盛区域所需之燃料，既有永远赖于本山之森林。其补救之道，唯有就保安林、风景林及荒芜过甚以外之各地，现存之植物种类中，规定绝对禁止砍伐之树种，俾免于斧斤，而他日蔚为茂林。其未规定之树种，在不违背森林成功之原则下，则任居民樵刈及烧炭，以供需要而免柴荒之虞。如此折衷办法，洵为两全之道，要非得已也。至绝对禁止砍伐之树种，暂定如下：

1. 具有重要森林价值者：如金钱松、马尾松、赤松、桅槠、锥栗、梓木、柳杉（俗称宝树）、茅熙栗、大叶锥栗、苦槠、樟树、希氏楠木、宜昌楠木、枫树、檀树、山茱萸、枫杨、摇钱树木、萨木、君迁子、椤树、鹅耳木等。

2. 具有重要观赏价值者：如粗榧、玉兰（俗称望春花）、厚朴、鹅掌楸（俗称马挂树）、棠梨、野海棠花、楸槐、冬青、鸡爪（即红叶槭）、青榨梅、旃檀（俗名狗骨树）、椅树、白辛树、八角茴、墁疏、山梅花、绣球花、蝴蝶花、珍珠花、野鸦椿、金丝桃、腊瓣花（俗称糯米条）、金缕梅、四照花、紫薇花、云锦杜鹃、羊踯躅、映山红、马氏杜鹃、常绿小叶杜鹃、齐墩果、六条木、锦带花、山樱桃、杨桃、刺葡萄、油茶、厚皮香及各种藤本植物等。

以上各种植物，为庐山最重要之种类，亦为山民所习知者。可制成腊叶木材标本，附以土名，张布于牯岭或其他通衢，俾人民刈樵时，知所取舍。至于掘根剥皮，则须绝对禁止。

（三）取缔放牧。五老峰、三叠泉、仰天坪、白鹿升仙台等处之森林所以残废，其近因为牲畜之践踏啮食，故为恢复上述各地之森林及预防荒芜程度之扩大计，对于放牧者，必须加以取缔。取缔办法，即就地势稍平与风景及水源无甚关系之地，划出数小部分为放牧区。放牧者，须向管理局登记，经管理局之许可，始得于放牧区内放牧。

（四）樵采之限制。樵采者，无论其樵采地点之所有权何属，须向管理局申请派员查勘，切实指导，并发给“许可证”后，始得实行樵采。如发现樵采者有不遵照管理局指示之方法，及越界或其他不合法之行动时，管理局得停止其樵采，并将柴薪充公。

（五）划定保安林、风景林范围。凡与防止土砂及涵养水源等有关之森林，如倾斜过急，河流两岸及山峰水源等处之森林可划为保安林。又与点缀风景有关之森林，如芦林牯岭一带，大道两旁及名胜古迹附近之森林，可划为风景林。无论其所有权之何属，绝对禁止砍伐，以保本山风景及土石河流之安全。各处荒山如认为有设置保安林之必要者，须从速利用残存之根株加以抚育或补植，或用人工造林方法，以期于最短期间恢复其原有状态，而取保全壤土，调节气候之功效。其荒山如系公有，造林抚育可由管理局与官设之林业机关合作。如系寺庙或私有团体所有，则可依据民十九年江西省政府颁布之《江西强制造林暂行规程》，强制其造林，或由官民合作，或由政府代为经营，须斟酌情形而定之。

（六）宣传森林利益。滥伐森林及放火烧山之恶习成因，一因环境之酝酿，一因人民爱护森林之观念薄弱，故除上述之种种限制、取缔办法以外，又须注意森林利益之宣传，开导民众，并于林地四周及通衢多置标牌，张贴爱护林木标语，以增进山民之爱林观念。

（七）寺庙林之管理。庐山上下现有寺观庙宇约有数十处，大都为风景名胜区，其附近森林素称丛茂。迩来因戒律废弛，主持者贪图厚利及附近居民之侵害，破坏甚速，使千年古物万劫不回，而历代宗教之运命，亦因之凌夷不堪，若再不设法严密保护，全部消灭拭目可待。保护办法，唯有将各寺庙附近之森林亦划为风景林区，绝对禁止砍伐，其离寺庙较远之区，则依照第一、二、三、四等款办法管理之。

一九三六年

胡先骕关于创办庐山森林植物园函札[①]

致江西省农业院院长董时进，1934年4月6日

时进吾兄惠鉴：

四月一日手书敬悉，经常费照案通过，甚慰。由三月起开支，亦可照办。惟开办费未通过，此层大费周折，盖在基金会方面认为与原议不符，则此整个议案能否通过，尚未可必。且原议案正式通过将在七月，此时弟正拟向基金会请求，由执行委员会另请拨款三千元，作为此半年之经常费，即以此款先行开办。若开办费问题不解决，则此次目的亦未能达，而森林植物园将等于画饼充饥，甚或永远不能实现，不但有辜雅意，而弟亦一场空欢喜也。弟前函云，可用经常费暂时开办，而开办费则必须通过者，以此尚望与诸常务理事恳商，务乞通过。若嫌二万之数过巨，一万五千元亦得。通过后务乞来一正式公函，以便与基金会接洽一切。如植物园事因此挫折而不克成立，弟真无面目见人，将来农业院事，弟亦只有敬谢不敏，不再关问矣。秦子农先生随时可南下，伫待福音，即行起程。专此，敬颂

近安

弟　先骕　拜　六日

致董时进（节录），1934年4月6日

关于拨产抵补森林植物园开办费一层，以任叔永兄月底回平，届时方开执委会。惟私与数位（中基会）执行委员接洽，咸认为此种办法未为尽善，可否仍请与常务理事诸公讨论，设法将开办费照案通过，一面俟叔永兄回平后，执行委员会方面再筹善法，以免一切功败垂成。

---

① 本书收录的胡先骕创办庐山森林植物园过程中有关函札，取自胡宗刚编《胡先骕先生年谱长编》，江西教育出版社2007年。

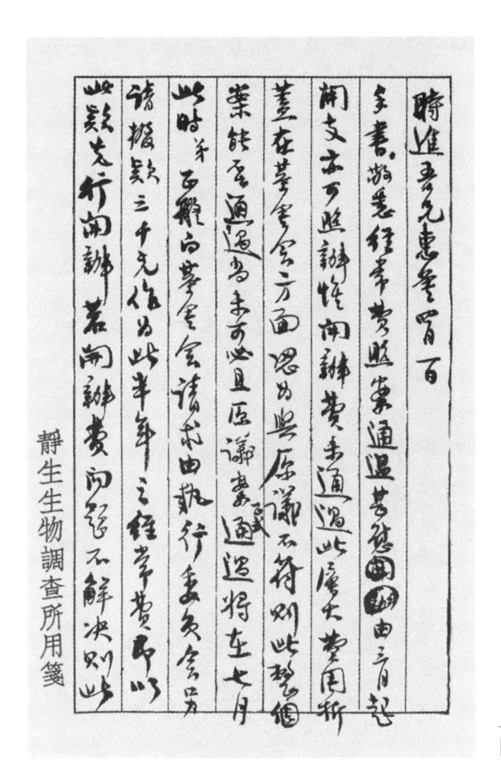

时进吾兄惠鉴：冒百
手书，敬悉。经常费照案通过，若能自二月起
开支，亦可照办。惟开办费未通过，此层大费周折
盖在董事会方面，恐与原议不符，则此整个
案能否通过，尚未可必，且原议案通过将在七月
此时弟不能向董事会请求由执行委员会另
请拨款三千元作为此半年之经常费，即以
此款先行开办。若开办费向董事会不能解决，则此

靜生生物調查所用箋

图 2-7 胡先骕致董时进函之一。

致江西省农业院，1934年5月30日

敬启者：

案奉贵院来函，声称关于合组庐山森林植物园一案，曾经贵理事会第三次常务会议议决，指拨含鄱口农业学校林场地址及房屋备用，不另拨现款等语。该林场地址及房屋曾经敝所技师秦君仁昌前往踏勘，据云该地最适于植物园之用，面积约一万多亩，其谷底平地与缓斜地可供苗圃用者约二千五百亩，土质肥沃，在庐山首屈一指。植有日本扁柏、枞、落叶松、厚朴等数千株，均已蔚然可观，昔日有房屋五幢，今惟最大一幢略加修葺，可供办公之用。

敝所为充实森林植物园科学价值及便于园中植物研究，曾预定将敝所历年在河北、山西、吉林、江苏、安徽、浙江、云南、贵州、广东、广西各省所采集植物蜡叶标本五万号之副号全份，并中外木材标本三千余号之副号庋藏园中，日后并源源增添。此项标本则除办公房屋外，非另有宽大图书、仪器、标本室庋藏，不足以资安全而便于利用。现探得距农校三里许，芦林游泳池侧三十四号前俄国新写字房一幢，可供此用。该房屋现虽名为庐山管理局之芦林分局，然迄尚未应用，仅有门者看守，相应函请贵理事核准，呈请省政府指拨该项房屋与森林植物园为图书、标本、仪器室，以利进行。公谊。

所长　胡先骕　五月卅日

致江西省农业院，1934年6月1日

敬启者：

贵院函复敝所前函商同合组庐山森林植物园一案，据称已经贵院理事会第三次常委会议决“指拨含鄱口农校林场地址及房屋备用，不另拨现款”等语，所云不另拨现款，当系指不另拨现款充开办费。而来函语义欠明了。又贵院所担任之本年度六千元由三月份起算起，此案除寄来与骕私人之油印理事会会议记录外，亦未经正式函知。又含鄱口农林学校林场地址约计面积若干亩，房屋几幢，亦未明示。统祈即速来函，详述原委，以便转函中华教育文化基金会，即日通过令案，俾得接收地产着手开办植物园，至纫公谊。此致

江西省农业院

所长　胡先骕　六月一日

复董时进，1934年6月10日

敬复者：

顷准贵院六月七日函复，关于合组庐山森林植物园核准经常费预算，并指拨含鄱口农林学校林场地址一案，祇悉一是，已备函中华教育文化基金会核准预算矣。案查《合组庐山森林植物园办法》第二条，植物园一切进行事宜由农业院与调查所合组委员会主持之；第三条，委员会设委员七人，除执事与鄙人及植物园主任为当然委员外，由农业院理事会与调查所委员会各推举二人，应请贵院理事会迅速选举，函知敝所，以便主持一切。在委员会未成立以前，暂拟聘请敝所技师秦仁昌为庐山森林植物园主任，雷震为技士，俟将来委员会正式委任。并拟先令雷技士会同贵院派人前往含鄱口农林学校正式接收，以便八月一日正式开办。至于积存之经常费本为在庐山作临时费之用，应俟七月底由植物园事务主任正式具领不误。此致

江西省农业院院长董时进

胡先骕　六月十日

图 2-8　董时进。

致中华文化教育基金董事会，1934年6月12日

敬启者：

敝所与江西省农业院合办森林植物园，曾经敝所拟具预算、合组办法，函请贵会核准，当经提向农业院理事会核议。前经理事会第二次常务会议议决，经常费每年由农业院照预算担任半数六千元，以该院在本年三月底成立，故经常费由三月起算。后又经该院理事会第三次常委会会议议决，指拨含鄱口农林学校林场地址及房屋备用，不另拨现款以充开办费。该林场地址及房屋曾经敝所技师秦仁昌前往踏勘，据云该地最适宜于植物园之用，面积约一万亩，多杂木，其谷底平地与缓斜地可供苗圃用者，约二千五百亩，土质肥沃，在庐山首屈一指。植有日本扁柏、枞树、落叶松、厚朴等数千株，均以蔚然可观。昔日有房屋五幢，今惟最大一幢略加修葺，可供办公之用。据闻在昔日归私人经营时，所费不下三万余金，以此代替指拨现款开办，实超过预算所列之开办费之所能经营。

此系数月来与该院接洽之经过。惟关于核拨经常费及植物园地亩房屋迄未经该院正式函知，当即去函询问。顷得该院六月七日来函，详述颠末，用敢函请贵会，将敝会与江西农业院合办庐山森林植物园之合作办法并预算速与正式核准，而预算年度准其由一日开始，庶此半年未用之款，可取供他项开办费之用。至纫公谊。此致

中华教育文化基金会

六月十二日

致江西省主席熊式辉（节录），1936年3月

兹有启者：庐山森林植物园蒙鼎力促成，得在乡邦立百年树木之始基，其为万国观瞻之所系，公私两者，咸荷帡幪，感慰之怀，匪言可喻。惟预算至寡，而事业过巨，不筹他策，难免绝膑。尝忆及十年前，美国加州创办巴萨丁拿植物园之计划，以为可以借镜。其时加州大学农学院院长麦雷尔博士与该地各方林场场主商议，由彼等捐大段森林为创办植物园之基金与园址，而在植物园四周招来殷户建筑别墅，双方各得其益，而植物园不费一金以成立矣。窃思庐山植物园面积九千余亩，一部为陡峻山坡，不适种植之用，若得省政府通过，凡捐助植物园基金至若干数以上者，得由植物园划园地一至数亩，作为永租，以供建筑之用。人数苟众，则可成一新村，一方植物园基金以得，一方又为繁荣庐山之良机。假设捐款二千元者给园地二亩，则以园地三百亩计，即可筹得植物园基金五十万元，而园之基础以立矣。此意曾与中基会董事数人谈及，皆韪其议，且已有允捐巨款者。敢专函商请，如钧座认为可行，再当会同农业院正式向省政府呈请，同时并望钧座列名于募捐启，以为之倡。南京、北平、上海政、学、商界诸名流均不难请为列名也。植物园基金募得预增加之后，骕尚能向洛氏基金会请求补助林业研究经费，则植物园事业尤可扩充，而大有裨于江西林业，想亦钧座所许也。专此，伫候回示，并颂

政安

胡先骕　谨启

图 2-9　熊式辉。

致中华教育文化基金董事会，1936 年春[①]

敬启者：

自东北事变以来，华北之情势至为鯱脆。敝所委员会屡次筹商，感觉有另谋处所建筑房舍，以策安全之必要，两年前敝所与江西省立农业院合办庐山森林植物园，实为敝所事业发展之一重要阶段。庐山居长江中枢，交通便利，而又不当冲要。植物园深居山谷，而又不过于辽远，实为学术研究机关理想之区域。敝所若在该处建筑房舍，消极可策安全，积极则增加研究之便利。敝所技师现任庐山森林植物园主任秦仁昌君曾设计绘一份所详图，按当地建筑情形估价，建一二层工字式房屋，合计有一百二十余方丈，所费不过三万一千余元，外加家具及设备费约八九千元，总计四万元，即可全部设备完竣，拟请贵会核准。此次建筑分三年拨款，第一年一万六千元，第二年一万二千元，第三年一万二千元，是否由贵会复核裁决。此致

中基会

胡先骕

致广西大学校长马君武，1936 年秋

君武先生惠鉴：

敬启者：庐山森林植物园于去年夏间成立，一年以来，成绩异常卓著，为国内外所属望。而面积之大，气候土宜之佳，为东亚之冠。惟常年经费甚寡，未能

---

① 原附秦仁昌绘图并估价单，此略。

充分发展，今年与江西省政府商准募集基金，募集启并计划书寄上五份，敬恳列名，并转请李、白两司令及黄主席列名发起并捐款，至以为要。专此，敬颂
台安

胡先骕　拜　十日

致中基会干事长孙洪芬（节录），1937年6月10日

（庐山森林植物园成立）二年以来，办理成绩异常优越，采集交换之种子几及六百种之多，虽成立之时甚暂，也已为中外所瞩望。庐山管理局关于庐山造林计划每多下问，而国外农林机构亦常以技术事业相委托。范旭东先生与陈辞修指挥先后捐助温室、温框，此即社会信任与期望之表达也。二十四年春，由植物园呈准江西省政府募集基金，谋立百年大计，盖斯园已成本所之重要、宜谋永久之计划事业。此次植物园委员会在南昌开会时，已取得江西省农业院之同意，决定永久合办，相应征取本所委员会之同意，以便商请中基会之同意，再与江西省政府换文，以为继续合办之根据。用敢专函奉询，尚希台端查核示复为荷。

秦仁昌关于创建庐山森林植物园函札

致江西省农业院院长董时进，1934年6月9日[①]

时进先生大鉴：

前次在省，诸承指示，感荷无极。兹弟于月之四日安抵北平，当即晤步曾先生等，报告此次南行经过，佥认为满意，并悉先生已先期有大函到平。依贵院常务理事会之决定，以含鄱口前林业专科学校全部拨充植物园之用，惟闻基金会方面认为，大函内容未言明该校面积大小等情，无所根据。当由步曾先生函请先生来一较详尽公函，以便提交基金会常会通过遵办等，谅蒙钧鉴。惟此间迄未接贵院二次公函，而基金会例会会期在迩，若大函不及准时提出决议，则势必影响植物园成立日期（预计在八月一号成立，十六、七号科学社年会时，招待到会会员，届时并可得各专家对于园内组织之建议），事关植物园前途，用函请先生克日来函，以便两方早日交换文件后，即可进行接收事宜，俾园务进行，得及时推进，实所至盼。余不一一。专此。即颂

公安

弟　秦仁昌　谨上　六月九日

此函发出时，悉步曾先生有电致先生，则此函到达已失时效矣。

致江西省农业院院长董时进（节录），1934年7月16日

昌自离省来山后，即到此积极筹备，房屋修葺、改造、油漆，定制家具、农具，修建桥梁道路，现各事都在顺利进行中。昨日到了平方职员数人，帮同筹备。昌将各事安排妥当后，即于日内下山过京北返，料理公私各事，至迟于八月十五日可再到山。植物园正式成立，相约八月廿三、四号左右。

---

① 秦仁昌致董时进，1934年6月9日，南昌：江西省档案馆，61（1059）。

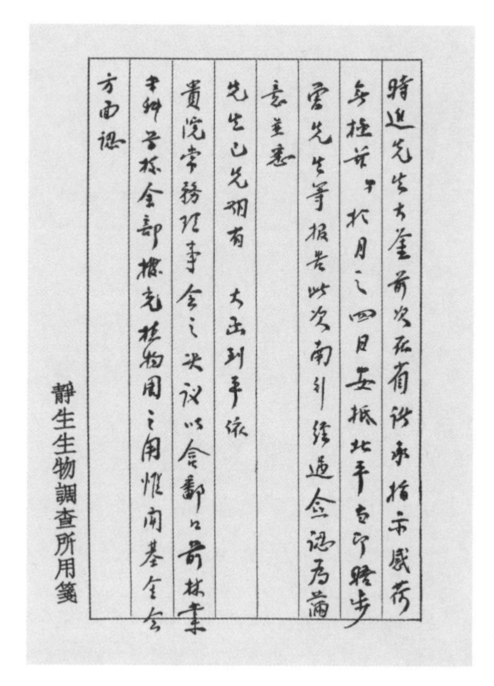

时进先生大鉴：前次在宥，承指示，感荷
无极。兹于十月之四日安抵北平，当即将步
云先生等报告此次南行经过，佥认为满
意，并悉
先生已先期有　大函到平，依
贵院常务理事会之决议，以会办前林业
部苗标全部拨充植物园之用，惟开基金会
方面认

静生生物調查所用箋

图2-10　秦仁昌致董时进函。

致江西省政府，1936年10月3日①

呈为本园植物种类繁多，拟建筑较大温室一幢，以供繁殖之需要，恳请补助临时建筑费贰仟元，以利进行事。

窃本园自成立以来，一方为促进植物科学之进步，一方为国家讲求利用厚生之道，责任重大，事业巨繁，迄今搜罗各地植物种类已达五千余种之多。本年复蒙国内外各农林机关暨植物园赠送本园各种名贵植物种子，计二千余种。此项植物在幼小时，多数须繁殖于温室内，以策安全。本园原有之小温室三栋，面积过小，不敷应用（均由久大精盐公司经理范旭东先生，及陈总指挥辞修先生前后捐赠），急需建筑较大温室一幢，以应急需。查此项建筑经费，最少需洋贰千元。惟本园经费支绌，进行困难，当开办之初，既未筹有分文之开办费；成立之后，亦未筹有丝毫之事业费。一切开支，仅恃每月一千一百六十元之经常费，即维持现状，犹感不足，更无论从事建筑、充实设备矣。为此，用敢恳请钧府，补助临时建筑费贰仟元，以便建筑一幢，以应急需而利进行。是否有当，理合具文，呈

① 秦仁昌呈江西省政府文，森字第廿三号，1936年10月3日。南京：中国第二历史档案馆藏静生所档案，全宗卷609，案卷号21。

请钧府俯赐鉴核示遵，不胜迫切待命之至。谨呈

江西省政府

庐山森林植物园园主任　秦仁昌

致江西省政府，1936年①

窃本园蒙钧府核准，由静生生物调查所与江西省农业院合办，并拨前省立农林学校实习农场地九千余亩，充本园园址，俾本园于去年八月二十日正式成立，为江西农林事业立一始基，至为欣感。惟本园事业繁巨，责任重大，而经费预算则至寡。当开办之初，既未筹有分文之开办费；成立伊始，亦未筹有丝毫之事业费。一切开支，仅恃每月一千元之经常费，即维持现状，犹时患不足，更无论百年大计矣。若不另筹良策，难免有绝膑之虞。查现在世界各国著名之植物园，如英国皇家植物园，法国巴黎植物园等，其成功之原因，虽甚复杂，要以充裕稳固之基金，有以致之。又查十年前，美国加州创办巴萨丁植物园，乃由加州大学农学院院长麦雷尔博士商得同该州各大农林场等，由各农林场捐出大段森林或场地，为植物园之园址及基金。同时在植物园四周划定相当地点，招徕殷户，建筑别墅，即凡愿捐助该园款项在若干数以上者，均得在该园四周划定之地点内建筑房屋，而此驰名之巴萨丁植物园竟得以成立矣。

查本园全部面积，计九千余亩，除供培植各区植物及造林外，尚有因土质及地势不适宜于种植之地，兹拟仿效加州巴萨丁植物园募集基金办法，为本园立一稳固妥善之基础。即凡国内热心学术研究，爱好自然界之各界人士，一次捐助基金在一千元以上者，得由本园在上述之不甚适宜之地带内划给土地二亩，作为捐款者之永租地，归捐款者建筑别墅及设置园庭之用。假定永租地以一千亩计，则可募得基金五十万元，一举而本园之基础以立矣。此事前曾与中华教育文化基金董事会多数董事商讨，皆韪其议，且有允捐巨款为之倡者。为此，用敢拟具《庐山森林植物园募集基金计划书》，呈请鉴核，如蒙准予募集，即当函商国内政、军、学、商界领袖名流，列名发起，以利进行。所拟《庐山森林植物园募集基金计划书》，是否有当，理合具文，呈请鉴核示遵，实为公便。谨呈

江西省政府

附计划书一份。

庐山森林植物园主任　秦仁昌

① 秦仁昌呈江西省政府文，森字第七号。南京：中国第二历史档案馆藏静生所档案，全宗卷609，案卷号21。

致江西省政府（节录），1936年12月15日①

兹奉前因，遵即与农业院所派技师陈振，技士梁孙根、邱琨，技术员熊肇元，庐山管理局派秘书袁镜登、科长裘向华，于本年拾一月二十七日上午，在庐山管理局协商查勘本园界址应取步骤。当经决定原则二项：(一) 本日下午，先会勘张伯烈地界址，决定后再测量面积；(二) 由植物园向涂家埠农林学校调阅关于该项林地之卷宗，下午即实地会勘张伯烈亚农森林场界址。经查明东至七里冲，西至芦林前俄国租界，南至大口与太乙村葛陶斋所有山地为界，北至刷子涧。原有"亚农森林界"界石，尚多完整可识，惟间有数处业已失踪者。当即会同补钉木桩七个，以资标记。至此项界内面积就有若干，须待本园测量后，再行呈报。再查亚农森林场以外各地，如五老峰、青莲谷等处，应否仍归本园管理？依拟前项决议第二项，俟由本园向涂家埠农林学校调阅前省立林业学校扩大该项林地之卷宗后，再行另案呈报。

致庐山美国学校吴校长（节录），1938年8月3日②

谈谈植物园的事情，我们已经得到您的许多支持。在您没有被迫离开牯岭之前，请求您担负植物园管理工作，在这种环境下设法拯救它，使房子不被损坏。植物园现有六名看管人，都非常忠心，他们保证尽力保护植物园的所有财产。他们每人都已得到八月以后三个月工资，平均每月共90元，同时得到6担大米，可供他们半年的生活。他们中的两个负责人的名字是 Wang Ta-chin（黄大全）和 Yi Chi-wen（叶其文）。随着时间的流逝，您能不时地向他们了解植物园的情况，当您有空的时候，写些信告诉我。为了能让他们坚守自己的工作，您能从十一月起，从我离开牯岭前放在您处款项中，支付每人（6个人）每月10块。这六人的主要任务是照看好房屋，防止各种植物被损坏，为幼苗生长的苗圃除草。如果这六个人不能完成所有的工作，还有两个或四个植物园原来的职员可能会回来加入他们的行列，他们每个人也会得到每月10元以及平分的大米。

我已经收到中华教育文化基金董事会的通知，允许植物园同仁们去云南，在云南昆明建立一个高山植物园，那里有足够大的面积，可以种植我们收集到的

① 秦仁昌呈江西省政府文，森字第廿七号，1936年12月15日。南京：中国第二历史档案馆藏静生所档案，全宗卷609，案卷号21。

② 秦仁昌致Roy Allgood函，1938年8月3日，Roy Allgood Headmaster：The Kuling American School。由Roy Allgood后人提供。

图 2-11　秦仁昌，摄于 1955 年。

植物。当我们能够回到牯岭的时候，我们会带回所有在云南种植的植物。正如您所见，尽管战争在爆发，我们的工作仍然在进行。

致胡先骕，1939 年 5 月 15 日 ①

步曾先生道鉴：

顷奉昆明来书，敬悉一切。康所能望成立，并以仲吕主其事，实惬鄙意。因为在此工作，视庐山无二致也。封怀可长期留昆明，协助滇所工作，无来此之必要，并曾请渠训练一二学生，便将来继任有人矣。

顷接洪芬、叔永两先生来函，欣悉本所（包括本园）下年度经费基金会通过九万元，则是下年经费已不成问题矣，本园一万元当亦无问题。兹奉上事变后本园临时预算一份，合计全年国币一万一千一百元，而采集（此系本园今日主要工作）费每月仅二百元，似嫌太少。庐山本园每月一百元亦系最低之数，因代管人 Mr. Herbert 系私交关系，并不取薪。美国学校房租每月三十元，系供本园储藏标本、书籍等物之用，该校当局负相当保管责任，实不为多。故预算内可以节减者，仅昌之津贴月五十元。封怀及雷侠人薪水或可酌减，但无论如何紧缩，每年至少须一万元，应如何支配，请改添后示知遵循。值此非常时期，本所及本园之事业仍应尽力维持，薪金不妨酌减或停聘预定职员。再封怀及昌之薪水，自本年一月起，迄今五月，未得一分，值此时期，汇转殊感不灵，拟请转知基金会，以后按期径寄昆明上海银行代收。至一、二、三月之薪水究寄何处？如何补救，亦请设法为感。

① 秦仁昌致胡先骕，1939 年 5 月 15 日，南京：中国第二历史档案馆，609（19）。

至庐山本月情形，接代管人Herbert上月来信，一切均称满意，西国友人对本园事业不辞艰难，令人钦佩不已。江西农院补助费，由去年七月起已奉令停发，俟大局平定，方能续拨也。昌等在此而采得各种苗木，如杜鹃、樱草等，均已栽培成活，将以一部分赠滇所布置园庭，即灿烂可观矣。

慕韩兄中风，闻之恻然。对捐助事十分赞同。专此奉复，敬颂
祇安

晚　秦仁昌　拜上　五月十五日

致胡先骕，1940年10月[①]

庐山本园自去年七月起至本年二月底，由代管人赫伯德（G. Herbert）及牯岭美国学校吴校长（Roy Allgood）二位先生主持管理，一切工作如常进行。二月底吴离庐［山］以后，即由赫伯特一人主持代管。吴校长三月初间由沪来函，中有关本园者，节译如次："庐山植物园在余（吴校长自称）离开牯岭时（按：为二月底），情形仍甚佳，至少可说在现状下如汝（指秦仁昌）所希望得佳。今春山上天气不如往年之冷，故园中温室费用极少。赫伯特先生照料植物园甚为热心可靠，在他督率之下，雇有一班工人，照料各种植物及用具，均称小心谨慎。目下园中工作虽不能称为完美，但余等在现状下已算尽了全力矣。园中房屋及其他财产，因驻军略受损伤，但在现状下不能算太坏。近来华军纪律甚佳，彼等与我等通力合作，保全植物园矣。" 又赫伯特先生二月二十日来函亦称，庐山本园尚称平安，工作如常。嗣六月六日及十月十二日复接赫先生两函，报告本园工作在彼督率管理之下，照常进行云云。闻之欣慰，际此非常时期，赫先生犹能不屈不挠，尽力保全本园，实属难能可贵，非其平日对本园事业兴趣之深，曷克臻此。

---

① 秦仁昌致胡先骕，南京：中国第二历史档案馆，609（19）。

陈封怀与任鸿隽来往函札①

任鸿隽复陈封怀

封怀吾兄大鉴：

十日来示奉悉。静所南迁事，步曾先生虽曾有此提议，但难成事实，因经费、工具两皆无法解决也，教部经费一时亦不易到手。昨得昆明汇来三千金元，顷已缄询步曾先生，如分拨一部分到尊处应急，当即照办，请姑待之。步曾先生来信，渠本人仍即将南下，暂住庐园，想已有信接洽一切矣。时局转变甚剧，十年前旧史似将重演，可慨叹也。此颂

双绥

弟　任鸿隽　卅七年十一月十六日

图 2-12　任鸿隽。

① 1945年抗日战争胜利后，北平静生生物调查所所长胡先骕请陈封怀返回庐山，主持植物园复员工作。1948年底，北平与外界通信时断时续，庐山森林植物园事务只好与在上海的中基会直接联系。是时，中基会干事长为任鸿隽，因而陈封怀与任鸿隽之间，为植物园事有十余通书信来往，1949年5月庐山解放，通信也就结束。在留下的十余通函札中，可见时局动荡之时，为了维持庐山植物园，任鸿隽呕心沥血，想方设法，在经济上予以支持，协助克服各种困难。陈封怀更是不计个人安危得失，率领员工坚守在偏僻的山间，继续工作。这些函札，均收藏于南京中国第二历史档案馆中基会档案中。

陈封怀致任鸿隽

叔永先生道席：

日前步曾师来山，仅住一日，即赴南昌。山中近日晴朗，碧天无云，为一年中最佳时节，惜先生未能来山一游也。教部补助事，不知最近有无结果，步曾师嘱拟计划申请美援补助，并请先生函托蒋梦麟帮忙，借此能得一笔经费，则庐园事业庶可维持矣。关于美援申请办法及申请书之格式，皆未得其详，兹拟成一种计划，一为造林、一为茶园果树，各二份，敬恳代交蒋梦麟先生。如有不合格之处，或计划书份数不足，请来示以便修改补寄。闻步曾师云工作人员须述明资历，但不知是否在计划书中述及，亦请代为打听为祷。前晚建议静生南迁，步曾师亦表赞同，但苦于经费、搬迁书籍标本耳。庐园收支详细情形，在本年底将有报告致基金会。闻步曾师云可由基金会拨给一部分为庐园专用，不知能办到否？近数月以来，园中职员虽已裁减数人，但仍不够开支，现在职员仅照新薪发给四成，故各方精神正坏，实此数不够维持也。匆匆，肃此。敬颂

近安

晚　封怀　敬上 十八日

陈封怀致任鸿隽

叔永先生道席：

北平围困，交通断绝，不知静生方面情形如何。一周前，步曾师曾云有南下之行，目前则不可能矣。不知以后基金会对静生接济及联络有无新办法，庐园将来问题，亦不知先生对此有何计划，希能指示一切。前胡适之与家叔[①]乘飞机出，不知步曾师曾有机会逃出否？匆匆。即颂

道安

晚　封怀　敬上　廿二日

任鸿隽复陈封怀

封怀先生大鉴：

昨奉上月廿四日来示，敬悉一一。平津飞航恢复后，步曾先生续有信来，大约已不作南迁之计划(事实上已不可能)。惟出售显微镜之款，则似已到手，步曾先生

---

① 指陈寅恪。

正与此间商量，兑至尊处，作建筑房屋之用，尚看时局发展如何，无重大变化，庐园添建房屋计划似尚可能实现也。尊处经费向由静所直接支配，此间未能得步曾先生通知，无法代筹。惟以近来平津交通阻滞，步曾先生何时来信，亦难预知，兹特在静所应变费中酌拨二千九百余元，由金城银行汇交尊处(实收二千七百零七元)，祈查收备用。此后经费如何接济，仍请与步曾先生直接商洽为荷。专此复颂，并祝
新祺

弟　鸿隽　拜　卅八年一月七日

任鸿隽复陈封怀

封怀先生大鉴：

十日来示奉悉。此间于本月七日曾由江西省银行汇上二千九百余元，想已照收。昨得步曾先生来缄，嘱汇三万元至尊处，作建筑费，顷由中国银行汇上三万三千九百余元，并以删电告知尊处，想此信到时已恰取矣。据步曾先生来缄，此后静所经费将与渠处售物之款打兑，故以其预算每月应有四万元汇至尊处，至汇到之款作何处置，则请与步曾先生接洽。据弟所知，静所每月四万元之预算未列有庐园经费，应列若干，亦请兄与步曾先生接洽决定，此间只按款算总数照发，其分配数目应由静所决定也。目下由沪汇牯岭款，汇费极昂，不知尚有其他方法可省此项费用否？北方战局形势不定，将来通信是否可不发生问题，亦颇难言，此时惟有走一步算一步耳。余不备，此颂
春祺

弟　任鸿隽　拜　卅八年一月十五日

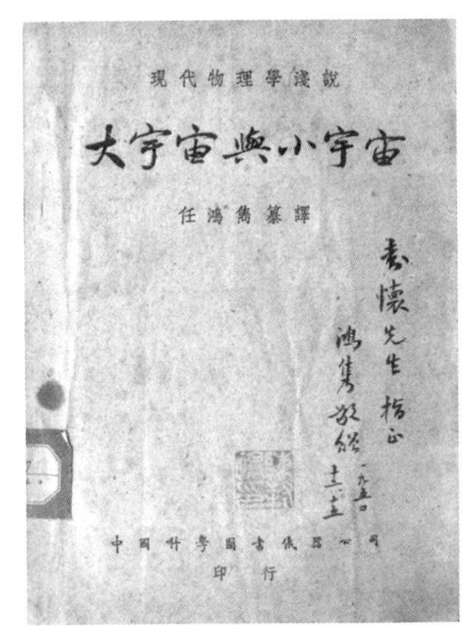

图 2-13　任鸿隽签名赠书予陈封怀。

任鸿隽复陈封怀

封怀先生大鉴：

十五日奉上一缄，计已达览。该缄所言静所兑款数额微有错误，兹为更正：步曾先生可兑至牯岭应用之款，仅限于建筑费及庐园经费与兄之薪津，其余静所经费在平兑用者，仍将于静所补助费中扣还。故每月四万元之预算，不能拨交尊处，兹仍请兄告知庐园经费由静所方面担负者，每月究须若干，将来可由此间与兄之薪津按月上发，建筑费如有不敷，当另案办理。庐园经费本应候步曾先生决定，惟目下平沪邮信已不通，故暂由此间代为办理也。本月十五日由中国银行汇之三万三千九百余元，想已收到，其中三万元系建筑费，三千九百元则可作庐园经费或兄之薪津，俟来示决定。如有不敷，再由此间汇补可也。北平航邮中断，顷已用电报试与步曾先生通询，如得复，再以奉闻。匆此。即颂

冬安

弟　任鸿隽　卅八年一月十八日

陈封怀复任鸿隽

叔永先生赐鉴：

连奉手教，敬悉一是。昨日接静生汇来一月份薪津四千六百四十元，系十五日汇出，以后是否照常汇寄，不得而知。庐园除晚薪津外，省府按半数编制经费，共计一万零九百九十五元，其中包括员工薪津六千四百八十元，员工米贴三千八百四十元，办公费六百七十五元，此数系按最近新标准规定发给。根据规定编制，主任一人、技师一人、技士二人、助理二人、粗工技工八人，晚及技师（唐进）皆未支取薪津，但此半数仅能维持其他职工生活及四名工人而已。二三年以来，维持不生不死之局面，依实际开支，不免头重脚轻，故园中应作之事俱感困难。幸各职员皆能吃苦，除办理室内工作外，尚能在园中采作，至于附近采集调查工作，则端赖国外之汇，方能进行工作。目前外汇兑换困难，对此事甚感棘手，晚前与步曾师商量，将此百元外汇为园中贴补修建费之用，此事经待时局安定方能进行也。

庐园自抗战破坏之后，基础全无，恢复当年之规模本非易举，况经费如此拮据，更难应付矣。晚屡向步曾师言及庐园系静生与江西省府合作，双方担任之数相等，方能符合作之意义。三年以来，静生自顾不暇，故在此亦无能为力，实庐园之不幸也。按庐园工作之范围及业务之烦集，远胜于静生本所，以对付省府公事而论，竟得一专人终日抄写表格及应行公事。至于室外种子采集调查等，尤属烦

忙。此外尤感觉不便而生困难者，为缺乏办公地点及职员宿舍，此任何机关不应有此困难。去岁曾辗转奔走，托人借得破坏房屋一幢（担任修理），始解决职员住宿问题，转暖期限已届，今夏又得另筹他所。晚前向步曾师建议，修复先生故居[①]以售出，款额之微可以修复之，当时金元券与银元相差仅九倍至十倍，办公室同时可以修复。不料金元券价值一落千丈，前汇下之三万三千余元仅换得二百银元，四担米，修复一幢房屋数，非一千银元方能着手。晚倾六百元银币，先将屋顶盖上，以后陆续添补。

以上种种困难未与先生道及，今承此机会，略述园中之困难及经过之情形耳。关于园中经济开支及收入，以后当另用正式报告奉上。匆匆，专此。顺颂

道安

晚　封怀　敬上　廿五日（一九四九年一月）

任鸿隽复陈封怀

封怀先生大鉴：

连接一月廿日及廿五日两示，敬悉一是。尊处经费情形，除迭函所告各节外，步曾先生亦寄来庐山及兄薪津预算案，并托此间按月迳汇。惟以各地物价互异，政府规定之待遇标准亦时有变更，故由步曾先生授权，此间酌量尊处需要核发。现经决定，以美金为基准额，本月份以四十美元等值之款汇庐，其中十八元为兄薪津，余二十二元为静所补助庐山之款。此与尊处原定预算已有增加，超额当作准付金，或办同人福利，均无不可，但希每月划出一千元交与德熙世兄，将来再由尊处与步曾先生结算。至于房屋修缮一事，弟及步曾先生均甚表赞同，一俟时局稍定，即可积极进行，请将尊处需要用款报告寄来。如战事范围不再扩大，实系一种比较安定之措施，惟时局动荡，没有出入意外者，此所谓尽人事、听天命矣。专此布复。

春安

弟　任鸿隽　敬启　卅八、二、五

陈封怀复任鸿隽

叔永先生赐鉴：

奉手教，敬悉一切，并收到中基会汇下金券四万六千元。先生对庐山植物园

---

① 指抗战之前，任鸿隽在植物园所建别墅。

关怀爱护，感激之至。目前省府补助经费尚未调整，预料可能增加八倍，不知以后能得多少，俟调整后当即奉告。如时局转好，中基会能补助建设费，则庐园将办公室、宿舍修复，实不可缓之事也。德熙之千元，即日汇去。最近不知曾得北平消息否？庐园现正筹划植树、播种，但因限于经费，不能依计划进行耳。匆匆函此。即颂

道安

晚　封怀　拜上　十八日

任鸿隽复陈封怀

封怀先生大鉴：

二月十八日及廿二日两示，均经奉悉。庐园经费上月份系按一月中所送预算决定，由此间月拨基准额美币四十元应用（包括先生薪津在内），当时计算有盈余，惟汇水扣除过多，而款到尊处系物价又上涨以致。事业虽于进行，现拟自三月份起，酌得基准额增为美币六十元。目前汇率较高，连同江西省政府调整款额，谅与一月间所定计划相去不远矣。至于修建办公处，原为步曾先生计划，上年汇上三万金圆，既因物价上涨，不克完成计划，望得目下最低限度之修建费，用食米计算，开预算寄来，当为极力设法，使此项修建早日完成，以利工作之进行。请求中央银行免费汇款一节，因款项非属国库出支，不易办到。步曾先生久无信来，俟静生所委员会委员江翊云先生返沪得晤后，或可有若干消息奉告。本会按月发寄贵处之款，系代静所办理，收来贵处账目，应由静所核销，不必向本会报账，但如蒙得报静所之账惠寄一份至敝处，以作参考，亦无不可。专此奉复。顺祇

研祺

弟　任鸿隽　敬复　卅八、三、二

陈封怀复任鸿隽

叔永先生赐鉴：

昨奉三月二日手教，敬悉庐山植物园经费蒙允增加至六十元美金，感激之至，并允拨款修建房屋，令人兴奋不已。园中需要房屋，感觉最迫切者，为职工宿舍，次则为办公室。目前除晚一人在园中外，其余皆住居牯岭，离园五六里远，因伙食及其他问题不能按时来园工作，风雨时期尤感不便。目前办公室系一临时茅屋充之，每逢大雨，则不能安身，故将重要书籍标本只好移置于晚私人书室中。

斗室之中,公私什物,错乱杂陈,殊欠妥当,故双方修建皆不可少也。园中前原有之办公室可以兼作宿舍,晚拟将此修复,庶能解决双方之问题矣。现正托人估计工程,以最低价值办法计划之,此计划日内即行寄上也。

昨接步曾师由中基会转来之函,知平津方面情形尚好,甚慰。并曾提及德熙兄赋闲日久,处境困难,且所患肺疾尚未痊愈,欲来庐园修养,兼可解决其生活问题。晚对其生活问题曾托俞大维设法,但值此时局,未获若何结果。至于来山修养一节,庐园目前仅能维持现状,欲添工人,尚感不足,园中技士二人,其收入仅一担余米之数,生活实难维持。其他助理员二人,皆单身人,尚能勉强维持。去岁雷侠人在此任庶务,闻经费不足,不得已乃辞去,此皆实际情形也。想步曾师不知此中情形,又以为中基会有充实助补,故可使庐园能得增补职员也。庐园房屋缺乏前已言及,舍经费外,德熙来此,住居问题亦难解决,除向人租赁,别无办法,晚对此种费,无法筹措,实令人惶恐焦急也。希望先生去信时,便将此事代为陈述,庐园处境中困难,实无法容纳之。前中基会转拨付德熙千元,其数过微,不能作何用处,不知步曾来信对此事曾向先生谈及否?倘本月经费能略有办法,只好在此中匀去若干,不知如何。

关于由沪汇款汇水吃亏过大,实不合算,托在浔商家兑拨,打听后即行奉告。如建筑费较大,则不如派人来取,似较汇水为少,不知尊意以为如何。匆匆函此。敬颂

道安

晚　封怀　敬上　三月十日

衡哲先生代为均候。

任鸿隽复陈封怀

封怀先生大鉴

顷奉十日来示,敬悉一一。庐山植物园本月份经费,已得永利化学工业公司范鸿畴先生概允,在该公司九江办公处兑取,不收汇费,故本月汇款已不成问题。将来能否长此办理,则不可知,如尊处能在九江觅得商家打兑,则尤为便利矣。建筑费数目较大,恐不易觅人打兑,自以派人来取为便。惟所派之人须绝对可靠者,旅行途中之安全亦应考虑及之也。

关于德熙世兄之生活问题,步曾先生前缄,但托每月汇寄一千元与之,未及其他,如因物价高涨,一千元已不敷用,由尊处酌量多寄若干,亦无不可,好在此系步曾先生私人用度,将来自可在尊账上清算奉还也。

至于庐山植物园日下情形，不能增加职员或招待客人，兄自可去信与步曾先生言明，弟便中亦可与之提及，想渠必不见怪耳。本月经费明日即可汇出，并以奉闻。此颂

时祉

梦庄夫人并候

弟　任鸿隽　拜　卅八、三、十四

任鸿隽复陈封怀

封怀先生大鉴：

十四日来示奉悉。弟于十四亦上一缄，十六日会中奉寄久大盐业公司汇票纸四十万五千元，计均达左右矣。

庐园办公室及宿舍建筑费，据此次来缄，估计需要银元七八千云，此数太巨，非此间所能筹划。盖此项建筑费之来源，实即静所出售显微镜之款，该款总数为一千五百美金，前即汇上金元三万余元（约合美金一百五十元），故所余仅美金一千三百余元耳。假定此款全拨作建筑费用，仅可换银元一千六七百元（银元及美金换价时有变更，以上结算为此间最近市场价格），而步曾先生处是否另有其他开支，尚不可知，故鄙意庐园建筑费至多只能以银元一千七八百元为限。此数如何支配最为适当，拟请尊处另行一计划并可能之预算掷下，以便提交基金会通过拨款。在时局及物价急剧变化中，一切设施皆非出以迅雷闪电的手段不可，如旧年年底三万金元可完成之建筑计划，至款项寄到时，已因物价上涨而叹乎不可矣。及后之视今，安知不如今之视昔，此弟所汲汲不遑为兄等着急也（步曾先生或为三万金元汇到，房屋问题已先解决矣）。

三月份庐山经费由九江久大公司拨兑，想已照收无误，如建筑费亦能同样办理，兄即无亲自来沪之必要，但此是后话，日下须先将计划及预算寄下为要。专复。即颂

时祉

弟　任鸿隽　拜　卅八年三月廿一日

陈封怀复任鸿隽

叔永先生赐鉴：

昨奉廿八日手教，敬悉一切。关于拨款事，如仍托久大公司帮忙，似有可能。昨日函询九江久大公司经理李国钧君矣，该公司在此收款，概以银元计算，推测

双方交受皆用银元，大有可能，望费神在沪向久大一询为感。

建筑事既以经费有限，只好改修工房作宿舍之用，但办公仍不能解决，惟待诸他日机会耳。按包工计算，修复六间工房，亦需二千银元之谱，美金换价提高，殆不成问题，此将建筑草图及建筑费预算一并奉上，务希先生将此事玉成，不胜感祷。

庐山植物园自复员以来，无日不在挣扎中。最初应步曾师之命，不加考虑，接收此园，以后逐渐发觉种种困难。此园之成立，至少基于三大原则之上：（一）地址，（二）经常费，（三）建筑。除地址以外，其他二方面皆成问题也。尤以此园设于偏僻之处，建筑更为重要。今年借房问题不能解决，不但须另花一笔租金（约银元二百元），且工作仍不能理想推进，职员难安于其职。以外表观瞻论，园中虽收藏植物种类数千种也，但无办公室等之设备，外人皆不以为一机关，而更不以为一研究机关，因之不知植物者，只见断垣残壁，满目荒芜而已。幸晚一家独居园中，而能伴此孤园耳。年初，园之大门口岗警被盗匪击伤，事后警察岗撤去。人谓植物园独居一家可危也，友人劝晚迁牯岭，以防万一。但因鉴此园无人看守，故冒险仍住此地，盖园中所栽培之植物非有人照顾不可也。

关于经常费，三余年来，省府与静生之接洽，从未有平衡支付，以最近而言，省府所拨之款，月仅七八万金券，不能够买二石米之数。幸得中基会之美金贴补，庶几维持职工最低之生活。前函已曾言及工人以米发给工资，每名一至二担不等。但助理员所发不及一工人待遇，主任之薪金与一技工相等（二石米合银之十三），此种情形何能推进工作。然晚不愿敷衍下去，在可能中仍积极进行应做之事。

至于对国外通信交换种子等事，邮费一项，一月非十元银币不能开支，此种开销，皆出诸于生产种子外销收入，最近印刷种子录目五百份，花去一百元。此皆系去年之收入，现仅存一二百元，用于贴补与国外植物机关取得联络之邮费。步曾即以为庐园经费充实，一方面指中基会有充实接济，一方面指生产收入甚丰。实则生产以已往之经验，一年至多可得一二百元之盈余，且换兑美元甚不方便（印刷及书籍皆以美金付出）。此间有哈佛大学补助美金五佰元，庐园标本采集之用，待时局平稳，拟在五六月间出发，不知中基会能代将此款换出否？四月开始已进行和谈，但九江方面情形顿时紧张，市面紊乱，不知沪上情形如何，希望不致为时局影响，更希望和谈能得成功，则吾们之努力不致无着落也。俟和谈解决后，晚拟考虑与先生面谈关于以后一切问题，最好步曾师能南下则更佳矣。匆匆函此。

晚　封怀　敬上　四月二日（一九四九年）

庐山森林植物园工作报告

[民国]二十三年八月起至十二月止

委员会

委员长：程时煃伯庐

副委员长：范锐旭东

委员：金绍基叔初、龚学遂伯循、胡先骕步曾

会计：董时进

书记：秦仁昌子农

职员

主任：秦仁昌子农

会计：胥石林

技士：汪菊渊辛农、雷震侠人

技佐：曾仲伦艺农

练习生：施尔宜、冯国楣光宇、刘雨时润生

位置及面积

庐山森林植物园位于历史悠远之胜地庐山之东南部，距九江五十余里，去牯岭约九里之遥。其入口位于西首之横门口，据前省立星子林业学校之测量，全园占地约一万亩，跨东西向之两大山谷，即三逸乡与七里冲是也。后者复与其中部南首青莲谷相衔接，东迤至本园之极东界三叠泉止。园之西端与芦林接壤，由此向西南经太乙峰之阴，而达含鄱口，此为牯岭与星子县治之交通要道也。

三逸乡高出海面一一五四公尺，位于两峰之间，其北曰月轮峰，宛如半轮明

月左右环抱，怒拔高耸，达海拔一三二六．七公尺；其南曰含鄱岭，东西横卧如屋脊，高出海拔一二八六．七公尺。七里冲位于三逸乡之东北隅，亦介于两山之间，其北曰大月山，海拔高一四一一．七公尺，其南即庄严奇伟，绝壁巉崖之五老峰，海拔高为一四三五．一公尺。团山位于两谷之间，为天然屏障，其形如圆帏，故名团山，其海拔高为一三一四．七公尺。

由园西端之横门口起，迄其极东界之三叠泉止，长凡十七里余；由南至北其阔约一二里不等。谷内溪壑交错横贯，泉水潺潺，终年不绝，虽奇旱如今夏，亦无涸竭之虞焉。

园址史略及园之成立经过

本园园址为前江西省立星子林业学校之演习林区，该校创于民国十六年春，初设于星子县城，嗣迁至牯岭。按全园土地除三逸乡外，悉为官有。三逸乡于民国三年至十五年间，为前北京政府时代参议院副议长张亚农氏所据，盖造别墅，经营森林，阅十有余载，规模粗具。洎十六年北伐告成后，北洋政府瓦解，张氏一部分财产遂为政府没收，三逸乡林场及其别墅亦不免焉。十七年夏，由省政府决议，连同七里冲、青莲谷之地，拨归星子林业学校，作学生演习林区，直至本年五月植物园议成，始由江西省农业院第三次常务理事会决议，呈准省政府，全部拨归植物园用。按张氏当时所植主要树种有杉木（*Cunninghamia lanceolata*）、柳杉（*Cryptomeria japonica*）、日本枞（*Abies firma*）、日本落叶松（*Larix leptolepis*）、扁柏（*Thuya orientalis*）、日本扁柏（*Chamaecyparis obtusa*）、日本厚朴（*Magnolia obovata*）、马尾松（*Pjnus massoniana*）、赤松（*Pinus tabulaeformis*）等，多数已蔚然成林，惜其后管理不严，斧斤时加，至今所余无几矣。

本园设立之动机，始于二十二年冬静生生物调查所所长胡先骕博士之建议，经由江西省农业院理事会与中华教育文化基金会之赞同，而其经费预算及园址问题，直迟至本年春江西省农业院正式成立后，由院长董时进博士提交该院第三次常务理事会通过，决议呈准省政府，以林校含鄱口演习林区及其房屋为园址，嗣于七月初由沙河农林学校正式移交本园接收。后经短期间之筹备，遂于八月二十日正式成立。此本园成立经过之梗概也。

建筑

本园接收林校演习林区之初，地内仅有西式办公厅一幢，位于月轮峰之南麓。是屋原为张亚农氏之别墅，建于民国三四年间，计大小房间十三间及一地下

图 2-14 范旭东捐款兴建之温室。

层，现供本园办公厅之用。外复辟其一部为职员卧室，及经济植物标本室，极为拥挤，殊不敷用。苟经费有着，则职员宿舍之建筑，实为刻不容缓之举也。

本园报告脱稿之时，本园已完成之新建筑，计有园丁宿舍及植物暖房各一所。园丁宿舍为一字形，计六大间，位于距办公厅西南约五百码处之山谷平地，可容园丁四五十名。其构造及形式均极相称，谓为工人模范宿舍，亦不为过也。植物暖房则位于前林校苗圃之东北隅，以供不甚耐寒植物过冬之用。其他行将完成之建筑，计有园主任住宅一所，计房六间，位于办公厅西首之山坡上。温室与暖房各一所，温床十框，均位于园丁宿舍西北之新苗圃之北部，由故范静生先生之介弟旭东先生捐国币二千元所建，兹特表而出之，聊志感谢之忱云耳。

苗圃

苗圃为植物园之命脉，本园于成立之初，即以开辟苗圃为急务，按前星子林校仅有位于办公厅前下谷中，规模溢小之苗圃一处，计地不及五亩，且经营不善，殊不敷本园方长之需。嗣于四周较平之地，添辟二十余亩，以供秋播及栽植。本园数月来由各处所采得数百种木本植物，及三万余数之百合球茎之用，最近复于园丁宿舍之西、温室之南，另辟一新苗圃，计地三十亩，以供春播之用。

图 2-15　苗圃。

种籽与苗木之获得

本园成立以来，为时虽暂，而于过去四月中，由交换及采集所得者，计有种籽六百十五种，百合、石蒜等球茎三万四千余个，苗木二千零二十株，其来源如次：

（一）交换所得

美国哈佛大学阿诺尔树木园，七叶树属种籽七种；

瑞士京城皇家自然历史博物院植物部，七叶树种籽三种；

丹麦京城大学植物园，七叶树种籽一种；

北平研究院植物研究所，种籽三十种（多数为草本植物）；

河南百泉植物研究所，树木种籽七种；

广州中山大学农林植物研究所，广东植物种籽十六种；

南京中央大学农学院森林系，树木种籽二十九种；

南京中央大学农学院园艺系，温室植物九种；

澳洲梅尔巴植物园，澳大利亚植物种籽四十三种；

美国米乍利植物园，美国植物种籽十八种；

北平静生生物调查所，中国北部植物种籽七十一种；

南京总理陵园植物园，树木种籽五种；

美国纽约植物园，萱草根十四种；

英国邱皇家植物园，种籽一百十一包。

（二）本园自采所得

本山各种苗木，二百八十六种（二千零二十株）；

本山各种种籽，二百七十二种；

本山及外来球茎类植物十二种（约三万四千个）。

庐山植物之调查

本园成立之初，即致力于庐山及其附近地带之植物调查采集，以期于短时间内，得洞悉其植物之种类与分布等情形。在过去四月中，本园同人曾往全山各处采集十有六次，计得植物标本八百余号，苗木二千余株，且有十数种植物为前人在本山所未经发表者，此又为地理上之新分布矣。

重要森林园艺植物之引归栽培

本园设立之宗旨，首在搜集国内外各种植物而栽培之，以供研究观赏之用，而尤致力于有显著之森林及园艺价值之种类之搜集。自成立迄今，同人等即本此旨努力，计在过去四月内，经本园引归栽培之植物为数达二百四十余种，就中最富有森林价值者，计有五尺至七尺高之大叶锥栗（*Castanopsis tibetana*）一百株、茅丝栗（*C. eyrei*, Syn. *C. caudata* Franch）五十株、苦槠（*C. sclerophylla*）七十株、光叶椆（*Lithocarpus glabra*）五十株、常绿栎（*Quercus glauca*）三十株、陈氏栎（*Q. cheni*）二十株、厚朴（*Magnolia officinalis* var. *biloba*）四十株、鹅掌楸（*Liriodenron chinense*）三十五株、宜昌楠木（*Machilus ichangensis*）二十五株、菩提树（*Tilia* sp.）八十株、希氏楠木（*Phoebe sheareri*）三十株、五香果树（*Emmenopterys henryi*）二十株等，其最富于园艺观赏价值者，计有四照花（*Comus kousa*）二百五十株、南山茱萸（*C. controversa*）十株，芽旃檀（*Stewartia gemmata*）二十株、旃檀（*S. sinensis*）十株、云锦杜鹃（*Rhododendron fortunei*）一百五十株、羊踯躅（*R. molle*）一百五十株、蚊母树（*Distylium myricides*）七十株、交让木（*Daphniphyllum macropodum*）四十株、粗榧（*Cephalotaxus fortunei*）一百四十株（二尺至五尺高）、鸡爪槭（*Acer palmatum*）一百二十株、三出毛叶槭（*A. nikoense*）二株、省沽油（*Straphylea bumaldi*）五株、威氏狗骨（*Ilex wilsonii*）

二十五株、狗骨（*Ilex* sp.）四十株、笑靥花（*Spiraca prunifolia* fl. *Plena*）一百零六株、中国小叶黄杨（*Buxus microphylla* var. *sinica*）三百株、黄杨（*Buxus* sp.）二十株、千叶楠（*Eugenia microphylla*）三十株、棕樫藤（*Sangentodoxa cunesta*）十株、铁线莲（*Clematis*）三种共三百株、亨利八角茴（*Illicium henryi*）二十株、乌头（*Aconitum fischei*）三百株、厚皮香（*Temstroemia japonica*）五十株、茵芋（*Skimmia reevisiana*）八十株、青棉花藤（*Schizophragma viburnoides*）十株、华六条木（*Abelia chinensis*）八十株、[庐山小檗]（*Berberis virgetorum*）六十五株、毛金镂梅（*Hamamelis mollis*）五株、荚莲（*Viburnum*）四种共一百三十株、刺葡萄（*Vitis davidii*）三十株、檵木（*Loropetalum chinense*）五十株、卫矛（*Evonymus*）三种共五十株、鹿子百合（*Lilium spaciosum* var. *gloriosoides*）、喇叭百合（*L. brownii* var. *colchesteri*）及青岛百合（*L. tsingtauense*）各三千个、锦枣儿（*Scilla chinensis*）四千个、石蒜（*Lycoris aurea*）二十个、又粉红种（*Lycorio* sp.）五百个、白芨（*Bletila striata*）三千根、桔梗（*Platycodon grandiflora*）七百根、沙参及荠苨（*Adenophora verticilata* and *A. sinensis*）各六百根、竹五种、蕨类植物十五种、石斛（*Dendrobium*）一种，等等。

经济植物标本室之组织

今日国内各大学生物系及生物研究机关，类多有植物标本室之组织，然均广泛搜集一般植物标本，其于富有经济价值之植物标本，则未尝专事搜集。本园自成立以来，即致力于全国各地经济植物标本之搜集，以期于最近将来得组织一完善之经济植物标本室，以供植物生产研究之参考。在过去四月中，于本山各地采得标本一千余份，约四百五十种，类多具有经济价值之品种也。

蕨类植物标本室

静生生物调查所之蕨类植物标本之收藏，实为东亚最完备者之一，尤以中国所出产之蕨类标本搜集最为全备。自本所植物标本室主任秦仁昌先生调任植物园主任后，蕨类植物标本亦随之南迁。是项标本业于十二月底安抵庐山，因植物园房屋湫隘，暂藏于经济植物标本室内。计本年本室与世界各国交换或赠予所得之蕨类标本，计有一千四百零二号，兹将交换或赠予者之姓名及确数，表列如后。

广东中山大学生物系，广东蕨类一百二十五号；

福建福州协和大学生物系，福建蕨类二十三号；

英国皇家植物园，云南蕨类七号；

美国国家博物院，各处蕨类三百号；

美国Wilson先生，美国蕨类十三号；

美国Graves先生，美国爱阿华省蕨类三号；

美国Scheffner教授，美国门荆属二十一号；

六合县德伏尔先生，庐山蕨类二十五号；

国立中山大学植物研究所陈焕镛先生，海南蕨类五百四十三号、广东蕨类四十号；

岭南大学梅卡夫先生，广东北江蕨类七十三号；

国立编译馆辛树帜先生，两广蕨类六十八号；

巴黎自然历史博物馆孛乐脱太大，安南交趾蕨类十五种；

日本京西大学植物学院田川基二先生，日本蕨类八十二种。

清除园地

清除园地为本园过去四月中重要工作之一，全体园丁之最大努力亦在于斯。按本园除办公厅附近稍有小面积之赤松、柳杉、落叶松等林地外，其大部地面均为丛薄杂生，荆棘偏地，其山谷平地及溪水两边，以竹箐及白荻(*Miscanthus japonicus*)最为丛密，山麓及山坡则为毛栗(*Castanea seguinii*)、杨栌(*Weigola japonica* var. *sinica*)、溲疏(*Deutzia schneideriana* var. *laxiflora*)及杜鹃(*Rhododendron simsii* and *R. mariesii*)等杂生，密不可入，清除非易。且本园面积跨有一万余亩之广，而经费则至为有限，故欲清除全园之地面，实为事实所不许。数月以来，仅致力于人迹较繁之三逸乡之一部，以期逐渐推进其大部分之地面。目下能力无足发展者，则严加保护，使不复如昔日之屡遭野火与斧斤之厄耳。

现已清除之地面，仅限于横门口以东上路与下路之间一带，计有灌木区、杜鹃岭、新旧苗圃、松柏岭之大部分。至办公厅东首之地，为将来移植地及茶树实验区，亦将次第肃清矣。

道路工程

道路之筑造及修整，亦为本园过去四月中重要工作之一。按三逸乡原有之下路中部，自第二桥至第四桥间一段，由西而东直贯旧苗圃之全部，实为苗圃管理上一大缺憾，现将该段路线改至溪水之南，含鄱岭之北麓下，同时将苗圃内原有道改为宽五尺,并将两端之桥拆去,此段新建之路,计长约七百尺,而其间有两段计长二百三十尺,其工程全为开凿岩石而作成者也。自下路路线变更后,园丁宿舍与旧苗圃间之交通,因之阻断,良以有一形如双驼峰之松柏岭横隔其间也,现另辟一新路,由园丁宿舍起,绕松柏岭之西侧而达峰间,由此直下而达旧苗圃,两地交通较前更为直捷矣。上路路线亦略有变更,按上路路线穿过办公厅前之园庭,至为不便,今改至其前面,下部西起松柏岭,东迄木工室,计长约六百尺,如是则过路之人,无庸如昔日之须经过办公厅前园庭矣。另一新路自下路北行经园丁宿舍之西,直贯新苗圃而达温室,亦已告成,其长约五百尺。再杜鹃岭上各路及小径亦将次第完功。

防火线之设立

野火为本山人工摧残天生植物最大动力之一,其原因不一,其发生时季,以秋末及春季为最甚。良以此一时枯草落叶遍地皆是,星星之火,一着即能燎原。倘遇风势较猛,则更易助桀为虐矣。故防火线之设立至为重要之举。按防火线或以石砌成墙,或深掘土沟最为永久而可靠。然非本园目前经济能力所能办到,兹仅依地形及风向筑临时性质之防火线于三逸乡之周围,其法将宽约五十尺至一百尺之地带内,所生之草木,择风静之日,尽行砍去,并付之一炬。如是则邻近之野火,概不能越界为祸矣。此种工作须于每年之秋末,举行一次,并拟于春季地面雪消之时,于最易发生火灾之各区,设立守望所,派人巡逻,以策安全。

私人地产之收买

自本园成立之初,即发现于三逸乡中有私有地产二处,各占面积二十方。其一位于距办公厅西约八百码处之上路北首;其一位于办公厅南下约三百码之处。前者为汉口金女士执业,而后者乃周君亮先生所有,嗣经一再交涉,始将两户产业相继收买。

庐山森林植物园第二次年报

民国二十四年

委员会

委员长：龚学遂伯循
副委员长：金绍基叔初
委员：胡先骕步曾、范锐旭东、程时煃伯庐
会计：董时进
书记：秦仁昌子农

职员

主任：秦仁昌子农
会计：胥石林
技术员：汪菊渊辛农、雷震侠人
助理员：曾仲伦艺农
练习生：冯国楣光宇、刘雨时润生

庐山及其附近植物之调查

本园本年度于庐山及其附近植物之调查，仍继续进行，不遗余力。自春而夏、而秋、而冬，同人曾屡赴全山各处调查采集，共获蜡叶标本一千五百余号，而种籽与苗木犹不计焉（详后）。查本园年余来所获蜡叶标本之初步鉴定，已知庐山植物富有九百五十余种之多，其中蕨类植物凡一百二十八种，余则皆为显花植物。是以庐山今日所知之植物种类，较之前此文献所载者，加一倍有强矣。其尤有兴趣者，乃在此已知之植物中，有数属与多种前人视为华南特产，而今竟发现

图 2-16　1936 年庐山森林植物园中心“春色满园”景致。

于庐山之南部，实为植物地理学上一大新纪录。然同人深信庐山植物再经一二年之精详采集，尤以此前人所未到之邃谷悬崖，则其种类犹决不至此数，此就显花植物而言也。至于蕨类植物，已经德伏尔教士最近三夏季之较详采集，已达一百二十八种之多，则将来所能加者，恐无几矣。

本年十月，本园刘君曾赴皖南之九华山、黄山一带采集种苗，亦得蜡叶标本一百六十余号。查二山之植物群落，因地理经纬度及气候与高度之近似，与庐山所有者大致相同，所异者为其种类较富于匡庐耳。他日庐山植物一经调查清楚，则九华山及黄山植物之详尽调查为本园必行之工作。盖二山富有园艺森林价值，而尚少闻之特产种类，均可引归在本园栽培，固属轻而易举者也。

重要森林园艺植物之引归栽培

重要森林园艺植物品种，不问其为国产与否，引归栽培，利用厚生，实为本园主要鹄的，此旨已于第一次年报内申言之。一年以来，同人服膺此旨，多方努力，经引归栽培之植物为数几及二千种，就中最有价值者，计有金钱松五百株(*Pseudolarix amabilis*)、日本扁柏三百株(*Chamaecyparis obtusa*)、日本花柏五百株(*C.picifera*)、俄国香柏二百五十株(var. *plumosa*)、美国花柏(*C. Lawsoniana*)、诺克他花柏九十株(*C. nootkatensis*)、美国落叶柏二百四十株(*Taxodium distichum*)、水松二百五十株(*Glyptostrobus pensilis*)、柳杉三百四十株(*Cryptomeria japonica*)、金松一百四十株(*Sciadopitys verticilata*)、罗汉柏二百三十株(*Thujopsis dolobrata*)、美国缨络柏三千五百株(*Cupressus sempervireas*)、欧洲缨络柏五百株(var. *horizontalis*)、柏十五株(C. *funebris*)、喜马拉亚缨络柏一百八十株(*C. torulosa*)、铅笔桧一百二十株(*Juniperus virginiana*)、偃桧四十株(*J. procumbens*)、翠柏(*J. squamata* var. *fargesii*)、桧一百四十株(*J. chinensis*)、台湾桧(*J. formosana*)、扁柏二千株(*Thuja orientalis*)、帚状扁柏三十株(var. *globosa*)、美国扁柏六十株(*T. occidentalis*)、雪松四株(*Cedrus deodara*)、西洋雪松三十株(*C. atlantica*)、李氏雪松四十株(*C. libani*)、鱼鳞松三千株(*Picea excelsa*)、日本榧四十株(*Torreya nucifera*)、香榧二株(*T. grandis*)、短叶粗榧五株(*Cephalotaxus drupacea*)、华短叶粗榧五十八株(var. *sinensis*)、罗汉松三百二十株(*Podocarpus macrophylla*)、竹柏三十五株(*P. nagi*)、银杏三百四十株(*Ginkgo biloba*)、花旗松五百株(*Pseudotsuga taxifolia*)。二十八种松树(*Pinus* spp.)、五种枞树(*Abies* spp.)、三种铁杉(*Tsuga* spp.)、黄山玉兰一株(*Magnolia cylinderica*)、任氏玉兰一株(*M. zenii*)、拟木兰十株(*Manglietltia fordiana*)、紫荆叶六百株(*Cercidiphyllum japonicum*)、山核桃五十株(*Carya cathayensis*)、摇钱树一百二十株(*Pterocarya paliurus*)、七叶树七种(*Aesculus* spp.)、内马栗苗八百株(*A. hippocastaneum*)、安徽杜鹃二十株(*Rhododendron anwheiensis*)、华吊钟花五株(*Enkianthus chinensis*)、小叶黄杨三百株(*Buxus microphylla*)、黄山黄杨二十株(var. *aemulans*)、锥栗七百二十株(*Castanea henryi*)、杜仲二百株(*Eucommia ulmoides*)、鹅掌楸一百五十株(*Liriodendron chinense*)、四照花二百株(*Comus kousa*)、华氏山茱萸六株(*C. Walteri*)、小蘗十种(*Berberis* spp.)、栎五种(*Quercus* spp.)、十大功劳八株(*Mahonia bealii*)、钻地风六株(*Schizophragma integrifolium*)、齿叶钻地风(var. *denticulatum*)、栱桐木二株(*Davidia involucrata*)、牯岭椴五十株(*Tilia breviradiata*)、亨利百合六百五十个(*Lilium henryi*)、长花百合三百六十个(*L. longiflorum*)、王百合二个(*L. regale*)、佘氏百合三十个(*L. sargentae*)、青岛百合二千五百个(*L. tsingtauense*)、鹿子百合三千个(*L. speciosum* var. *gloriosoides*)、白花百合四千五百个(*L. browni* var. *colchesteri*)、小卷丹五十个

(*L. concolor* var. *maculata*)、山丹一百个(*L. tenuifolium*)、杜氏百合三百个(*L. ducharteri*)、独脚莲三百五十株(*Podophyllum versipelle*)、金氏蝴蝶花六百五十株(*Iris kaempferi*)、山芍药三百四十株(*Paeonia obovata* var. *alba*)、芍药四十种(*P. albiflora*)、菊花八十种(*Chrysanthemum morifolium*)、大理花一百四十种(Dahlias)、月季花四十种(Roses)、常绿木二株(*Sarcacocca chingii*)。此外尚有由国内外交换所得种子育成之多年生草本植物七百余种,均饶有植物分类学上之意义者,明春均将定植于草本植物分类区,以供研究之用。

种苗之交换购买与赠予

本园本年度经各方交换购买与赠予所得,计有种籽五千七百余包,苗木及球根类四千余数,兹分别列后。

(一) 交换

(甲)种籽

美国哈佛大学阿诺尔特树木园,七十二包;

国立浙江大学农学院植物园,六十六包;

德国柏林植物园,五百五十五包;

爱尔兰格拉斯纳植物园,三百二十一包;

广州国立中山大学农林植物研究所,八十三包;

美国拉克新登植物园,三百零五包;

加拿大中央农业试验场植物园,八百七十二包;

美国纽约植物园,三百四十五包;

南京总理陵园植物园,二百四十四种;

武昌国立武汉大学生物系,九十包;

瑞士日内瓦植物园,八十四包;

日本东京帝国大学植物园,三百八十五包;

英国爱丁堡皇家植物园,八百十二包;

英国邱皇家植物园,二百八十七包;

瑞典京城植物园,五百零一包;

丹麦京城植物园,三百零七包;

美国摩尔登树木园,四十五包;

南京实业部中央农业实验所森林系,十六包;

奥国维也纳大学植物园,一百十九包;

法国森林水利局,四十包;

爪哇培登查植物园,三十二包;

美国布鲁克林植物园,一百九十九包;

陕西省政府林务局,十一包;

美国密苏里植物园,四十一包;

广州国立中山大学农学院森林系,五包;

南京私立金陵大学农学院森林系,一包;

美国纽约省司冰戈先生,铁线莲七包。

总计:五千七百零七包

(乙)苗木

平汉路局新店及李家寨造林场,针叶树类、阔叶树类二十九种,计一千五百余株;

庐山黄龙林场,针叶树类、阔叶树类十种,计二百六十余株;

南京总理陵园生产部,花卉三十二种,计六十余本;苗木十种,计三百余株;

南京总理陵园植物园,针叶阔叶树类六十二种,计二百八十余株;

庐山白鹿洞林场,芭蕉四十株;

南京国立中央大学农学院园艺系,球根八种计二百余球;

国立浙江大学农学院植物园,富贵草十株,偃柏插条五十条。

(二)购买

日本横滨植木株式会社,树木类种籽三十一种、花卉类种籽二十种、球根类四种;

法国巴黎维尔马林公司,松柏类种籽三十种;

美国固特里斯公司,唐菖蒲十六种、芍药三十六种、大理花十二种、月季花四十种、美人蕉十二种;

烟台烟成农场,果木十五种;

金陵大学园艺场,月季三种、灌木八种;

宜昌(摩尔女士代办),亨利百合球根六百五十个;

山东,青岛百合二千五百个;

北平,华北树木类种籽三十五种。

(三)赠予

瑞典京城植物博物馆撒姆尔逊博士,马栗树(七叶树之一种)种籽二十五磅;

牯岭胡本馥牧师,百合球根二个;

宜昌摩尔女士,种籽一包;

长沙白莱思女士,长花百合球根八十个;

长沙左景馨女士,长花百合球根二十个、花籽二包;

九江密勒女士,长花百合球根一百八十个。

今春各种植物种籽,计二千五百余包,由本园分送于国内外植物园、农林场,凡三十六所,十八国别。然因本园种籽有限,供不敷求,以致后来者未能尽其所求,良用愧仄。

本园于此当特为表出而感谢者,为瑞典撒姆尔逊博士之慨然寄赠马栗树种籽二十五磅,现已育成茁壮之苗七百八十余株。此种在欧美久享盛名之行道树与园庭树,在本邦大量栽培者,实自此始。

本园自采种苗

除前述由各方交换、购买及赠予所得之多量种苗外,本园今秋在庐山、黄山、九华山等地自采者,计种籽六百七十余种,苗木、球根凡十万余数,其种籽总重约六百余磅,除大部供本园自播外,余充交换之用。本园本年备有种籽交换目录,一俟印成,即可分寄各处交换矣。

经济植物标本室

本年度经济植物标本室收到北平静生生物调查所拨寄已粘贴之各省木本植物标本五百九十一号,南京金陵大学农学院森林系寄赠陈宗一教授所采之苏、浙、湘三省木本植物标本二百零一号,北平研究院植物研究所寄赠钟允勤先生桔梗科标本八号,本园同人于庐山、黄山、九华山所采各种草、木本植物标本一千七百二十五号,总共计标本二千五百二十六号。

蕨类植物标本室

蕨类植物标本室本年度收到各地标本计四千零七十九号,其来源如次:

美国纽约植物园,二千一百九十六号,大部分系南、北美洲产,小部分系菲列滨及南洋群岛产;

国立广州中山大学农林植物研究所,琼州岛及广东各地蕨类二百七十一号;

岭南大学自然历史博物馆,二百零六号,产地同上;

北平静生生物调查所,云南蕨类五百二十号;

重庆中国西部科学院,四川西南各县蕨类一百八十五号;

南京中央研究院动植物研究所，云南蕨类九十号；

江苏六合县德伏尔教士，庐山蕨类三十五号；

本园自采，庐山蕨类七十六号。

除美国纽约植物园之标本为交换所得外，余均为寄与本园主任鉴定者。

繁殖工作

本园本年度繁殖工作，除春、秋两季莳播种籽二千余种外，其最重要者首推插条。本山可供插条繁殖之材料无多，实验之种仅七十有二，内有不少之种前此认为难以插活者，亦竟能成功，实出意外。计本年成活之插条，约有一万六千余株，六十五种。以木本种类为多，就中以罗汉松、日本金松、日本枞、花柏、雪松、桧柏属数种，杜鹃属六种及安息香科、茶科及紫杉科各数种，最为有趣焉。

草本植物分类区

草本植物分类区为本园计划中各植物区之一，业于今秋首先成立。其目的在表示植物各科各属间之系统关系，俾学生及游人得一目了然于植物进化之程序。本区占地长凡五百余尺，宽自二十五尺至五十尺不等，位于本园西首横门口之大门内大道之北，由五十二条平行畦与三十二块不规则之畦所组成。另有东西向之畦一条，宽六尺，长四百五十尺，位于区之北侧，为专栽藤本植物之用。

水生植物区位于区之东端，由数个同心圆组成之，并由中心筑辐射状之小道，以通往来。因本年时季已晚，初栽于本区各部之植物仅有三百余种，须待来春续栽，全区可容植物一千五百余种云。

苗圃

去年开辟之新、旧两苗圃，本年均经扩大与整理。旧苗圃专供播种与插条之用，本年已向北扩展至上大路，约增二十亩有奇，以备明春播种之用。新苗圃则专为培养草本及球根类植物之用。不意今春五月下旬，淫雨终朝，山洪暴发，将苗圃之一小部份冲毁，种苗损失非浅，将来排水沟浚疏后，则此种不幸事件当可避免也。位于园丁宿舍之后与松柏岭左侧之地，原为竹类区，本年栽植所有月季花类及其他观赏灌木，查此区地位适中，且不受冷风侵袭，将来拟改为蔷薇区，最为合用。

图 2-17　水生植物区。

蔬菜试验区

本年鉴于牯岭市场缺乏大宗质量优良之蔬菜，爰于办公室东去一里之田陇，辟地十二亩，试验本地与外来蔬菜品种，一方面改进其品质，一方面观察其对于本山特殊气候之适否，意在增加本地蔬菜之种类，以应牯岭夏季方长之需求。在过去一年内，约有二十余种本地与外来品种，如豌豆、蚕豆、甜玉蜀黍、芦笋、大黄等，曾试为栽培，虽其中不无失败者，如生菜、芹菜、洋葱、蚕豆等，但亦有成绩优良者，如山东梨、德州西瓜、甜玉蜀黍、包心菜、北平大白菜、菠菜、抱子甘蓝菜、马铃薯、红薯、辣椒、黄瓜、南瓜等等，如他日栽培方法益求改良，本山风土益加明了后，则试验成功之种类，当可倍增也。

建筑

本年度之建筑集中于繁殖区，良以本园重要工作莫过于繁殖，而繁殖之成绩尤繁于设备故也。本年秋，陈辞修先生来园参观，感于本园使命之重大与经费之困难，慨然允捐筑温室一幢，位于去年所建温室之东旁，计占地

图 2-18 范旭东捐资兴建之温床。

一千一百四十四尺，内设播种木框四排，过道二，水池一。其全部工程业于十一月完成，计所费约二千元，于此特表而出之，聊申谢忱耳。又范旭东先生去年曾捐助巨款，供本园建筑温室、温床等用，今年又蒙慨捐一千元，建筑温床三十框，其全部工程亦将完成。

位于温室西北角之暖房，今秋已将其茅草顶改为玻璃顶，以备继续播种之用。又蔬菜试验区内建筑工房及储藏室三楹，其工程亦将完成。温室之后辟筑台地一方，计长一百尺，宽三十尺，以备夏日收容盆栽花卉及喜荫幼苗之用。又今春于松柏岭之南项，建一木钟架，以报作息时间。

道路工程

园中道路工作，本年度仍继续筑建或修理，俾园内各区之交通得以联络。查松柏岭顶及其左腰之路已于早春完成，由园丁宿舍上松柏岭之路亦已筑成。自杜鹃岭东北角之上大路北向至芦席棚教室之路，计长约四百余尺，亦已完成。此段工程由芦林李一平先生之学生所筑。

教育与公共事业

今秋九月起，由李一平先生商得本园同意，以其高级学生一十六名，委托本园授以初级园艺植物学及农林等常识，以为将来服务农村之准备。除每星期一至星期五下午有二小时之室内功课外，其余时间均为劳作，如播种、栽植、繁殖、采制植物标本、识别本山重要植物等是也。彼等每日晨八时到园，午后三时回芦林本校，训练时间以一年为期。

此外尚有苏、浙、黔、湘学生四名，由各家长委托本园，专习园艺植物学、农林场之计划与管理，俾有助于各生将来之事业。

今秋十月，本园主任受庐山管理局之委托，草拟保护庐山森林方案一书，至为详尽，谅不久可以核准施行。

本园募集基金计划

本园委员会第二次年会于四月十日在南昌举行，关于本园事业发展计划，均有详细讨论，就中募集本园基金一案，最为重要。其办法业由本园拟定，并呈请江西省政府，业经七百七十七次省务会议议决，批准在案。本计划之原则，则为利用本园界内不适于种植之地段，割为永租区，凡国人捐助本园基金法币一千元，或一千元以上者，得由本园划拨园地二亩，作为永租，以供建筑别墅之用，藉以略酬高谊，以引起社会名流爱护本园之热忱于永久。一俟详细办法规定后，即可着手募捐矣。

来宾参观

本园草创伊始，各事粗陋，不值一顾，而今夏来园参观之中外人士，以数千计。国府林主席、全国陆军整理处处长陈辞修先生、汉口英国总领事毛斯先生等，均曾驾临参观焉。

庐山森林植物园第三次年报

民国二十五年

委员会

委员长：龚学遂伯循

副委员长：金绍基叔初

委员：胡先骕步曾、范锐旭东、程时煃伯庐

会计：董时进

书记：秦仁昌子农

职员

主任：秦仁昌子农

园艺技师：陈封怀

技术员兼会计：雷震侠人

练习生：冯国楣光宇、刘雨时润生、杨钟毅鸣虽、熊明耀国

本年度本园职员略有更动，技术员汪菊渊君、助理员曾仲伦君、会计胥石林君，均于五月中相继辞职。陈封怀君于八月来园，担任园艺技师职务。陈君留学爱丁堡皇家植物园，从园长司密士教授与古柏博士研究报春属植物及园艺等学，本年秋归国。又练习生杨钟毅、熊明二君七月到园任事。

庐山及其他各地植物之调查

本年度本园对于庐山植物之调查仍继续进行，未尝稍懈，尤于四五两月，倍加努力，以期广采本山早春着花植物，以补本园标本室之不足。总计所获约七百五十余号，内有新记录甚多，其最著者为紫杉（*Taxus chinensis*）、光叶

图 2-19　通往横门口（今日入园大门）之大道。

栾（*Koelreuterila integrifoliata*）、亨利红豆（*Ormosia henryi*）、白云木（*Styrax dasyanthus*）、木本铁线莲（*Coematis montana*）、麻栎（*Quercus acutissima*）、栓皮栎（*Quercus variabilis*）、反白栎（*Quercus faberi*）、槲栎（*Quercus aliena*）、五角槭（*Acer robustum*）、亨氏槭（*Acer henryi*）、宁波溲疏（*Deutzia ningpoensis*）、秦氏灰木（郑氏发表之新种）（*Symplocos Chingii* Cheng）、尖齿蔷薇（*Rosa serrata*）、石吊兰（*Lysionotus pauciflorus*）、牛耳草（*Boa hygrometrica*）、西波鳞毛蕨（*Dryopteris sieboldii*）、华双盖蕨（*Diplazium chinense*）等。

本山植物之未经采集者，为数尚多，然吾人深信，苟继续搜集，则不难于将来获其全豹也。

关于皖南黄山植物采集情形，已详于去年年报中。本年秋，刘雨时君复前往该山，作更详细之采集，为时约两月，迹之所至，亦较去年为广。获蜡叶标本百号，木本植物种籽约八十种，其中甚多之种均系初次引归栽培者。此外尚采得大批苗木，内有安徽杜鹃（*Rhododendron anwheiense*）百株、缺叶高山蕨（*Polystichum neolobatum*）八十丛，均极饶园艺上之价值。至珍奇植物之种籽，则有香果树(*Emmenopteris henryi*)、贾克氏赤杨(*Alnus jackii* Hu)、小花藤绣球(*Hydrangea anomala*)、毛叶绣球(*Hydrangea strigosa*)、亨利椆树(*Lithocarpus henryi*)、里康槭(*Acer nikonnse*)、铁杉(*Tsuga chinensis*)等等,最重要厥为黄山玉兰(*Magnolia cylindrica*),彼于采掘少数苗木外,尚获多量种籽,亦云幸矣。

按黄山植物之富,于园艺价值之种类极多,关于采集此类植物,本园认为极关重要,故决再继以两年之努力焉。

本年十月,杨钟毅君回陕,便道往太白山、终南山、南五台诸山采集,获蜡叶标本二百九十七号及木本植物种籽八十五种,如法氏玉兰(*Magnolia fargesii*)、郭氏撞羽(*Buckleya grabueriana*)及乔木紫荆(*Cercis chinensis* arborea)等种,均为园艺上重要之品类。惟因此次出发时期较迟,多数树木均已落叶,种籽亦多脱落,故所得不如上期之丰耳。然彼此行之目的,不过作一普通之考察,以备来年大举采集耳。

重要植物引归栽培

本年内经引归栽培之各种植物,为数达一千七百五十种之多。其国产种类之最重要者,计有戴氏枞(*Abies delavayi*)一百四十株、紫杉(*Taxus chinensis*)五株、罗汉松(*Podocarpus chinensis*)十二株、翠柏(*Juniperus squamata* Fargesii)一百六十株、云杉(*Picea*)三种(种苗无数)、中华铁杉(*Tsuga chinensis*)五百株、福氏云叶(*Euptelea franchetii*)光面云叶(*Euptelea pleiosperma*)各五十株、刺叶忍冬(*Lonicera tragophlla*)七株、毛绣球(*Hydrangea strigosa*)十二株、法氏迪楷木(*Decaisnea fargesii*)六株、庐山芙蓉(*Hibiscus paramutabilis*)六十株、大叶木槿(*Hibiscus sinosyriacus*)二百株、秦氏浆果黄杨(*Sarcococca chingii*)三百二十株、查氏叶六条(*Abelia zanderi*)四十株、亨利小蘖(*Berberis henryana*)十五株、镰舌黄杨(*Buxus harlandii*)三百四十株、黄花百合(*Lilium ochraceum*)六十株、山百合(*Monocharis* sp.)三株、文珠兰(*Crinum asiaticum* var)六十株、亨利椆树(*Lithocarpus henryi*)二百五十株、野胡桃(*Juglans cathoyonsis*)胡桃楸(*Juglans mandshurica*)各四十五株、梠萨木(*Nyssa sinensis*)十六株、天台槭(*Acer amplum* tientaiense)三十五株、阿氏槭(*Acer oliverianum*)三百五十株、五角槭(*Acer robustum*)二株、厚叶槭(*Acer oblongum*)十株、亨利槭(*Acer henryi*)二百株、栱桐(*Davidia involucrata*)四十五株、芫花(*Daphne genkwa*)三十五株、捷克木(*Sinojackla xylocarpa*)二十五株、汤氏爬山虎(*Ampelopsis thomsoni*)

六十株、绿叶爬山虎（*Ampelopsis laetecirens*）三十五株、木本铁线莲（*Clamatis montana*）五十六株、白桦（*Betula japonica*）三百株、醉鱼草（*Buddleia*）七种、杜鹃（*Rhododrndron*）二十一种、小蘖（*Berberis*）四十种、车轮棠（*Cotoneater*）三十种、鸢尾（*Iris*）二十五种、溲疏（*Deutzia*）六种、龙胆（*Gentiana*）二十种、山罂粟（*Meconopsis*）五种、报春（*Primula*）十五种等等。

由国外各处引归栽培之重要者，则有日本柏（*Thuia dolobrata*）五十株、日本紫杉（*Taxui cuspidata*）一百八十株、短叶粗榧（*Cephalotaxus drupacea*）一百二十株、万年松（*Sequoia sempercirens*）一百二十株、大万年松（*Sequoia gigantea*）十五株、珠泪柏（*Libocedrus decurrens*）五十株、美洲白美杉（*Picea canadensis*）五十株、美国铁杉（*Tsuga divdrsifolia*）二十五株、大果缨络柏（*Cupressus mqcrocarpa*）六十五株、西门缨络柏（*Cupressus semeswii*）三十株、阿里藏缨络柏（*Cupressus arizonica*）四十五棵、彭氏缨络柏（*Cupressus benthami*）八十株、五叶松（*Pinus pentaphylla*）二十株、日本百合（*Japanese lilies*）九种、石楠（*Erica vulgaris*）二十株、四照花（*Cornus*）八种、金雀花（*Cytisus*）六种、金链木（*Laburnum alpinum*）十株、槭（*Acer*）七种、锦鸡花（*Caragana*）十种、美国鹅掌楸（*Liriodendron tulipifera*）十四株。

种苗之交换、购买与赠予

本园本年内经由各方之交换、购买与赠予所得，计有种籽五千余包，苗木及球根等类约三千余数，兹分别列后。

（一）交换

甲、种籽

1. 美国哈佛大学阿诺尔特树木园，二十包；
2. 德国柏林植物园，一百四十四包；
3. 爱尔兰格拉斯纳植物园，二百四十六包；
4. 苏格兰格拉斯戈大学植物园，五十二包；
5. 拉迪维亚大学植物园，三十七包；
6. 德国汉堡植物园，三十四包；
7. 德国米耳顿植物园，一百零九包；
8. 美国雅礼大学，十三包；
9. 加拿大中央农业试验场植物园，四百四十包；
10. 德国白兰门植物园，一百七十包；

11. 日本东京帝国大学植物园,二百十九包;
12. 南京实业部中央农业实验所森林系,四十七包;
13. 国立浙江大学农学院植物园,十二包;
14. 法国森林水局,一百十四包;
15. 武汉国立武汉大学生物系,十三包;
16. 瑞典京城植物园,三百八十七包;
17. 丹麦京城植物园,三百十五包;
18. 爪哇培登查植物园,五十八包;
19. 荷兰亚摩斯德登植物园,一百十包;
20. 西班牙伦西亚大学植物园,五十二包;
21. 利道大学植物园,五十包;
22. 瑞士日内瓦植物园,二百六十包;
23. 莫斯科大学植物园,五十包;
24. 比利时植物园,一百十五包;
25. 纽约摩洛亚查先生,二十九包;
26. 美国麻省拉克新登植物园,七十五包;
27. 澳洲墨尔钵恩植物园,十六包;
28. 美国伊利诺尔省摩尔登树木园,八十六包;
29. 美国密苏里植物园,三十八包;
30. 美国纽约植物园,九十六包;
31. 陕西省政府林务局,五包;
32. 英国爱丁堡皇家植物园,四百十三包;
33. 英国邱皇家植物园,三百八十七包;
34. 伦敦皇家园艺学会,六十七包;
35. 美国亚利桑拿邦洛易士汤白森西南树木园,六十包;
36. 广州中山大学农林植物研究所,六包;
37. 莫斯科迪麦亚苏研究院植物园,八十九包;
38. 罗马植物园,一百零二包;
39. 瑞典乌普萨拉大学植物园,十八包;
40. 芬兰罗如先生,十六包;
41. 美国布鲁克林植物园,四十八包;
42. 新加坡植物园,五包;

43. 兰伯格博士，八十包；
44. 云南省建设厅，六十九包；
45. 湖北省建设厅襄阳农业推广处，二包；
46. 山西第一森林试验场，六包；
47. 英国纽顿城卡尔维先生，十八包；
48. 波兰康尔尼克园，十六包；
49. 瑞典龙德大学植物园，二十六包；
50. 爱斯坦植物园，八十包；
51. 巴拉克树木学会植物园，二十八包；
52. 美国田拉西省山福氏树木园，二十包；
53. 巴黎植物园，七十一包；
54. 台湾森林研究所，八包；
55. 美国康纳克的省植物园，三包。

总计：五千零五十五包

本园本年所获中国植物种籽，计三千五百余包，分送世界各国植物园、农林场及研究所，凡六十八处。

乙、种苗

1. 武昌武汉大学生物系，树木五种；
2. 南京中央大学农学院园艺系，荷兰球棍及大丽花根十九种；
3. 南京总理陵园植物部，肉质植物二十九种。

（二）购买

1. 巴黎维尔麻林公司，松杉科种子二十七种、阔叶树类种子十八种、花卉种子七十四种；
2. 美国麻省修马雪氏苗圃，树木种籽四十一种；
3. 英国瑟顿公司，花卉种籽七十七种；
4. 金陵大学园艺系，月季及灌木二十四种；
5. 爱尔兰司密士台西山苗圃，高山花卉种籽四十五种；
6. 荷兰哈逦姆城杜白英公司，大丽花根七十八种，毛茛科植物二十九种；
7. 美国非拉特非尔城柏皮公司，花卉种籽二十七种；
8. 美国加利福尼亚省克拉克公司，球根四种；
9. 爱丁堡多此公司，花卉种籽三十九种；
10. 上海横滨植木株式会社，日本百合球根九种；

11. 宜昌（穆尔女士代办），龙爪蒜球根五百个、秋牡丹八百棵、树木种子二十种；

12. 南京各花圃，月季二十棵、球根三种、仙人球二种；

13. 荷兰哈连姆城琪恩巴士，花卉种籽四种。

（三）赠予

1. 穆尔女士，树木种籽二种、水仙球根一百个；

2. 云南昆明教育博物馆，树木种籽四种；

3. 爱丁堡皇家植物园古柏博士，石兰种籽七包；

4. 白理和先生，球根八种；

5. 秦子农夫人由长沙带来，菊花六十种、月季插条二十种及球根种苗多种；

6. 郝景盛先生由德国寄来，种籽四包；

7. 瑞典京城撒姆尔逊教授，七叶树种籽三十磅。

本园自采种苗

本园除前述由各方交换、购买与赠予所得外，更由各采集员于下列各地采得大批种籽及苗木。

1. 云南省：北平静生生物调查所王启无君，于云南西部及西南部诸山采得乔木、灌木、宿根植物之种籽四百四十六份，球根及蕨类植物数百本。

2. 河北省：北平静生生物调查所采集员于北平近郊采得中国七叶树种籽二十磅，刘瑛君采得灌木及宿根植物种籽三十四份，草本植物三百株。

3. 江西省：本园职员于庐山及其附近各处，采得乔木、灌木及其宿根植物之种籽三百二十种，百合球根二千个，及其他草本植物千余本。

4. 湖北省：（穆尔女士代办）由宜昌附近采得种籽二十份及球根甚多。

5. 四川省：南京科学社生物研究所郑万钧君，于峨嵋山采得树木种籽百余种外，尚获苗种多种。

以上所述种籽，除一部分供本园自播外，余悉充交换之用，本园备有种籽交换目录，不久当可分寄各处也。

经济植物标本室

本年度经济植物标本室收到下列各处之蜡叶标本，共计一万一千四百九十四号。

南京中国科学社生物研究所：江苏、浙江、安徽、四川及其他各地之植物标本一千一百八十一号。

北平静生生物调查所：中国各省及瑞典之木本植物标本八千三百九十七号。

陈封怀先生：爱丁堡皇家植物园之栽培植物六百号（计中国喜马拉雅山之杜鹃三百号，中国报春五十号，岩石花园及温室植物二百五十号）。

本园采集员：庐山及其附近植物七百五十一号，皖南黄山及九华山植物九十八号，陕西省（太白、终南、南五台诸山）植物二百九十七号，及江西西南部之武宁县植物一百八十号。

陈封怀君于爱丁堡皇家植物园研究之暇，蒙该园园长司密士教授之允诺，采集该园栽培之珍奇植物之蜡叶标本数百份，并分得其标本室所藏之报春标本多号，于此特表而出之，以申谢忱云耳。

蕨类植物标本室

蕨类植物标本室，本年收到国立北平研究院植物研究所之新疆、蒙古等处蕨类一百五十二号。广东中山大学植物研究所之广东、广西、海南岛蕨类八十五号。广西历史博物馆之广西蕨类一百六十号。新加坡植物园园长何尔顿先生之马来群岛蕨类八十一号。德瓦尔先生之庐山、北美及其他处蕨类三十五号。邓祥坤在赣西诸山采得之蕨类一百九十四号，及本园职员于庐山、黄山、皖南、陕西等处所得共一百五十号。以上总计八百五十七号。

建筑

本园经费至为竭蹶，于必须之建筑几无力顾及，然迫于事实之需要，又不能不于万分困难之中，酌添建筑，以应本园方长之事业。计本年内已完成房屋二所：一为低温室，位于工房之前，计长四十尺，宽二十尺，以备冬季收藏盆花及畏寒宿根植物之用；一为种籽干制及储藏室，位于办公室之左，长二十五尺，宽三十尺室，为一大间，前方设玻璃窗及玻璃顶，以便阳光直射入室内，干制种籽。

本园十二月又蒙江西省政府拨临时补助费二千元，以供建筑温室之用。此项建筑业已兴工，其基地位于范旭东及陈辞修两先生所捐两温室之后之平台上，计占地三千方尺，实为本园现有温室之最大者。如天气多晴，则全部工程于明年三月中旬可以落成。将来本园繁殖工作，当更有长足之进展也。

图 2-20 陈诚捐资修建之温室。

图 2-21 温室内部。

草本植物分类区

本园现有之草本植物分类区栽培，宿根植物达七百余种，已无隙地，而本园植物种类日有增添，仅以本年生产一项，计达千余种之多。来春繁殖益多，因此特添辟横门口正门内大道之右侧平坦之山坡，广约三十亩，以备莳栽此项植物之用。总计全区可容宿根植物二千余种云。

图 2-22　草本植物区。

公共事业

本园创办以来，即以研究学术、服务社会为鹄的。此种精神已渐为国人所认识，而本园今日所担任之各种公共事业，即为此种精神之表现。查本年内接到各方关于森林园艺之咨询甚多，均已详为解答。此外本园直接、间接辅助庐山管理局之建设事业，亦复不少，如植树计划之确定，山中野花之保存，全山森林之保护等等，莫不尽力为之，本年一月，本园职员对全山警士讲演森林与人生之关系，及其保护切实方案问题。又牯岭附近每年夏季发生石穴臭虫之患，此虫冬季蛰居石穴中，体有恶臭，夏季常成群飞投泉水中，或爬入住宅，令人难堪，而迄无良法治。本园受庐山管理局之委托，介绍北平静生生物调查所昆虫家杨惟义先生，于七月来山从事调查，悉心研究此虫之习性、为害程度及其分布情况，制定防除方案，交管理局执行，收效甚宏云。

本年十月江西省政府指令庐山管理局，会同本园及庐山林场，合组庐山造林委员会，实行全山造林。本园已会同关系各方，拟具计划，请示省府核夺在案。

本园募集基金近况

本园募集基金之计划，前经江西省政府核准在案，本年秋即着手向各方募捐。截止年终，已有四川大学任鸿隽校长、山东省政府韩主席，及已故黄膺白先生慨然各捐巨款于本园，已将各人应得之永租地二亩，分别划定，以供建筑别墅之用。国内热心本园事业人士踵起而赞助，则本园前途实有厚望焉。

来宾

本园自创始迄今，为时虽暂，然四方来游者，莫不称为庐山佳境，今夏游人尤众。园中莳大丽花约三百余种，浓艳缤纷，鲜媚夺目，中西人士之来赏者，以数千计。蒋委员长及其夫人，江西省政府熊主席，军政部何部长、陈次长，行政院翁秘书长，及其他中西名人，均驾临参观焉。

七月十二日，中国儿童教育社社员三百人于牯岭举行年会后，特来本园畅游竟日，诚空前盛况也。

庐山森林植物园第四次年报

民国二十六年

委员会

委员长：龚学遂伯循

副委员长：金绍基叔初

会计：董时进

书记：秦仁昌子农

委员：胡先骕步曾、范锐旭东、程时煃伯庐

职员

主任：秦仁昌

技师：陈封怀

技术员兼会计：雷震

助理员：冯国楣、刘雨时

事务助理：姚镛

练习生：杨钟毅、熊耀国、李遇正

本年，冯国楣、刘雨时两君练习期满，成绩合格，自七月一日起，升为助理员。李遇正君于四月一日入园，当练习生。八月，聘姚镛君为事务助理。本园主任，自三月一日起，受江西省农业院之聘，兼任庐山林场主任。

采集

本年采集共分二队：一往皖南之九华山及黄山，以冯国楣君为领队，林场祝坤田君为助；一赴四川西南部，以刘雨时君为领队，杨钟毅君为助。冯、祝两君

图 2-23　1935 年 1 月，冯国楣（左）在植物园脚穿麻鞋踏雪。

于九月中旬赴皖，十二月底回园，采得蜡叶标本九十七号，种子一百十五种，苗木及插条三十五种，多属重要者。此外复采得金钱松种子百有余斤，专供庐山林场育苗、造林之用。刘、杨两君于六月底首途入川，经成都往峨嵋及峨边、天全等地，历时七月，于一月底回园。采得蜡叶标本六百余号，林木种子一百五十余种，苗木及插条等六十余种，百合球根五百个。其种子之最重要者，有空桐一百五十斤，芮德木八十余斤，野核桃六十余斤，威氏七叶树二十余斤，冷杉一百二十余斤。冷杉种子，亦为供给庐山林场育苗造林之用者。其余种子均在鉴定中。客秋，本园委托郑万钧君，在四川峨嵋山采得种子一百余种，活植物二十余种。又托王启无君，在云南南部采得种子三百余种，球根三百五十余个。二者均于本年二月收到，莳种繁殖矣。今春，静生生物调查所派员赴滇采集，本园亦出资与之合作，近得其采集员俞德浚君由昆明来函，谓在云南西北部高山区域，采得种子二千七百余号，正在整理分寄中，已择十种最珍异者，先行寄来本园加以试种。此外，则由熊明君等在本山各处采得种子一百余种。

重要森林园艺植物之引归栽培

本年，由各方采来，或由交换而得之种子，经莳播栽培后，结果甚佳，计得一千二百余种，多为森林园艺上之珍品，兹述数种如左，藉见一斑。

一、重要森林植物种类：华白冷杉（*Abies faberi*）四株、日本枞（*Abies firma*）二百一十株、云杉（*Picea* spp.）五种约一千二百株、落叶松（*Larix* spp.）二种约六十株、欧洲刺柏（*Juniperus communis*）八十五株、香榧（*Torreya grandis*）四百一十株、铁杉（*Tsuga chinensis*）二百二十株、水青树（*Tetracenton sinense*）二株；芮德木（*Rehderodendron macrocarpum*）三株、美国山核桃（*Carya pecan*）二百一十株、满洲核桃（*Juglans mandschurica*）一百一十株、阿树（*Schima superba*）十株、亨氏栲（*Lithocarpus henryi*）一百八十株。

二、重要园艺植物种类：法氏百合（*Lilium fargesii*）二百六十球、小蘗（*Berberia* spp.）十六种、十大功劳（*Mahonia fortunei*）十六株、醉鱼草（*Buddleia* spp.）十二种、山梅花（*Philadelphus* spp.）八种、紫叶山毛榉（*Fagus sylvatica* var. *latropurpurea*）二株、紫叶榛（*Corylus maxima* var. *atropurpurea*）二株、红枫（*Acer palmatum* vat. *atropurpureum*）十株、日本樱桃（*Japanese flowering* Cherries）二十株、杜鹃花（*Rhododendron* spp.）三十八种、报春花（*Primula* spp.）三十种、绣线菊（*Spiraea* spp.）八种、常春藤（*Hedera* spp.）三种、荚蒾（*Viburnum* spp.）六种、蔷薇（*Rosa* spp. ）十二种、月季（Hybrid Tea Rose）八种、珍珠梅（*Sorbaria* spp.）六种、藤本绣球（*Hydrangea anomala*）三十八株。

种苗之交换、购买及惠赠者

今年，本园与国内外各植物园交换而得之种苗颇多，购买者亦有数批，蒙各私人或苗木公司惠赠者亦复不少，总计共得种子达四千余包，苗木及根类植物五百余株，分述如左。

图 2-24　1937 年兴建之种子室。

(一)交换而得者

法国巴黎维尔马林公司树木园,九十一包;
美国波斯顿哈佛大学阿诺尔德树木园,二百五十四包;
古巴哈佛大学分校阿诺尔得树木园,十一包;
荷兰华根宁根州立农业大学树木园,一百八十一包;
德国柏林植物园,二百五十四包;
英国爱丁堡皇家植物园,四百一十八包;
爱尔兰格拉斯纳植物园,一百二十八包;
英国邱皇家植物园,二百一十四包;
丹麦京城植物园,九十五包;
瑞典京城植物园,一百五十七包;
瑞士卡尔弗利卡特植物园,九十包;
珲春学院植物园,五十七包;
浙江大学农学院植物园,六十五包;
南京总理陵园植物园,六十七包;
爱沙当尼亚植物园,五十四包;
荷兰阿姆斯特丹植物园,七十五包;
瑞典伦德植物园,一百三十二包;
德国孟登植物园,三十七包;
苏俄莫斯科植物园,十二包;
挪威阿斯罗植物园,二百零四包;
瑞典乌普萨拉植物园,一百九十五包;
日本九洲植物园,七十九包;
日本台湾植物园,二十三包;
意大利罗马植物园,一百一十五包;
加拿大俄塔瓦植物园,一百三十七包;
苏俄塔什干植物园,四十四包;
广州国立中山大学农林植物研究所,三十六包;
英国皇家植物学会植物园,八十七包;
奥国哈任都植物园,九十五包;
比利时京城植物园,六十包;
法国巴黎植物园,八十四包;

美国布卢克林植物园,二十五包;

波兰科宁克树木园,五十九包;

日本京都植物园,八包;

美国新黑文植物园,七十六包;

美国拉克新登植物园,四十包;

加拿大蒙特累奥尔植物园,三十五包;

美国摩尔登树木园,七十一包;

美国斯丢阿特百合园,一包;

美国农部,八十五包。

总计:三千九百五十一包

今春,本园分送国内外植物园或农林场等机关以作交换用之各种植物种子,共计达三千余包。

(二)自行购买者

爱尔兰施密斯种子苗木公司,四百六十三株。内有中国西部及喜马拉亚杜鹃十九种、石楠六种、吊钟海棠二种、常春藤三种、山梅花二种、苏叶绣球四种,此外尚有欧洲名贵苗木十余种;

上海横滨植木株式会社,树木种子二十三种;

美国柏培种子公司,花卉种子四十种;

英国舒马赫化种子公司,树本种子十种;

英国多培种子公司,花卉种子三十八种。

(三)蒙各方惠赠者

南京施徒尔登博士,树木花卉种子九种;

美克罗尔先生,树木种子十六种;

金叔初先生,黄莲花种子一包;

美国客罗沙先生,树木种子十四种;

德国罗柏特苗木公司,仙人掌植物种子四种;

镇江赫先生,越橘种子一包;

庐山林场,树木种子九包。

蕨类植物标本室

蕨类植物标本室,今年收到国内外惠赠之标本共达七百六十三号,列举如次:

广州国立中山大学农林植物研究所,两广及海南岛蕨类一百八十九号;

广西省立博物馆,广西蕨类八十五号;
成都国立四川大学生物系,四川蕨类六十二号;
广州私立岭南大学博物馆,两广及海南岛蕨类六十八号;
日本京都大学理学部田川基二先生,日本及台湾蕨类四十八号;
新加坡植物园霍尔登先生,南洋群岛蕨类一百二十九号;
美国加洲大学郭泼仑先生,菲律宾蕨类一百十七号;
丹麦京城植物博物馆克利斯登先生,各国蕨类六十五号。

建筑

今年,本园添造重要建筑凡三:一为温室,位于原有温室之后,四月中旬落成,内宽三千方英尺,共费二千七百余元,由江西省政府补助二千元,其不足之款由本园设法弥补;二为技师住宅,位于现在办公室之东侧,计有客厅、饭厅、卧室、浴室、储藏室、厨房各一间,共费一千五百元,由本园生产收入支用;三为森林园艺实验室,位于温室之后,为一字形之一层楼房,计长一百尺,宽三十六尺,内有实验、标本、图书、储藏等室各一间,办公室十间,预计全部工程需费一万元,由中英庚款管理委员会补助之。于本年八月中旬动工,现已完成外墙,来年初冬当可落成,以便迁入办公也。此外,复建温床三十座,专供莳植贵重种子之用,全部工程,可于来春完成。

勘定本园界址

本园成立以来,土地界址迄未正式勘定。按前江西省立林业学校移交本园宗卷内,仅有彩色实习林场地图一幅,四址具详,但未经省府及庐山管理局登记备案,实不足为本园土地界址之根据。本年,经省府明令江西省农业院、庐山管理局、庐山林场,会同本园,重行勘定界址。计东至七里冲,西至芦林,南至太乙村,东南至骆驼峰,北至刷子涧,共计面积四四一九亩。全线冲要地点,均竖有本园界石为记。除已向庐山管理局登记,曾得执业证外,并经呈准省府备案。本园久悬之土地界址问题,于此解决矣。

募集本园基金近讯

本年七月,陈登恪先生捐助本园基金一千元,照章拨永租地二亩,供其建筑别墅之用。本园永租地区,任叔永先生之别墅已于本年六月落成,地位适中,风景宜人,实为本园基金捐助人所建别墅之第一完成者。室前庭园花木,现由本园着手布置，其全部工程，由牯岭上海商业储蓄银行信托部承包，材料工程，堪称俱美。

教育及公共事业

今春，本园以蔬菜花卉之秧苗，分赠本山居民种植，为数累千。按山中气候寒冷，变化莫测，早春尤甚。居民播种育苗，恒致失败，损失殊大。本园利用温室及温床等设备，虽在早春霜雪未断以前，亦能播种，故能多莳秧苗，分让他人，山中居民，实利赖之。

本年一月，本园与庐山林场合办造林讲习班一次，历时一月。各县来学者，十有八人。主要课程为造林、森林植物、简易测量、森林经理及保护、普通园艺等学，其讲义费及学费概免。

本年五月下旬，本园主任应四川省政府建设厅厅长卢作孚先生之邀，入川筹办峨嵋山林业试验场。七月一日，该场正式成立，四川省之有林业试验场自此始。

庐山森林植物园[民国]三十七年度工作年报

调查与采集

本园本年度调查与采集工作分三区进行：一为与美国哈佛大学阿诺特树木园合作，调查江西、湖北、湖南三省接壤处之森林资源；二为继续调查庐山及其附近区域之植物分布，以及生长情形；三为与云南农林植物研究所合组采集队，采集云南南部各地之森林园艺植物种子及标本。各区工作进行分述如左。

（一）江西、湖北、湖南三省接壤处之森林资源之调查：因美国哈佛大学阿诺特树木园补助调查采集费来得太晚，故本年度不及出发，现正在筹备一切，定于明年开春后出发。

图 2-25　1946 年冯国楣在云南农林植物研究所工作。

（二）庐山植物之调查：本年度继续进行，工作详细，调查庐山各类植物之分布及其生长情形，并采集各类植物蜡叶标本与种苗，供室内研究及栽培试验之用。先后采得蜡叶标本六百三十余号，森林园艺植物种子一百六十种，观赏树苗一百八十余株，及植物球根五百三十余个。

（三）云南南部各地森林园艺植物种子及标本之采集：本年度本园与云南农林植物研究所合组采集云南南部一带森林园艺植物种子及标本，计得草本植物蜡叶标本七百八十余号，木本植物蜡叶标本二百九十余号，各种种子七十余包，球根五百余个。

种子之交换

本年本园与国内外植物园及农林学术机关交换所得之种子，兹分别录于左：

美国沃太华植物园，一百六十包；

美国维斯康省约翰生私立树木园，八十五包；

美国华盛顿树木园，四十二包；

美国农部，四十五包；

印度打铁岭植物园，八十一包；

荷兰生物研究所，六包；

荷兰阿姆斯特丹植物园六十六包；

荷兰来登大学植物园，一百三十五包；

法国蒙诺私立植物园，四十二包；

南京国立中央大学郑万钧先生水杉种子，一包；

北平北京大学森林系，三十二包；

昆明农林植物研究所，四十五包；

昆明国立云南大学森林系，二十八包；

江西省农林处贵溪南城吉安等林场，三十包；

南京总理陵园，三包。

总计：九百三十八包

本年度本园分送国内外植物园及农林学术机关，以作交换之各种种子四百八十余包，树苗五百余株，球根二百余个。

标本之搜集

本年度由各地采集所得各类植物蜡叶标本，总计二千五百号，内木本植物

图 2-26 1940 年代末植物园中心区全景。

标本一千二百余号，草本植物标本一千二百余号，均分别定名、分贴庋藏中。

种子之采集

本园本年度由庐山及云南各地采集之各类森林园艺植物种子，计二百三十余种，除每种酌留少量，备本园陈列及繁殖试验用外，大部分寄国内外各植物园及农林学术机关。

繁殖试验

本园本年度举行试验者，计插条繁殖试验及经济植物栽培试验二项，分述如下。

（一）插条繁殖试验：本年度曾实行各类植物之插条试验，计以木本植物落叶类，如小蘖、棠、木槿等二十余种；常绿类，如花柏、翠柏、柳杉、黄杨、茶花等六十余种。以硬木插条法试验，结果成活率均在百分之五十以上。草本植物，如四季海棠、百合、大丽花、草本绣球等二十余种，分别用叶插法、鳞茎插法及嫩枝插法试验，结果成活率均在百分之六十以上。

（二）经济植物栽培试验：本年度举行经济植物栽培试验者，森林植物如水杉，初次试验成功，生长良好，为全国各处试种成绩最佳者，计得苗木二千余株，至本年年底，其高度在一英尺半左右。次为特用植物如糖槭、漆树，因今年气候多雨，种子发芽率不高，但各种均保留有十余棵，可供观察研究其生长情形及如何利用之资。再次为观赏植物，如荷兰来之唐菖蒲十二品种，法国来之大理花、香石竹、桂竹香等名贵种十余种，均分别栽培试种成功。

一般事项

（一）本园本年度向各方募得少量款项，勉强将一小花房修复，后因款数不足，屋顶仅三分之一盖以玻璃，余用茅草盖之，于本年十一月中旬竣工。今已将畏寒植物布置室中，藉可免冻，复能供观察研究之用。

（二）本园本年度已将去年赣西北森林资源调查报告编印完成，均分别寄赠各有关机关，并在《中华农学会月刊》中出版。

（三）本园原由英国皇家邱植物园摄来之模式植物标本照片，计七十八册，业已由北平静生生物调查所寄达本园，现正分类珍藏中，备供研究查对之用。

（四）本年已将横门口至办公室路上之大桥一座修复。

中国科学院植物研究所庐山工作站现在状况和发展计划

庐山工作站

我站自一九五〇年由科学院接办之后，我们一直是在兴奋地努力工作着。经过这三年来的努力，我们克服了不少的困难，把这曾遭日寇和反动政府摧残过的荒芜园地，逐步整理和恢复起来了。无论是室内研究、室外调查和园内整理布置，在我们力量达到的地方都做了一些。来山游客和一般群众，都一致赞扬我们的工作，同时他们又曾批评过我们小手小脚，没有大胆发挥我们的潜力。我所一九五三年计划和五年计划中的重要业务，我们没有及时展开和充实。这虽然一方面由于我们的勇气和努力不够，但另一方面还存在着一些主观和客观的原因。例如：我们的工作方针和任务，在这三年当中，一直没有得到一个明确指示，这样我们确实感到彷徨而无所适从了。但时代是前进的，尤其是我们科学工作者，应该走在时代的前面，要推动时代，要为实现共产主义社会的理想而奋斗，决不能再这样彷徨下去。

就我站的环境条件和现有的基础来说，都有其特殊的优越性。第一，我站位于南北气候交流的地点，有广大的面积和丰富的材料，而有二十年长久历史的植物园，对于应用米丘林生物学原理改良经济作物品种，有极优良的条件；第二，我站掌握了不少庐山及其邻近植物有关种类、分布、生态和繁殖栽培等方面的材料，便于进而解决中南区广大面积的山地利用问题；第三，庐山主要的土壤是红黄壤，以生长于红黄壤中的植物作指示，便于进而解决中南红黄壤区的农林生产问题；第四，庐山有优美的风景和丰富的植物种类，不仅是全国劳动人民休养的场所，而且还是南昌、武汉、杭州等地学生极合理的实习根据地，来站参观的劳动人民和实习学生，近几年来络绎不绝。本年登山公路修通，前来参观和实习的人

图 2-27　王秋圃为来园实习的大学生讲解。

必更加频繁，因而可以起到超越一般城市［植物园］的教育作用。

我站既有这些特殊的优越性，业务是可能发展的，应该得到机会去发展，为了促进我所五年计划提早完成，我们更必须求其发展。如果忽视了这些优越性，忽视现有的优良基础，而认为在庐山不能发展、不必发展，这种见解是不正确的。

为了配合我所五年计划，为了迎接祖国建设高潮，我们必须加强阵容，向自然战斗。兹将我站现在状况和发展计划摘要报告于后，望即讨论决定，及早给我们一个明确的指示。

一、现在状况

本站位于庐山南部，海拔一千一百余公尺之含鄱口和芦林，面积四千五百余市亩，土壤肥沃，气候佳良，地被植物极为丰富，为庐山主要风景区之一。本站植物园创办于一九三四年，抗日战争期间为日寇破坏殆尽。胜利后经营恢复，在伪政府时期，经费异常困窘，仅保护了原有一些苗木与繁殖了少数苗木而已。一九五〇年始由本站接办，三年来整理布置情况如下：

（一）园地利用概况

1. 育苗地四十余市亩，繁殖各类苗木用。

2. 茶园约二十五市亩，包括老茶圃十市亩，余为一九五〇年新开辟。

3. 生态分类植物区：

1）乔木区，约八十余市亩，今年开始布置；

2）灌木区，约二十五市亩，包括杜鹃区，现已具雏形；

3）草本植物区，约八市亩，包括草花园、鸢尾区、道旁花坛等，已基本上完成；

4）岩石园，约四市亩，基本上已完成整理工作；

5）松柏区，约十八市亩，已定植松柏类植物二十余属，已具雏形；

6）温室，钵植，陈列畏寒植物一百五十余种；

7）高山阴性植物荫棚，已栽植高山阴性草本植物一百三十余种。

4. 森林区，约计一千二百余市亩，包括天然林和人工营造的经济林及风景林。

5. 大小道路，约计五千余公尺，包括新修和整理的干道四条，联络道七条。

6. 建筑物地区，约计五市亩，包括温室、荫棚、宿舍等基地与四围场地。

（二）种苗数量

1. 现有树苗四百余种，约二十五万株，大量的如水杉、茶苗、花柏、香柏、华山松、海松、金丝桃、柳杉、宜沙、马褂木及各种野生果苗。

2. 草本植物五百余种，包括一年生至多年生的种子植物与蕨类植物。

3. 现有种子六百余种，包括可以在一年内采收到的本园栽培的和庐山野生的木本和草本植物种子。

以上各项植物分植于本园各生态、分类植物区与培育地，其中有许多名贵的引种栽培种类，如糖槭、西洋参、水杉、云杉，及一些药用植物和宿根观赏植物，在本园生长情况极为良好。

（三）标本数量

1. 蜡叶标本三万八千余号，五万七千余份，其中庐山及其邻近植物与赣西北山区植物标本最为完备。

2. 木材标本七百余种。

3. 种子标本七百余种，包括草本与木本。

（四）房屋建筑设备概况

1. 办公室：原植物园遗留之办公室房屋早在沦陷时期破坏殆尽，一九五〇年改编后，利用遗留下来的断墙残壁，加以整修，勉可利用。惟因房屋太小，不够分配，经向当地政府交涉，借用市区吼虎岭代管房屋一幢，作为本站办公室用，今年该屋已由当地政府收回，本站即迁驻芦林原地质所之房屋内办公，目前尚可使用。惟因距植物园尚有四五华里，工作上甚感不便。植物园内之工作人员办公，系利用园内荫棚侧旁之一小间试验室作为办公地点，亦因房屋面积太小，不合实用。本站办公地点理应设置一处，但目前受到经费的限制，不得不分开两处，此在人力与时间上，均遭受很大的损失。

2. 温室：一九五〇年在植物园内修建大、小温室两间，当时因经费有限，所用建筑材料均很简陋，致年年损坏，年年整修，且设计、施工均欠完善。

3. 温床：原植物园遗下温床四十个，除少数尚可整修外，其余均已破坏不堪，无法利用，亟待修筑。

4. 荫棚：一九五〇年利用种苗经费修建荫棚一所，尚可使用。

5. 贮藏室：一九五〇年修建贮藏室三间，近因工作需要，已用为木工工作场及月工之宿舍。

6. 职工宿舍：本站现有房屋可利用为宿舍者，只有五小间，仅能供少数单身职工居住。而本站全体职工、月工、临工及职工家眷等，计达百余人，过去多系借用当地政府管理之房屋，或租用私人房屋。今年借用之公家房屋，均由当地政府收回整修利用，租用之房屋亦受到租金、租期等等之限制，且距本站工作地达十余华里，工作往返极感不便，致使本站职工及家属居住之房屋问题已日益严重，亟待解决。

7. 其他如图书仪器、标本柜、家具等设备，亦极有限，急需添置补充。

（五）人员编制概况

本站现有工作人员共计二十五人，内干部八人，园工十五人，月工二人，临工日平均二十人。本站因工作地区较广，工作繁重，且办公地点不能集中，致现

图 2-28　1950 年底，陈封怀（中）与植物园职工合影。右 1 胡启明、右 2 萧礼全、前陈贻竹。

有人力不能配合。目前工作需要，例如技术员邹垣、王名金，绘图员宋辉，会计钟则朱，虽各有专职专责，但因工作繁多，不得不分兼行政事务职务，致使本身业务工作受到很大影响。又如园工十五人，除去勤杂人员三人，尚有十二人，担任四千余亩地区植物之栽培整理及开荒垦地、筑路、挖苗、采种、护林等工作，但仍显人力有限，不能配合工作需要，仅只维持现状而已。

（六）本年工作概况

1. 研究试验工作。

1）庐山及其邻近植物的研究：根据本站历年所搜集材料，全面进行研究，此项工作已于一九五一年开始，本年仍在继续进行；

2）中南区植物的分布：本年开始进行；

3）木本植物种子外形分类研究：拟于本年十月开始进行；

4）编订庐山植物名录：包括栽培植物，拟于本年全部完成，现已完成一半；

5）编写中南经济树木学：本季即可全部编写完成；

6）庐山药用植物的研究：拟于本年完成；

7）植物园自采和交换得来种子发芽的初步观察：本年开始进行；

8）植物园栽培植物扦插繁殖的初步观察：本年开始进行。

9）庐山及其附近栽培植物来源和生长状况：本年开始进行；

10）庐山及其邻近卫矛科之研究：已经完成。

2. 标本室工作。

1）庐山标本：现有的标本已基本上完成装贴工作，并已初步鉴定名称，仅有少数科属因参考资料缺乏，未能深入研究；

2）江西标本：已全部完成装贴工作，初步完成鉴定名称，少数科属因参考资料缺乏，尚未进行研究；

3）外地标本：完成编排整理工作，并已开始进行鉴定；

4）木材标本：继续搜集材料，整理陈列；

5）卡片的编订：庐山和赣西北植物卡片已编订完成；

6）复号标本的处理：此项工作在一九五二年已开始，结合鉴定定名工作同时进行，并已将部分标本分寄各有关单位，本年仍在继续进行中。

3. 植物园工作。

1）生态和分类区的布置工作：松柏区，整理地面，定植松柏类植物五十余种，八百余株；灌木区，定植灌木二十余种，一千余株；草本区，分栽草本宿根植物五十余种，栽植一年生草本植物六十余种，此外还布置花坛与铺设草地计一亩

图 2-29　原中央研究院地质研究所房屋，经修缮作为庐山工作站办公之所。

余；岩石园，初步完成整理布置工作，栽植各类岩石植物八十余种；乔木区，定植乔木七百余株，并整理完成该区内天然林木；高山阴性植物荫棚，初步完成布置工作，已栽植高山阴性植物一百三十余种；温室，初步完成清理、定名及换盆、换土工作；

2）繁殖栽培工作：播种繁殖，计一百七十余种，包括草本木本；扦插育苗与试验，计四十余种三千余株；嫁接育苗，计日本樱花等一百余株；分根繁殖，计宿根和球根植物三十余种；分栽育苗，计花柏、柳杉、翠柏、马褂木、金丝桃等幼苗二万五千余株；造林，栽植冷杉、海松、香柏等乔木四百余株；

3）布置绿化工作：该项工作经费由庐山管理局补助，铺设草地约六市亩，修理道路一千三百余公尺，清理天然林一百五十余市亩；

4）采集工作：采集蜡叶标本二百余号，采集花粉标本四十余号，采集植物病害标本二十余号，采集园内土壤标本二十余号，并简单测定其酸碱度，采收种子十余种；

5）其他工作：自一九五一年四月起，经常记载每日温度、湿度、天气、雨量；记载庐山植物园栽培植物之开花期及果实成熟期。

4. 对外联系与合作、协助风景园林建设工作。

1）协助庐山管理局布置花径公园及含鄱口风景区；

2）协助中南林业干部训练班，担任树木学等课程讲授工作；

3）应国内各大学、专科学校研究部门之要求，结合本站标本鉴定工作，将本

站历年采收之复号标本,鉴定名称,以供教学研究之参考;

4)与国内各大学研究部门经常交换种子及标本,经常协助各大学研究部门及农林生产机关有关研究及生产方面问题之解答;

5)利用假期,协助武汉大学、南昌大学、华中农学院、江西药科学校、中南各农林学校等之生物系、森林系等学术实习,并由本站负主要指导之责;

6)指导庐山群众进行庐山云雾茶的栽培与造林工作。

5. 学习情况。

业务学习,每周四小时,学习达尔文主义原理。政治学习,配合当地政府学习,每周九小时。

二、发展计划

以我站的基本特点为基础,为本所五年计划的内容为五年以内的工作目标,一方面从事调查研究中南区各地带的植物资源和植被情形及存在的实际问题,一方面以植物园为基础,研究植物各方面的问题。

我站的基本特点是配合植物园的重要性,它有了廿年的历史,栽培植物异常丰富,广泛搜集国内外名贵品种,在国内堪称宝贵园地。经过廿年的经营和努力,按各种植物的特性,分区布置,符合植物生态的规律,分别设置岩石园、草本区、乔木区、灌木区、松柏区等,这种布置,供应研究植物生态、分类、植物生理学最理想之场所。此外,园内广泛搜集低等和高等植物,尤其在裸子植物方面,栽培将近百余种。松柏类植物以及各种风媒与虫媒植物和无数的蕨类草本植物,这些植物为分类形态学等方面,多少能够解决一些问题,随时可以获得新鲜材料。

庐山北麓与鄂境毗连,西面丘陵地带蜿蜒数千里,东与皖浙诸山接壤,植物种类丰富,成分复杂,根据庐站历年调查采集,搜罗标本相当完备。除庐山本山采集外,并曾在赣西北修、武、铜及湘鄂交界的幕阜山脉一带采集调查多次,掌握了不少材料。根据这些材料和所得之经验,我站配合五年计划,担任解决红黄壤问题、植被调查工作,是较为合适的。

(一)今后五年间的中心工作

1. 植被和植物资源的调查。

依照本所五年计划所指示,关于中南红壤区和山地的调查目的,在赣鄂湘三省及其邻近地区进行植被和植物资源的初步调查。重点调查植物群落和植物种类,在这方面,我站除对庐山植物有了详细的调查外,并曾在赣西北的黄冈山、锯齿岭、余袁山、朱家山、伊山,赣鄂湘三省交界的黄龙山、赣鄂交界的太平山、湘东北的幕阜山进行过一至多次的调查，掌握了资料。今后在赣鄂湘三省展开全面调查，能够替我所分担更繁重的任务。调查工业原料和国际贸易植物：关于这方面，我站对赣西北、湘东北和鄂西一带已有些认识，关于担任茶叶、樟、竹、杉木、油桐等资料调查工作是很方便的。调查新资源植物：关于野生果树、油脂、药材等方面的资料，我站可以配合进行。

图 2-30　庐山植物园编著《江西（经济）植物志》，书名由时任江西省长邵式平题签。

2. 植物学各方面的研究和编辑工作。

编订《庐山植物名录》，我站已经开始编订，拟于一九五三年完成；编辑《庐山植物手册》，为《庐山植物志》做准备。编辑《中南主要树木手册》，为《中南主要树木志》做好准备。编辑《江西经济植物手册》，为《江西经济植物志》做准备。编辑《中南主要经济树木学》，我站为中南林业干部训练班编出《经济树木学讲义》一份，根据此项材料，修改作为中南各地林业学校和林业干部学习材料。庐山木本植物种子外形分类研究，我站掌握种子材料甚多，可以利用此项材料进行研究。在植物生态和植物生理研究、植物形态研究、花粉分类研究这三个方面，我站有极优良的条件，足以配合专家合作研究。

3. 植物园工作。

本站植物园有宽广的地区、优越的环境条件和良好的事业基础，如果不图加强和发展工作，则非但不能配合全所五年计划的要求，反会使本园原有基础遭到巨大的损失。为了配合五年计划与尽量利用本园现有基础与优越环境条件，特拟订今后亟须继续进行和发展工作项目如后：

各类植物生态分类区的充实布置工作：本园现有各种性质的区域多已初具规模，如果不继续加强充实布置，便不能发挥应有作用。为了建立一个较完善的高山植物园，故必须从一九五四年起，加强这一主要工作。

繁殖栽培试验工作：本园对该项工作已有相当稳固的基础，可以进一步作各类植物的繁殖栽培、引种等试验研究工作，如扦插繁殖和引种特用经济植物等试验,这样可以得出更完备正确之资料,供农林生产或研究部门参考和应用。今后为配合全所五年计划,必须在原有基础上进一步做这一项工作。

搜集和引种种苗工作:本园对于搜集种苗引种工作已有良好的基础,同时在庐山进行这项工作有其特殊优越的条件。

果树栽培试验工作:由于我园荒芜山地面积广大,再由于地位适中,环境优越,野生果木种类丰富,我站早在一九五〇年曾向江西省人民政府提出发展山区果树事业的计划,已得到政府和群众的拥护。本园曾作初步试验并繁殖了野生果木二十余种,引进了苹果、桃子等品种十余种,生长情况都良好。为了利用山地发展生产,配合国家建设,今后应根据米丘林生物学原理,重点向这方面进行引种和驯化工作。

茶叶栽植研究试验工作:庐山位置、土壤和气候,皆极宜于茶树之生长发育,本园曾于一九五〇年培育了茶苗十余万株,现已长大,必须在一九五四年内分植于茶园,不然这些茶苗必遭损失。庐山云雾茶品种不凡,驰名全国,可惜产量不多,品质又不一致。本园为了结合生产,推进生产,应积极进行提高产量、改良品质的试验研究工作。

栽植利用本园现有苗木:本园现有各类苗木约计二十五万余株,大部分均需在一九五四年出圃栽植,有些应该在前几年出圃,可是限于人力、财力,不能完成这一工作,因此原有老苗已经遭到了很大损失。如果再不早日栽植,必定遭到巨大的损失。为了更好利用这些苗木,必须在一九五四年内栽植开来,以免这些可贵的苗木受到损失。

(二)干部训练

为了配合本所五年计划,在我站特别缺乏干部的现况下,拟依照本所五年计划关于干部训练的内容与方式,根据我站两年来为中南农林部训练林业干部的经验,增加研究实习员五人、技术员五人、练习生十人,和现有干部一起,分别加以训练,以便完成今后更繁重的任务。此外,还要补充行政事务人员二人,以腾出研究技术人员兼办事务的时间。

庐山植物园解放数年来工作总结[①]

中国科学院植物研究所庐山工作站

一、历史和发展情况

庐山植物园成立于1934年，系由前北京静生生物调查所和江西省农业院合办，当时名为庐山森林植物园。全园面积约4 500市亩，位于庐山南部的含鄱口三逸乡一带，高出海拔1 100公尺，土壤肥沃，水源充足，气候湿润，地被植物极为丰富，就自然条件来说，是华中一带培养植物最为理想的地点。在抗战前的三年间，由于几位植物学家的努力，曾在长江一带各大山，如黄山、九华山、天目山，以及至四川、云南二省的大山进行调查引种工作，收集高山植物很多，并布置园景，修建温室、温床、办公室等，为植物园奠定了基础。但到1938年沦于日寇之手，全部建筑在战争中炸毁，花木亦告荒芜。抗日战争胜利后，静生生物调查所曾设法恢复整理，但当时国民党反动政府对此项科学置之不理，经费异常困难，工作毫无进展。直到1949年庐山解放后，植物园才获得了新生机会，随着我国科学事业的迅速发展，植物园也步入了一个新的历史时期。

1949年本园由江西省农科所接管，1950年10月又改归中国科学院植物研究所领导。几年来，在党和人民政府的正确领导和大力支持下，园内各项工作都得到了迅速的发展，在园内不仅恢复了旧观，并有许多新的建设和开辟。现在园地利用面积已达到3 110余亩，为1949年的两倍。研究经费和设备也有大的增长。1958年的经费已增长到1949年的8.3倍。全园大小建筑共24幢，其中共计4 143平方米的温室、办公室、宿舍全是解放后建筑。仪器和图书资料大大充实

① 1958年，庐山植物园自中科院植物所下放至江西省科学院，在办理交接时写此总结，并对今后工作提出设想。藏中国科学院档案馆。

图 2-31　1954 年修建的植物园大门。

了，以图书为例，1949年仅有数十册，现已增至1万余册。工作人员也有发展，从1949年12人，现发展到50人（下放13人在内）。工作方向明确了，组织结构趋于健全。根据工作的发展，按照各种不同的工作性质，现分设三个业务组，分别掌握全园各项工作。植物园已走上为人民服务的道路。

1. 园务组——掌握各项工作，布置各类植物展览区，进行科学普及工作，并研究绿化和观赏园艺的理论和实际问题。

2. 引种栽培组——引种、驯化国内外各地富有经济价值的植物，用以增加栽培植物的种类，广泛收集植物的育种原始材料，进行栽培和改良工作。

3. 标本室——从事植物分类、植物地理等有关方面的研究，并结合本省及邻近地区的自然条件和资源调查，进行资源利用等方面的研究。

二、工作情况

植物园是个综合性的植物研究机构，它的特点就是使科学理论和实践互相结合起来，因此植物园必须首先建立适合各种植物生长的园地，从而进行栽培试验工作。扩大国内外引种地区，广泛搜集植物资源，进一步为生产提供资料，进行普及推广工作。根据这些工作性质，几年来，本园重点工作有如下五个方面。

1. 建园工作。

建园工作是植物园最基本、最繁重的工作。前面已说过，在抗日战争期间，本园曾受到严重的破坏，除残存下来部分植物种类和苗圃外，其他必须一一从头开始。经过几年来的努力，现在不仅恢复了旧观，并新开辟了6个植物生态展览区，建立了标本室、图书室、苗圃试验地、气象站等。园地利用面积已达到原来的3倍，各生态区无论在内容或外貌上都达到较高水平。

1）松柏区——本区栽培了本园历年采集的裸子植物共26属100余种，全国的裸子植物中，除台湾柏、穗花杉和泪柏属外，其余各属都栽培了一式数十种，如优良的造纸原料和材用树种云杉有10余种，松树20余种，落叶松5种，著名的花旗松亦有栽培。其它如世界三大园林树种雪松、金松，在科学生产有重大价值的水杉、水松、落羽杉，含芳香油的香柏，在庐山造林成功的扁柏、花柏、冷杉等。水杉是本世纪植物界的重大发现，本园已有一万余株。这些植物来自各个不同的地区和国度，各自表现着不同的生长习性，对研究和教学都有重大意义。裸子植物搜集得像这样齐全，国内尚无第二处。

2）树木园——本区面积约2 900余亩，包括天然林和人工林2 800余亩。按照植物的生态习性，栽培了乔木、灌木300余种，同科同属的植物集中栽培在一起，以便观察比较，其中包括野生果树、各种经济树种、行道树、庭园观赏树、绿篱以及荒山造林的树木种类，目的在通过引种驯化，丰富树木种类，进行推广。同时对教学实习也有很大作用。

3）岩石园——本区是按照植物生态的内容，用人工模仿自然，布置高山岩石景色，栽培各种矮小宿根草本和丛生灌木，使之形成高山植物群落。全区栽培了高山植物400余种，其中许多是我国西南高山、喜马拉雅山和欧洲阿尔卑斯山

图2-32　岩石园。

的名贵种类，如多种报春、紫菀、望江南、百合等，无论在内容上或外貌上都达到高度水平，来园的专家和国际友人都给予好评。平时必须远涉重洋才能见到的植物，在此可仔细观察，给研究工作很大的便利。

4）草本植物区——本区面积10市亩，收集栽培了各种草本观赏植物和部分药用植物、芳香和纤维植物。这些植物都结合庭园布置配成花坛草地，使既不失庭园风趣，又是研究花卉栽培技术的园地，同时也是观赏植物、药用植物的展览区。

5）温室——本园现有温室四座，分为陈列温室和试验温室。陈列温室收集栽培了热带、亚热带特有的植物400余种，并有重要热带植物资源，如橡胶树、木本番茄、凤梨、香蕉等，供群众参观学习；试验温室主要进行植物有性和无性的繁殖试验工作。

6）荫棚——荫棚是用人工遮荫的措施，集中栽培了各种阴性植物、羊齿植物，以便进行阴性植物生长习性的观察。

7）苗圃和试验地——因为搜集内容广泛，每年须培植多种植物充实树木园和各生态区。本园现有苗圃和试验地共40余亩，培育苗木600余种，约10万株，草本植物约1 500余种。

图2-33　荫棚里岩石中生长的蕨类植物。

8）茶园——云雾茶为庐山特产之一，全国驰名，但产量一向很少，而且栽培和制作技术都很原始。本园1950—1951年先后开辟茶园17亩余，进行栽培试验，采用了苏联先进经验，实行梯田条播法，防止了土壤冲刷，在栽培技术上积累了经验。1957年又试制成功了龙井和红茶。今年增产量达到200余斤，品质优良。

9）标本室——经过几年来的调查采集工作，标本室已收藏标本达70 000余号，多数是从我国西部和国外交换来的名贵标本，对本省及华中区的资料收集尤为完整，另有模式标本照片22 000余张，在华中地区是一所较有基础的标本室。

10）图书室——配合研究试验工作的进行，图书室收藏有关植物学、园艺学、米丘林生物学的图书、文献一万余册。

11）气象台——在引种、栽培等园艺技术上，气象资料极为重要，本园设有小型气象台，观测记载温度、湿度、雨量、蒸发量、风向、霜期等资料。

植物园在我国还是一个新兴的事业，因此建园工作也是一项很生疏的工作，在植物园中不仅具有科学的内容，同时还要具有艺术的外貌。这两方面在规划中必须互相配合统一。庐山植物园的建园工作，尤其是各植物生态区的划分布置，在我国还是第一个试点，而成功的做出了许多成绩。在这方面，为今后植物园的建园工作积累了经验。1954年，本园大批干部调南京中山植物园，杭州、昆明及若干大专学校皆派专人来园学习。目前无论在哪方面，本园在东亚地区已是一个较有水平的植物园。

2. 引种驯化工作。

引种驯化是植物园的基本任务，其中包括引种和驯化栽培两个方面，即通过国内外的种苗交换和其他方式，收集各种植物，进一步驯化栽培，使适合本地生长，以便推广生产。

1）引种方面——为了收集各种经济植物，本园每印发种苗交换目录，与国内外各植物园、试验场、学校和有关单位互相交换种苗，并每年组织调查，仅向各地

图 2-34　1955 年建造之种子室。

收集、引种的地区很广，在国内已通及各省；国外主要包括：1. 亚洲：印度的喜马拉雅部分；2. 欧洲：地中海北岸阿尔卑斯山部分、高加索、乌克兰和北面英国岛屿；3. 美洲：北美洲中部平原、加拿大部分。与本园建立关系的已有30余处。

苏联莫斯科总植物园
苏联格鲁吉亚共和国科学院植物园
苏联其洛夫斯克科学院北极高山植物园
苏联科学院库曼分院植物园
苏联拉特维克植物园
英国皇家园艺学会植物园
英国剑桥植物园
英国都柏林国立植物园
英国牛津大学植物园
德国耶拉省立植物园
德国哈勒大学植物园
德国柏林植物园
法国土尔斯植物园
法国自然历史博物馆
捷克农艺园
荷兰阿姆斯特丹植物园
荷兰植物园
荷兰商联校植物园
波兰植物园
波兰华沙大学植物园
匈牙利布鲁佩斯植物园
加拿大蒙特利尔植物园
奥国植物园
奥国维也纳大学植物园
澳大利亚得雷得大学植物园
比利时布鲁基尔植物园
比利时奥德海门植物园
瑞士百尔尼植物园
瑞典阿布撒拉大学植物园

芬兰植物园

瑞典斯特哥尔摩植物园

2）驯化栽培方面——本园栽培成功的种类现已达4 000种，这些植物除部分是庐山特有种类外，大部引种自国内、外各地，其中有：

森林树种800余种；

园艺观赏植物2 000余种；

药用植物400余种；

牧草和饲料500余种；

芳香植物50余种；

纤维植物50余种。

其它资源植物100余种。

在工作中又重点进行了几种特种经济作物的驯化栽培：

1）花旗参——花旗参是一种贵重药材，药用价值很高，过去每年都是向国外大量购置。本园1949年自北美加拿大引种，经过多年试验，已栽培成功，并推广到昆明、南京等地栽培。今后不仅可为国家节省大批外汇，对我国医药事业也有重大意义。

2）糖槭——是一种产量很高的糖料植物，本园引种自北美，经过驯化，在庐山生长极为良好，并可推广到相同环境的山区，经济价值很高。

3）美洲山核桃——是一种优良果，在山上山下都可生长，并能耐水，将来在山坡、堤畔都可发展栽培。

4）香草——重要的香料植物，现正进一步栽培试验中。上海某公司已与我园联系，成功后即停止向国外购置。

5）毛地黄——重要药用植物，引种后非常适合庐山生长，将来可大量栽植。本园并收集了其他20多个品种。

其它尚有各种极有价值的经济植物，如松杉类的各种森林树种，橡胶植物杜仲，药用植物厚朴、五味子，世界著名的观赏树珙桐等等。这些植物的栽培成功，不仅丰富了我国的植物资源，为农林生产提供了可靠的新资料，同时在科学研究上也有重要意义。通过大量的引种工作，本园发现北美植物较其他地区植物更适合本山生长，少数种如金鸡菊等已成野生状，这和认为北美植物和我国存在某些相似的理论是一致的。

3. 资源调查工作。

配合国家建设，同时充实植物园的种类，对祖国的天然植物资源进行了解，为工农业生产寻找更多的新资源，是非常重要的。几年来，在科学工作密切配合生产的方针下，本园在江西、湖北、四川、安徽进行了多次调查工作。

1949年组织了湘赣鄂边区森林资源调查队，在修水、武宁、铜鼓等12个县进行了8个月的工作，采得蜡叶标本6 700余份，木材标本32号，森林园艺植物种子126种，重要观赏植物生苗1 102棵，并写有《湘赣鄂边区森林资源调查报告》，对当地的资源开发、荒山造林、水土保持提供了具体措施和理论上的根据，并发现不少新种和新的分布。

1950—1953年，在庐山及邻近地区进行了多次详细的调查采集，采得标本5 000余号，经过鉴定整理，确定庐山野生木本植物约300种，草本1 100种，共约1 500种，根据这些资料和本山土壤、气候、植物各方面的特点，写出《发展庐山农林生产的初步意见》、《庐山的野生果树》等资料，供各有关方面参考。

1954年，配合北京植物所前后两次在赣西武功山和萍乡北部进行红壤植被调查，对植物有详细采集，采集的植物已编出名录，并作出初步总结。我省红壤面积很大，如何改良利用极为重要。

1954年秋，结合采集种苗，又对赣西北云居山作了初步调查，采集蜡叶标本100余号，木材标本16号，种子30余种，生苗5 000余株。

1955年，在安徽黄山作了三个月的调查，采得蜡叶标本500余号，种苗共80余种。

1956、1957两年，结合我国与苏联及各民主国家间的科学技术合作协议，组织三个调查队，在鄂西宜昌、兴山、巴东、利川、建始、恩施和四川的巫山等地进行广泛采集，并深入到海拔3 000公尺的神龙架原始森林，共费时一年余，采得蜡叶标本12 000余份，珍贵种苗270余种，并收集有照片、土壤等资料，完成了有关我国信誉的重要国际任务，并引归栽培了多种重要森林经济植物。

根据我国十二年科学远景规划中编纂全国树木志的计划和华中树木志编辑委员会的指示，本园与省林业科所负责江西树木志的编写工作，今年已开始了大规模的调查，本园组织了两个队，分别在赣东南和赣东北进行工作，现已采得蜡叶标本3000号，30 000余份，计划秋后可达到10000号，100 000余份，对我省植物资源是一次大规模而有系统的收集。

几年来，本园在各地调查的面积达到50余万平方公里，收集了大量的标本和其他方面的资料，这些调查工作不仅在科学生态有新的发现，更重要的是对华中一带植物资源有了进一步的了解，发掘了多方面的资源，对发展利用当地资源提供了参考资料。同时引种了各种经济植物，丰富了栽培植物的种类。

4. 试验研究和编纂工作。

研究工作主要分为植物分类、植物地理和栽培利用三个方面。

1）植物分类和植物地理方面：

中国报春花科的研究：发现新种3种，并首次在我国中部发现本属植物的分布，在植物地理分布上很有价值。赣西北植物的研究：系统研究了赣西北的植物种类，发现多种新种和新分布，以《江西植物小志》在《植物分类学报》发表。庐山及其邻近地区卫矛科的研究：系统记载了本科植物20余种，其中有7个新种和新变种。庐山植物的研究：根据本园历年收集的标本资料，经过鉴定整理，编写成《庐山植物名录》，全面记载了本山野生植物1 500余种，为研究江西北部植物的重要参考文献。庐山植物分布研究：根据庐山地质、土壤、气候等条件，对庐山植物作了全面的分析，并和鄂西、黄山、天目山作了有意义的比较。

2）栽培和利用方面：

栽培植物的研究整理：通过对本园20余年来的引种驯化工作总结，编写成《庐山植物园栽培植物手册》，全书约20万字，记载了147科、599属、1 400余种栽培植物，其中包括农艺、园艺、牧草、药用、森林与工业原料植物，并介绍了各种植物的生长习性、栽培、繁殖方法，可供各有关部门参考，价值甚大。

药用植物的研究：编写了《庐山野生药用植物手册》，记载了180余种药用植物，除形态描述外，并有成分、效用等说明。

重要经济植物的栽培试验：在驯化栽培工作中，重点研究了各种价值较高的植物，完成了西洋参的栽培、管理等一系列技术上的研究，已写出报告。糖槭无性繁殖的研究，使扦插成活率达到80%以上，为今后推广开辟了途径。其它选择了100多种植物进行了栽培、繁殖各方面的研究。

云雾茶栽培技术的研究：配合本山发展茶叶生产，进行有关茶的栽培、制作各方面的研究，改善了栽培技术，提高了产量和质量。

图2-35　陈封怀主编《庐山植物园栽培植物手册》。

野生植物利用的研究：最近在“大跃

进”的鼓舞下，为了适应工农业生产的需要，本园已从10余种野生植物中提炼出芳香油，在7种野生植物中取得了优良纤维，用黄精制成了糖，用6种野果制成果酱，品质都很优良。此外并编出了《庐山野生药用植物名录》、《淀粉植物名录》、《纤维植物名录》、《饲料、牧草名录》等，供给各方面参考。

另外配合普及教育工作，编纂了《庐山植物园手册》，系统介绍了本园各方面的内容，并介绍了植物园的任务、工作性质以及它在国民经济建设中的作用。

5. 普及教育工作。

每年协助各地来山实习的大专学校、教师进修班、教研组进行实习教学工作，协助各学校鉴定标本，带领参观、讲解，介绍各方面情况。

应各大专学校及其他实习单位的要求，每年暑期聘请来山专家作有关植物学各方面的专题报告，平均每年达十余次。

经常协助各大学研究部门及农林生产单位有关研究，及生产方面问题之解决。

寄赠标本、名录及其他资料，供各方面参考。

协助来山进行专门研究的专家、研究生进行研究工作。

每年吸收大量游客、中小学生、休养员来园参观。

协助本山及南昌等地风景区的布置工作。

三、工作站获得的主要成果

解放以来，由于党的正确领导，学习了森林植物园工作的先进经验，以米丘林生物学原理为指导，使植物园工作和国民经济的要求起着有机的联系，因此在各项工作中本园都取得了一定的成绩。首先在了解祖国植物资源方面做了广泛的调查，编写各种名录、手册和报告，这是在丰富我国植物资源的目标下，对引种重要经济植物和进行驯化的基础，并为资源开发利用、大自然的改造——如荒山造林、红壤改良、水土保持等科学研究工作积累了资料。

例如：结合我国的需要，本园有目的地引种了西洋参、糖槭等有重要经济价值的植物。又根据庐山自然环境的特点，重点引种了松柏类各种森林树种，总共驯化栽培了4 000多种植物，这些工作大大地丰富了我国的植物资源，并为农林园艺生产提供了可靠的新资料。

过去，对庐山野生植物资源一向不十分了解，本园已按各种用途分类编制目录，提炼和制取了十余种香料、纤维、果酱的成品，为今后生产指出了新的途径。

另外，在许多有关植物学方面的研究工作中，也作出了显著的成绩，如在分类学方面，前人对本省植物资料尚未做过有系统的研究，只有些极零星的资料，本园已进行有系统的整理研究，为全国植物志的编写和有关的科学研究工作打下了基础。在植物地理学、生态和各方面，通过对本省植物区划和分布的研究，为绿化荒山、改良土壤、水土保持方面提供资料。在栽培学方面，结合农林生产事业，整理了1 000余种植物的栽培、繁殖资料。

配合本山大量发展茶叶生产，本园改良了云雾茶的栽培管理技术，提高了产量和质量。在绿化和庭园布置方面，本园创造了朴素自然的风格，为都市绿化园林建设提供了好省的途径。

在科学普及和文化教育工作上，也起到了极大的作用。由于本园搜集植物丰富，几年中，已有江西、浙江、福建、江苏、安徽、河北、河南、湖北、湖南、广东等十余省的大专学校来园实习，本园丰富多彩的景色和各种美丽、奇异的植物也吸引着来山的游客和群众，他们一方面休养游玩，一方面可得到许多有用的有关植物方面的知识。据统计，每年来园参观平均达10万余人。

本园每年供给很多学校、少先队、公园、休养所以及有关单位大量的苗木和种子，支援他们的建设。

解决各界有关植物学方面的艰难问题也是本园经常工作之一。我们经常接到各处函件，代他们解决生产上的实际问题，如造林树种选择问题，新推广作物的生长习性、栽培方法、杂草防除问题，庭院设计和布局问题，并为他们鉴定标本，对生产起着间接推动和指导作用。

图 2-36 1960 年代初茶园。

通过工作，本园训练了我国第一批植物园工作干部，部分已调往武汉、南京植物园，领导和协助工作，对我国植物学事业的发展是个大的贡献。

四、植物园的任务和本园的特点

植物园是理论结合农林园艺和城市绿化工作的一个综合性的研究机构。表现着美的外貌和科学的内容。它的最基本任务就是引种驯化栽培世界各地富有经济价值的植物，一方面促进植物学的进步，一方面为发展国民经济生产提供新资料。在美的外貌方面，它反映了自然界的景色，通过人工栽培各种生态类型不同的植物，游览植物园一周就等于作了一次世界旅行，对科学研究和普及教育均有重大意义。乡村事业以及改造大自然的理论和实际上，植物园工作都成为一个重要环节。因此解放以来，党和政府都极为重视，几年来，我国植物园事业才有了这样大的发展。

然而植物园的工作与林场、农场、公园、果园等生产部门不同，植物园工作着重在研究试验方面，解决植物驯化栽培上的关键性问题，因虽不直接生产，但间接对生产起到促进作用。例如，通过引种驯化工作，增加栽培植物的种类，对农林生产提供新资料。在工作性质上二者虽有不同，但相互之间应有密切的联系，互相配合力量，加速社会建设。

庐山植物园是一座高山植物园，在华中也是一个较有基础的植物学研究基地，位于海拔1 000公尺以上的高山，对研究高山植物具有优越的自然条件。几年来，在党的英明领导下，由于正确的掌握了这个特点，工作方取得了显著成绩，今后也必须根据这个特点，在原有基础上继续发展。

1. 必须继续进行高等植物的分类形态研究。这是一门基础科学，同样也为生产服务。为能达到充分利用祖国资源，为驯化育种提供系统资料，使人类真正认识自然、掌握和征服自然，创造高额丰产品种，首先必须清理植物资源，研究植物亲缘关系，配合我国植物资源调查，编著树木志、植物志，为工农业生产提供资料。

2. 进行野生植物的资源调查研究。我国植物资源丰富而不清，尤其江西，前人很少做过工作。为适合工农业生产“大跃进”和本门科学的发展，必须加强对野生植物资源调查，并重点深入地进行对药用、油料、纤维、芳香、淀粉、果树、单宁、绿化树种等方面的研究，以期为工农业生产上找到更多的新资源。

3. 结合资源调查，同时进行植被生态的研究。植被生态的研究极为重要，通过这一工作，了解和掌握各地野生和丰富野生植物在自然环境下的生产情况、分

图 2-37 1956 年之温室区。

布状况规律，以便为农、林、牧生产和土地利用，特别是山区发展多种经济提供理论上的根据。

4. 继续进行植物引种驯化的研究。密切结合生产，不断丰富我国经济植物资源，引种各国重要资源植物，试验栽培有利用价值野生植物，改变经济植物的适应性，以扩大其栽培面积和创造新品种，以满足工农业生产日益增长的需要，并把重点放在经济植物以及生产迫切需要解决的问题上。

5. 加强建园工作和开展对城市、工矿绿化建设的研究。植物园的建设不论对文化教育普及上，开展科学研究和生产上都极为重要，也是衡量一个国家植物科学发展的标识。

总之，必须以米丘林生物学原理为基础，结合全民经济的需要，一方面研究掌握植物和自然界的相互关系，以达到人类利用自然、改造自然的目的；一方面又从联系实际、解决具体生产问题出发，发展科学研究工作。第二个五年计划期间，是我国科学文化各方面“大跃进”的时期，在党的英明领导下，在总路线的光辉照耀下，本园有坚强的信心，在五年内把本园建成具有共产主义风格和世界水平的植物园。

关于植物园建园工作一些问题[①]

陈封怀

图 2-38　陈封怀。

这几年来全国植物园建设蓬勃地发展起来了。有的地方已开始建设，有的正在筹划中，大家情绪非常高，希望几年后有一批新型现代化的植物园出现。在进行工作中，不断地召开会议，互派干部交流学习。有党和政府支持、群众的拥护，这项工作应当很快地发展起来。但事实并不如此简单，工作还没有做到合理的推进。困难是有的，所谓“天时、地利、人和”不能配合起来，主要的原因是没有摸清植物园的方针任务。为了解决这个问题，在会议上始终没有弄清。如果这个问题一直不能解决，不仅工作停滞不能前进，而且会发生许多偏差，对这门科学事业影响很大。为了植物园事业的前途、发展起见，怀着兴奋而焦虑的心情，谈谈我对建园的几点意见。

一、植物园的任务

植物园在目前是一个新的名词，又是一个新的事业，也许有不少的人对它的任务和内容不够了解。简单说来，它是一个综合性的植物科学理论结合实际

① 该文写于 1958 年，其时“大跃进”正在开展之中，各地盛行兴建植物园之风，而于建设植物园之目的则不甚了了，陈封怀作此文予以阐明，并提出“科学的内容、美丽的外貌”这一著名论断。此据庐山植物园档案室油印件抄录。

的研究机构,表现着美丽的外貌和科学的内容。从美丽外貌来说,植物园反映着自然界的美丽景色,通过人工以植物自然群落为基础,配合各种建筑物,使它调和一致,形成科学与美术的结晶体。植物园本身毕竟是一个以科学为主的研究机构,它必须从这方面充分发挥它的科学对人类的作用。根据理论结合实际的本质来看,植物园的任务无疑是引种驯化工作,通过这个工作,把野生植物改变成为栽培或半栽培品种,为人类利用。例如远在一百多年前,英国邱园引种的巴西橡胶、奎宁等植物解决工业和医药问题,对国民经济贡献极大,证明植物园工作发挥了显著的力量。

引种驯化来自各个不同地区的植物种类,丰富了植物园的内容。不但解决了研究试验的问题,从而获得了更多、更好的条件,把整个园地布置丰富多彩的展览区,供人游览、学习,对普及教育,提高科学水平起了很大的作用,并且在绿化和美化城市、乡村事业以及改造大自然的理论和实践研究问题上,植物园工作成为一个重要环节。

二、植物园的内容

植物园从现代的眼光来看,它应该具备着美的外貌和科学的内容。这两个不同的方向必须结合起来,如果背道而驰,矛盾百出。许多人不易了解,以为凡是植物内容丰富的“园”,即可称之为植物园;或“园”的植物略微点缀几个学名,就不愧为称之为植物园。因此,把建立植物园工作看得平凡。如果是这样做法,国内的名园,如北京的颐和园、北海公园,苏州的拙政园,南京的玄武湖公园等,皆可略微装饰,即可成为植物园了。

另一方面,比方专门化的试验研究,包括引种驯化、繁殖、遗传、杂交等工作,无疑也是现代化的植物园主要的内容之一。但是如果不把所有的植物布置成为美的外貌,供人游览、学习和研究,它同样局限于一方面的工作。例如美国农部引种站(Plant introauction station)和英国皇家园艺学会的引种育种试验场(The cornll plantation),这些站和场无论面积大小如何,它也不可能称之为植物园。因此不难体会植物园有这两方面的内容。从历史演变过程中可以看出它的发展,追溯以前,林奈(Linneus 1707—1778)时期,甚至更远的时代,凯沙宾洛(Coesapino 1519—1603),那时植物园的机构虽然比较简单,但是它的基本内容是一致的。当时一般植物园大多数有药圃或称为药用植物园(Physic garden),通过林奈以及以后植物学者,把这样的药圃从学术方面(当时主要的是分类学)丰富起来,打下今日植物园的基础。至今英国伦敦著名植物园——捷色植物园

(Chelsea physic garden),仍沿用以前的名称。因此可以看出一座植物园是两方面合并而成的机构,这个合并绝不是生硬的从“公园”和“试验场”拼凑起来的,而是双方融洽创造一个生动活泼、发展性的研究机构。

三、植物园基本研究工作

植物园从林奈开始,就以植物分类系统学奠定了基础,以后无论在胡克(W. Hocker 1840)创办邱园(Kew garden);或者在恩格那(A. Engler 1844—1930)以一生研究植物分类和地植物学,创立了世界闻名的柏林世界分区的植物园。植物园基本研究工作,归根结底不能脱离植物分类基本研究工作,而从这门学术研究,才能发展到其他学术上去。

植物园既以引种驯化、栽培育种为主,解决人类生活问题,研究工作自然不能局限于分类研究。这在林奈以前德国杜宾根植物园(Tubigen botanischer garden)十墨累教授(Rudlph Jacob cameraius 1694)已进行人工授粉杂交繁殖研究,近百年以来,植物部门各种研究在植物园进行更普遍发展,涉及范围更广泛,不仅对直接驯化、杂交;还涉及理论实际一系列的调查采集、室内室外研究工作。

植物园的研究工作虽然广泛,但是很显然地是以植物为基础而发展的,特别多少偏向于理论方面,能解决关键性的问题。因此同产业部门的研究工作有一定的分工。换而言之,植物园工作是长期远见的研究,而产业部门的工作是解决目前生产问题。由于目前产业部门研究机构还不够健全,许多研究工作还不能开展,因此植物园与产业部门分工研究问题不可能一时调整分明。但是在基础原则上,应该掌握清楚,彼此建立分工基地,才能互相呼应;否则,就会造成重复浪费现象。理论与应用两方面的研究,许多地方不能划分界限,交叉重复或许有之,但必须与产业部门密切联系,尽量做到避免重复偏差。有许多具体研究对象,例如果树、蔬菜、棉、麻、粮食问题,很显然是产业部门的任务。分工问题比较容易,但是牵涉到驯化育种理论研究问题,难免模糊不清了。

四、植物园的形式

植物园的外貌,从各方面可以表现它的内容,尽管布置形式不一致,内容如何丰富,但是它的质量不难看出的,从历史过程中来看,植物园是以单纯分类系统布置发展到生态、植物地理分区规划演变而来的。因此量与质就随着增长起来,外貌与内容就自然是一致的。

自然形式的规划（野生植物的组合）——从呆板系统形式到植物群落分区形式，是建园的一个重要演变的措施，这个措施不仅表现自然规律性，而且还能表现各地区区域性。无论任何区域，“林型”是主要的质量，虽然其中包括许多不同的群落，但是代表整个园景的统一外貌。这个“林型”的质量绝不是单纯平淡的，而是复杂多彩的，包括植物界中各部门的代表种类，不仅表现区域性的群落，而且还表现其他各个不同区域的群落。换句话说，通过引种驯化而发展，超过局限自然规律，进入改造自然阶段。

规划这样的“林型”是一个复杂的工作，首先要了解植物园所在地的植被，从这个植被基础上恢复而发展起来，虽然通过人工的培育，但能充分表现自然的外貌，表达自然的美丽，幽林院涧、绿草池塘，自成局面。进入园中，不觉人为塑造，鸟语花香，奇花异草，能使人有深入自然境界之感。

人为庭园形式的布局——栽培植物品种的安排——栽培植物品种是从引种驯化杂交出来的产品，在植物园中表现非常重要，它的本质与外形和一般野生种类有一定的区别。植物品种是经人工多次改造而培育出来的，在某方面的特性有显著发达，而在另一方面，往往有衰退现象。这是自然发展的规律，因此此类植物必须在人工照料下才能生长，而不能与野生植物混杂起来。比如大头长尾的金鱼不能与鲫鱼共存饲养；鲜美可口的果树不能与森林混交，皆同一道理。

从美观方面来说，栽培品种有它的特殊性，带有艺术创造的风采，是中外一致的事实。构成各国民族形式，造园风格由此而产生。例如牡丹是我国特有的栽培花卉，品种繁多，姿态娇艳，为世界名花之一。庭园布置牡丹，应有一定的方式，通常用岩石起叠，筑成花坛，或有栏杆行回反复，或依亭榭，或伴墙篱，丘壑自然，既不违反自然生态，又不与丛薄混交，妨碍生长。以次类推，凡一般栽培花卉应在庭园范围中尽量发挥它的优点，配合造园，提高风趣。这两个不同的内容，形成两个不同的局面，谁主谁宾，必须因地制宜，依形势发展而定，虽然彼此多少有交叉混合的地方，但力求避免混淆，以免影响植物个体和群体发展，而在外貌上防止破坏调和一致，失去美观。

五、植物园主要配备

要把植物园做成名副其实的一个理论结合实际的研究机构，它的配备部门是不可缺少的，这些配备其中最重要的是苗圃，包括森林、果树、花圃和经济作物苗圃等。这是植物园的“制造厂”的基地，对植物园生存和发展起着绝对性的作用。这些苗圃是工作地，不是为人参观实习的，因此就不能暴露在园景主要地

图 2-39 庐山植物园播种温室。

位，而必须隐藏，与园本部有一定距离。一方面避免外人参观，妨碍研究试验工作；一方面避免与园景混淆，有碍观瞻。其次是温室，可以分为两部分：一类是专为繁殖试验研究的，属于苗圃范围之内；一类是展览陈列温室，属于园景部门内。前者应该实事求是的尽量配合研究工作，与苗圃密切联系；后者是陈列展览，力求美观，与整个园景打成一片。此外还有图书室、标本、气象、仪器等类机构，这也是园中不可缺少的配备。如果没有这些设备，研究工作便无从做起，就不可能做到科学的内容。从这一点可以了解植物园其所以成为科学研究的机构，它必定先在这个园地上具备和创造许多条件，便于各方面有关植物试验研究。

以上意见是几年来所体会到的关于植物园的建园工作，拉杂成此，是否有当，请读者指正。

庐山植物园造园设计的初步分析[①]

陈　忠

庐山植物园是我国历史较早的植物园，迄今已有三十年历史。过去曾引种了不少国内外各种树木和有用植物，在这里曾先后有许多位植物学专家亲自指导参与造园工作，目前已基本建成。今年四月，我随同应邀专家在该园工作两周，学习到不少东西。为了总结学习收获，提高工作水平，试图对该园的造园设计作一初步分析。由于个人水平所限，工作时间短促，对事物的认识不够周全，会有许多不妥和错误的地方，望请同志们给予指正。

一、基本情况

庐山植物园位于江西庐山，临近鄱阳湖，离九江约28公里。背依五老峰，连绵起伏，经七里冲自西绕芦林山坡，纵横约4 400亩。四围环山，形成了自然屏障。

园址选择的合适，对植物园的布局和造园速度具有决定性的意义。首先是要求选择能满足植物的生活要求，有多种多样的地形，良好土壤、充沛的水源和优良的小气候条件。庐山植物园在庐山全区来说，相对具备了这些好的条件。这样不仅可以栽培陈列不同的植物，同时利用自然地形，进行造园，创造具有高

① 该文原稿未曾署名，胡宗刚于2001年在庐山植物园图书馆中发现，并初步认定其作者为陈俊愉先生。为探明究竟，即将该文复印，寄呈陈先生，请其确认。不久得其复函，云为其所作。后陈俊愉编辑《花凝人生——陈俊愉院士九十华诞文集》（中国林业出版社2007年），将该文收入。此次编辑《庐山植物园八十春秋纪念集》，得庐山植物园刘永书先生指正，此文作者为中国科学院植物研究所北京植物园陈忠先生，并提供《中国植物学会第一次引种驯化学术讨论会论文提要》（1964），该书收录陈忠此文摘要。故将该文作者予以订正，并向刘永书先生致谢。

度艺术的风景。

这里的土壤类型多种多样，有利各种植物的生长。在山谷及周围山坡土壤较疏松细软，在山脊与靠近山脊的山坡土壤较瘠薄，多粗细沙砾，排水良好。山洼与峡谷土质结构和不同肥力状况，适于不同植物的要求。在这里，有多年积累的枯枝落叶，形成一层厚约10—15厘米的腐殖层，是其它地方少有的。土壤偏酸，pH通常在4.8—5左右，适宜高山植物的生长。

在高山地区建园，水源问题是一个关键性的问题，该园在庐山全区来说，是个水源充沛的地方：园内有大小溪流十余条，纵贯全境，泉水淙淙，日夜不绝。加之庐山雨量充沛，全年降雨量约2 000毫米左右，虽无流量和蓄水量记载，但就目前情况，全园用水已足够有余。

与鄱阳湖接邻，经常有鄱阳湖的雾气侵入，湿度较庐山其他地区大，平均达74%左右。每当春夏之间，云雾终日笼罩，日照减少，一般栽树不用浇水自然成活。

庐山植物园所在地，是全国闻名的游览胜地，休养疗养的好地方。在园外有许多小型别墅和树林，风景异常优美。它是庐山风景区的一部分，因此该园的建设得到了当地风景管理部门的支持，为植物园建亭筑路，给游览参观创造了有利的条件。

二、园林布局

全园规划布局和建筑设计，都采用了与四周环境相结合的自然式布局。使人感到风景怡人，布局自然，与环境的协调一致。具体来说，有下列五个特点。

1. 灵活的利用地形、地势进行园林建设：园内地形变化复杂，道路多随地形改变而起伏弯曲。由于巧妙的设计道路，而能很好的组织风景，引导参观。道路本身的曲线与铺装也构成了美丽的园景，同时还能减少道路的土方工程，节约开支。随道路的走向，在高处建亭，在水上架桥。亭、桥本身是一风景对象，同时又可登临，欣赏风景。例如含鄱岭上的含鄱亭，位于高处，能远眺星子县鄱阳湖的景色，又能鸟俯植物园全园；而她本身与秀拔的五老峰、犁头尖构成了一幅壮丽的图画，随天气不同，景色变化无穷，在云雾山中时隐时现，形成了美妙景观。

2. 因地制宜地按照植物的生态要求栽植植物：利用山坡向阳地种植茶叶；在丘陵地种植乔灌木；平坦地和斜坡地种植草花、建筑温室、开辟苗圃；在低洼地潮湿积水的地方，种植喜湿的水松、水杉、鸢尾。这样既满足了植物本身的生态要求，又突出地表现了植物的生态自然美。

图 2-40　植物园大门。

3. 巧妙地组织了若干风景点：由芦林至植物园，沿途树木郁郁葱葱，欣欣向荣，充满了蓬勃的生机。到植物园大门时，前面两排高大的冷杉，枝叶繁茂，青苔复干，绿荫浓浓，使人感到格外的清凉和郁闭。继续前进，翻过杜鹃岭，前面豁然开朗，在眼下呈现出绿苗似毯的草地。草地的周围散布着几栋岩石堆砌的红顶房屋。中央是几栋亮晶晶的玻璃房——这是植物园的温室和办公室。她吸引着人们走去，看个究竟。顺山势而下，穿过草地，抬头一望，四周是群山环抱，仅留下这一片开朗的空间。这时淙淙流水，清晰而响亮，顺水流的方向走去，穿过繁花似锦的杜鹃丛，来到草花区：这里又是一片色彩缤纷的园地。平坦的岩石路又导入茂密苍郁的深处，老树参天，满目苍翠，这就到了松柏区：林间泉水涧回，山腰挂着瀑布，山雀和黄莺的出没嬉游情景，使人流连忘返。真是一景复一景，不断引人入胜。

4. 就地取材建亭筑路：这里的亭、桥、房屋和道路，大多能与周围环境结合。建筑所用材料多就地取材，利用当地的岩石砌墙、铺路，建筑物均朴素大方，色彩明朗，采用低层的建筑形式，随地形变化建筑物错落变化，办公的建筑物较集中的分布在园子的中心部分，休息和点缀风景用的园林建筑，分散在园子的几个制高点，衬托于一片树林的绿海之中。用带树皮的圆木做成山间小道，这样不但经济，而且能更好地与自然结合，增加了自然的风趣。

图 2-41　植物园内多角亭。

5. 合理地划分若干种植区：开始建园时，老前辈们曾有自己的抱负与理想，至今已利用的面积约千余亩，分为松柏区、岩石园、草花区、温室区、树木园、苗圃、药圃、茶园和自然保护区等九个部分。其他地区亦普通绿化了。

1）温室区：位于园子的中心，四周环山，地势自北向南倾斜。在区的北端建有温室五座，前面是开阔的草地，上面栽植着引种驯化成功的和珍贵的观赏树种——丽江冷杉、日本金松等。草地上岩石边有匍地龙柏和水仙。这种配置不挡温室的阳光，又使草地更加开朗、美观，展示了植物园引种驯化的成果，是参观实习的好地方。

2）岩石园：在松柏岭的东南山坡地，腐殖质多，排水良好，向阳地势稍陡的，有大乔木庇荫的山谷里。这里湿度大而阴凉，是高山岩石植物生长的好地方。由于环境幽静，周围的地形变化大，反映典型的高山植物景观，使之形成锦绣万谷之感。

顺山势堆砌成的岩石园不仅可节省劳力，而且很适合岩石植物的生长。在这里，栽培了400余种植物，一般生长良好，其中大部来源于我国西南高山地区，如各种报春类、紫菀类、虎耳草类、石竹类、蕨类等等。

为了参观方便，他们根据岩石植物多属草本，花色美丽、矮小等特点，而采用较密的道路网，这样就便利于走近细看、观察记载。

3）松柏区：在岩石园的东南，坐北朝南的倾斜坡地上。原来这里是松柏苗圃，经前人辛勤劳动，栽培松柏植物约80种，包括了国产松柏科各属植物，世界

图 2-42　1960 年代温室区。

著名的雪松、金松、花旗松、水杉、落羽杉、香柏等等,在这里都生长良好。

利用松柏苗圃改造成松柏展览区,对于深根性的、不喜欢移栽的松柏植物的生长是有利的。同时将一些过密的苗木就地疏散,采用较密的株距,能迅速的取得成林成园的效果。对生产缓慢的树木,用恰当的增加栽培密度的办法,可达到远近结合的目的,取得了良好的效果。

4)树木园:是植物园的主要组成部分,是进行国内外树木栽培引种、驯化、繁殖及育种的场所。

树木园在植物园入口处犁头尖山脚下,地势平坦。自西向东倾斜,成为一条状。区内乔、灌木种类多约达400余种。在区的边沿靠近山坡,以落叶阔叶树形成的天然林,林木生长繁茂。区的中心部分,按植物分类系统,照顾生态要求进行栽培的人工林,目前已蔚然可观。

5)草花区:在松柏区南面的平坦谷地里,小气候良好,土壤肥沃。在这里,栽培了各种草花,由于华丽的花色与草地相配合,加之区内的岩石铺装的道路,该区显得更加明朗鲜艳,给人一种愉快的感觉。从它所在的位置来说,它是植物园完整的构图局部,有它的主体和特色,与其他区对比,无论是空间组织和色彩都有所变化,而使人感到既有统一又有变化,无论是远眺还是近观,都十分美丽。

6）苗圃、药圃：是进行引种驯化、栽培试验的地方，为展览区的布置提供苗木。

苗圃、药圃所处位置较偏，但管理尚算方便。目前由于供应外地的苗木较多，所以苗圃面积较大一些，在劳动力不足的情况下，尚不能对苗木进行全面的、细致的管理。

7）茶园：庐山地区全年多浓雾，在这种条件生产的茶叶，经过加工，制成全国闻名的“云雾茶”。植物园的茶园在园入口处，朝南向阳的半山坡成梯田状，环山坡条状的成丛栽培，生长良好。几年来，植物园工作者辛勤的劳动，搜集了各地优良的茶叶品种，经过栽培试验，选育出适宜当地的、耐寒丰产的茶叶树种。目前栽培面积和新栽面积约达30亩。局部的山坡土壤过于瘠薄，对茶树的生长不利。

8）自然保护区：在园子北部月轮峰一带，以当地的阔叶落叶树为主，形成多层混交林，随季节不同，色相变化。

自然保护区是一项投资小且具有重要的科学意义的工作，仅在一定的范围内严禁人们入内破坏动植物或进行其他一切活动，在这里可以进行科学研究，观察生物群落间的演替交换关系，又是大专学生观察学习的大自然实验室；同时又能饱览由植物形成美丽的天然风景。但目前人们自由出入砍柴打草，尚无人过问。作为自然保护区来说，区内虽无其他设备，但必要的小路、瞭望台、防火沟等还是不可省略的。

三、植物配置

庐山是高山风景区，有气候冷凉、空气湿度大、土壤呈酸性的特点。选用适宜高山生长的裸子植物与岩石植物作为园子的主要树种是适宜的，这里可以充分发挥高山庭园的特色。

植物配置，从总的布局来看，可分为远山、近山和中心部分。园子的外围远山以当地的天然林为主，栽植抚育当地生长的乡土树种，早春有黄色的木姜子、山苍子，接着是红的、白的、黄色的杜鹃花；仲夏是蓝色的胡枝子；入秋，红黄色的卫矛和淡黄色的毛栗子，成片的色彩的交替，四季变化明显。近山以常绿针叶树为主，在山上大面积的、成片的栽植松柏树，成为园子的背景和基调。在山谷地与平缓的山坡地，设各分区，种植草本植物，创造局部景区。这种从大处着眼，远近结合，形成气势雄厚的自然景观，既有统一，又有各自的特色。选择并搜集大量的、开花美丽的灌木和宿根草花也是一个特点：在展览区里栽植云锦杜鹃、木绣球和水仙、紫菀、鸢尾等，收到了锦上添花的效果。

因地制宜的选用植物材料进行绿化：山区平地少，多坡地，他们对不同的坡地绿化的方式不同。在缓和的坡地上用草坪覆盖，坡度稍陡处用岩石堆砌，在石缝中种石竹等耐旱植物，做成墙园或岩石园的形式，效果尚好。垂直的坡地累以石墙，在墙下种爬蔓的植物，每逢秋季，满墙红叶，色彩鲜艳。但对当地的许多可以爬藤的、常绿的、开花的、有香味的植物，还没有充分利用，仅仅有红叶还嫌不足。

在一定的地段铺草地，利用草地与山林对比，而益形开朗，四周山林因草地而倍觉浓郁。因为植物配置的合理而使得园林风景构图开朗与闭锁的景色统一起来了，既有开朗的空间，又有闭锁的空间，二者共存，相得而益彰。

种类繁多的观赏植物，如何更加突出各种树木的观赏特性，科学的合理进行配置，便具有很重要的意义。根据观赏的特点和生态要求来配置，是十分重要的，例黄山松杜鹃林，以黄山松做上层树木，杜鹃为下层灌木，一为乔木喜阳，一为灌木喜荫，互相配置即满足了它们的生态要求，能正常生长，又因复层混交构图，更加美观。落羽松种在积水的地方，不但植物本身生长得茂盛，同时也显示出植物的生态特性。在国外，认为栽培困难的石松，种在潮湿的松树下，听其自然生长蔓延；在山泉的出口处，有流动的泉水，终年不见阳光，但毛茛叶却生长得活跃，自生自长，繁殖蔓延，如同天生的一样。这是因为掌握了它们的生态要求，给以适当的配置，不但可节省人工管理，而且能突出植物的自然美。

利用植物的不同色彩相互配合，更能突出植物：满树白色的玉兰花种在高处，衬着蓝天，其花朵显得更加洁白美丽。红枫以苍松作背景，红得更鲜艳了。在“春色满园”集体宿舍里，黄色的金钟花和粉红色的桃花种在一起，同时开花，红黄相互掩映，衬以绿色的冷杉，显得色彩缤纷，春色满园。即使是同一绿色的树木，由于搭配得好，如早春新发嫩叶的落叶松栽在暗绿色的冷杉前面，颜色深浅对比，层次分明，显得更加娇嫩和青翠，给人一种清晰的美感。

四、几点建议

根据上述情况，就园子的布局和植物配置，提出几点不成熟的意见，仅供参考。

1. 建立完整的道路系统：园的主要部分及各区已建有道路，但缺乏全园性的道路系统，许多地方没有道路，参观时需走回头路。建议伸延通向草花区的道路和延伸通往食堂、茶园的道路，在苗圃处相接，成为一环形干道。在修建过程

图 2-43　1964 年庐山植物园业务办公室所在地永红院。

中基本上是扩建原有小道，去掉道路上的台阶，在地势较陡处，如多角亭那里的坡度大，而可以略向下弯转，道路绕过亭子再前进。

为联络中心部分，利用杜鹃岭和松柏岭的天然地形，作为俯视全园的赏景的好地方，建议修小道至二山头，并相互沟通起来，使全园连成为一个整体。

2. 充分利用水源：园内十余条泉水，终年不绝，日夜流过，除作为灌溉外，未能充分利用，十分可惜。应利用这难得的条件，组织水系，把泉水引入园景中，增加景趣。建议：分段提高水位，扩大水面，丰富园景。在草花区的中心设水池喷泉。在温室区前面南部的大岩石旁引入泉水，形成花溪。在草花区南面底洼处开辟水池，建水生植物园，引用自东而来的泉水。

3. 为展示不同类型的植物，对于园子现有分区名作必要补充，除设水生植物区外，并建蕨类植物区：园内现有蕨类植物种类不少，和别处比较，这里特有的自然条件适于蕨类的生长。今后除应当继续增加荫棚中蕨类植物外，建议选在岩石园的附件较阴湿处设蕨类植物展览区。

4. 植物配置方面，目前园子已经绿化，对于繁多的种类，如何配置的合理，首先是满足植物各自的要求,使植物长得旺盛。第二是技术方面,尤其是在园子的眉目处重要地方,应特别注意美观,引人注目。例如园子入口处,目前植物配置贫乏,应当选用美丽的花木或矮生的竹类与原有大石头相配,构成美丽的图画。园子的中心,含鄱岭的山坡,首当其冲,目前树木稀少,种类单调。建议绿化美化远山坡,选择常绿的、开花美丽的、秋季红叶的、当地的树种,例如紫树、玉兰、红枫、松柏类,及当地的杜鹃、山模花等,成片的栽植。局部的绿化配置,已有不少成功的例子,但总的来说,对植物的配置还可以进一步推敲。以草花区为例,中央栽植孤立树铁杉是为了打破草地的单调感,虽然铁杉名贵,但其树形与色彩都不突出。在受光的、亮绿色的草地上,栽植大红的花木或红叶树,能做到鲜明的对比。若体形变化且富于线形美的树木更适孤植,无论是在阳光之下或月明之夜,投射到草地的阴影就更美丽了。

5. 植物园区别于一般公园,应有科学的排列顺序,一种一种的区分开来。要求种植孤立树,也要有树丛,有疏有密的栽在一起,作为各种植物的展览单元。要有树群,十几株到几百株栽在一起,要求树冠形成美丽的天际线。为节省使用面积,可根据乔、灌木生态特性复层混交,形成美丽的立面构图。对于水平方面,也可以经过人为布置开辟透视线。以松柏园为例:松柏类植物都是绿色的,对于他们的配置需分清颜色的深浅和树形的大小、高矮的不同,从园内的入口处开辟一条透视线,将颜色深的、树形高大的作为近景,颜色浅的、树形矮小的作为远景,这样层次分明,空间感、深度感较显著。

6. 大量的应用宿根花卉:花卉是园林植物素材中最活跃的因子,花姿美丽,色艳芳香,最能引人注意,可以点缀庭园的景色。目前园内鸢尾水仙较多,但种类与品种单纯,种植的数量也较少,不能显示出花卉的华丽。在庐山这样好的自然条件下,可以增加种类和数量,成片栽植,如风信子类、秋海棠类、百合类、番红花类等宿根、球根花卉,使园子四时有花,随季节不同,庭园色彩变化。

7. 调整、充实现有的几个分区的植物配置。

1)温室区。草地上新栽苗木过多,十余年后长大成林,将破坏这开朗的空间,有损现有格局。应尽快的移走一部分苗木,并在草地的边沿增加一些爬藤的植物,掩盖草地边沿的乱石土埂。此外,在草地上还可多种几种球根花卉,增加草地的色彩变化。

2)岩石园。庐山植物园岩石园是以开花华丽的双子叶植物为主,区别于其他性质的岩石园,以植物华丽的色彩构图取胜,岩石仅作为配置。如何使植物长得好,需具有复杂的栽培技术和植物地理知识,了解各种植物的生态要求,尽力做到与植物原产地的环境条件相似：有的生长在石缝中，有的长在石头上凹陷处覆着少量的土壤上生长。又因各岩石植物的原产地的不同，对岩石土壤的要求也不同：有的喜欢砂岩风化形成的土壤，应当根据植物的要求，配以岩石。在满足生态要求的情况下，可根据植物的花色配以不同颜色的岩石，突出植物的形色。

3）松柏园。内容丰富，外表美观。但是需进而做到有科学的排列顺序，在利用原有基础的情况下，作必要的调整，做到便利参观、记载。建议在不毁坏树木的原则上，不动或少动树木，就现况划分为松类、柏类、杉类。以属为单位的，相近似的种放在一起，各种留有一定的距离。为了展示树木的自然体形，在一种中将一至二株栽在树丛之外，使其不受其他植株的遮盖，并建议将区内过密的地方，以疏伐整理。

4）树木园。虽已成林成丛，但混入其中的杂木和非展览树种很多，使各种植物混淆起来了，长此以往，引入的树种会逐渐的被当地树种排挤和更替的。除在树木园内作庇荫或配景树外，其他非展览树种应从速砍伐。对展览树种，亦应使它们成丛，明显的区别于他种植物。在土地面积有限，植物种类多的情况下，一方面可根据植物生态、高矮复层混交，乔、灌木互相搭配起来；另一方面对展示树种亦应加选择，例如松柏类集中在松柏区展示，那里种类齐全，观看方便。

如何充分发挥各种植物的特色，使树木园显得生动、活泼、有变化，就应熟悉的掌握植物生态和生物学特性加以调配。

参加庐山植物园纪念建园30周年日记[①]

竺可桢

9月9日　星期三　晨七点18°.6，室内75°F，晴，风力1—2级，752 mm。晚雨。

晨六点半起。作体操16′钟。早餐后至院。九点约植物所俞德浚来谈赴庐山参加庐山植物园会议事。今年八月值庐山植物园建园卅周纪念。原定八月开会，因北京科学讨论会冲突，所以改至九月廿一日举行，为期七至八天。据云所邀请系限于各省植物园的技术和行政干部。其中江西省因系主持省份，名额8人，云南5人，江苏、广东各3人，湖北2人，其余安徽、浙江等省1人。名额限40人，但可能会有超出名额作为列席代表。人选由各省科协产生，因此次召集系科协下植物学会名义。论文已收到119篇，其中驯化达38篇，种子14篇等等。目前植物园行政人员为沈洪欣和刘昌标，但乏业务主持人。这次会议植物所去俞本人外，尚有副所长姜纪五或林镕（因Clapham要来，恐走不开），此外广东陈封怀、云南蔡希陶、江西陈凤桐均出席云。定21日开幕。拟请南京前中山陵园叶培忠做一专题报告。22—24读分组论文，25谈各植物园情况，26日讨论植物园条例、科学规划，27日成立植物园工作委员会。我认为，庐山植物园应有业务主任，是

图2-44　竺可桢。

① 1964年9月，庐山植物园举行建园三十周年纪念会暨中国植物学会第一次引种驯化学术讨论会，竺可桢来山参加是会，为时九天。本书收录了竺可桢这期间日记，摘自《竺可桢全集》第17卷，上海科技教育出版社2010年。

可以考虑冯国楣。

9月17日　星期四　［赴庐山途中］　晨安庆昙。江上22°，房中75°F，NW风，侵晓雨。晨昙。午后三点751 mm，室83°F。

下午江新轮到九江，当晚上庐山，住芦林江西交际处第三招待所。

晨六点起。天已转昙，风转西北，但云雾仍多。七点到安庆。我已卅多年未坐长江轮。过去各码头均极纷乱，安庆、芜湖均无趸船，长江轮到后或停江中，或则开慢驶行，旅客需顾小舟，蚁附轮船上下，看来极为危险。现则不但安庆、芜湖有码头，铜官山、马鞍山也均有码头。从前长江茶房小账争吵不休，从上海至汉口官舱16元，房舱12元，而小账尚要三元，尚嫌不足。现在惟伙食没有改进，甚至比前似退步。二等舱价从南京至九江九元九角。伙食之所以没有改进，乃由从前坐官房舱人少，所以八人一桌，伙食可口，二、三、四等舱一齐合伙，饭厅几无座位，蜂拥而来，大锅饭，所以不易弄好。货物运输上下不少，在安庆停二小时上下货物，上货中有椰子油、香烟，下轮者有盐、鱼、玻璃器具等。安庆从前是安徽首府，现已移至合肥。芜湖也不是安徽省最大商埠，蚌埠已超过芜湖，此皆解放以后之变更。

下午二点过小孤山，拍照数帧。小孤山现已附丽于北岸，从上游视之，已属显然，从下游则宛如一岛。17^h32分轮到九江，先是在江中看庐山，尽在雾中。虽是江中天气晴朗，仅有小片的淡积云而已，但是整个庐山面貌全藏在云雾中。四点多轮［至］湖口，从鄱阳湖中出来的水与长〈湖〉［江］水看不出分别，一样混浊。可能此时湖水不大，长江水流入湖中。远见大孤岛在湖中。江新轮到九江后即上岸，见无人来接，由沈文雄前往九江交际处询问，半小时后，我们在旅客进口处等待，见九江登轮赴汉口者人数当在三四百，估计均系乘五等舱者，即坐散铺者。晚六点多交际处郭君派车来接。沈又至电报局打长途电话至庐山山上。郭君要我们去九江交际处晚膳后再上山，以时间不早，而上［山］要$1^h30'$，所以就在交际处晚膳。膳后即和允敏、松松、沈文雄乘小汽车上山，时已$7^h13'$，天方黑。闻上山有24 km公路。初行在平地上，绕庐山东面的九江至星子路上行，约五六公里，始循上升路。汽车力小而已破旧，所以行七八公里即须停下换水，路上停两次，至芦林第三招待所已九点多。时芦林植物园沈洪欣园长及刘昌标副园长、崔君等已在第三招待所相等。据云我们不住牯岭，因为植物园会议是在第三招待所开，并说陈封怀已到两天，现住植物园云。十点睡。

9月18日　星期五　庐山芦林　晨雾，窗外20°，室内73°F，671 mm。上午时雾时晴。11^h牯岭下雨，芦林高度1 030 m，花径1 030 m，仙人洞1 000 m。晚室内70°F，671 mm。

晨六点起。听广播，并至第三招待所门外一走。正对芦林大桥有一人工湖，前几次我来庐山曾至芦林游泳池游泳，而今游泳池已不见，变为一相当广阔的人工湖。七点半早餐，八点庐山植物所刘昌标所长和崔君来。崔对于庐山故事很熟，所以谈仙人洞和花径的历史。八点三刻陈封怀来。他来了两天。过去在解放初期，为庐山植物园园长（1951—5），他又是江西本地人，所以对庐山植物了如指掌。据云庐山桂树、樟树统只能种到700 m，而700 m以上竹亦多为高山竹。现在开红花的一木槿乃是庐山所特有云。大柳杉《徐霞客游记》中提到，庐山早已有之云。九时陈、刘诸君及我们一行四人乘小汽车二辆赴花径与仙人洞。途经牯岭，时仍在雾中，情况与昨晚相同。至花径，初到尚在雾中，未几雾开。花径附近又开一个人工湖。并筑了许[多]花展、岩展建筑，正栽大理花等。次至文物展览室，见董老所题《庐山云雾茶》诗，此外系庐山各别墅所搜集的艺术品，与庐山均不相干。下坡过动物园，遂仙人洞（海拔1 000 m）。有一老道士住此，稍坐，饮云雾茶。据陈封怀云，庐山云雾茶以一千公尺海拔处所出为佳。解放后曾力谋发展，但到今年产也不过数千斤而已。由此下山，过石松，旁刻有“纵览云飞”四大字。再〈称〉[往]下有游仙石，石旁有亭，下瞰锦绣谷，可远眺东林寺

图2-45　竺可桢在庐山仙人洞石松下留影。

塔。我们在此拍了不少照。再循原路回至仙人洞，回途经牯岭购手杖，时值大雨，遂回第三招待所。十二点下阶梯至膳厅中膳。

膳后睡一小时。三点又乘二车出，和允敏、松松、沈文雄、陈封怀、刘昌标同游黄龙寺(海拔930 m)，即在招待所附近，但须下坡。附近林木极佳，大部为柳杉与香柏、冷杉。黄龙寺经日寇侵入时破坏，已非故旧，其后院去年又遭回禄。藏经600箱(明万历时颁发)已荡然无存，破屋中惟存一僧，询之云大林寺有藏经云。寺门已不复存。寻二大柳杉之所在，尚可约略认出卅年前余过此时情况，柳杉大者高45米，直径1.8，据陈老估计，系800年前所种。按寺创于万历，很可能是当时所植。柳杉旁有白果一株，其大相似，但远望之则白果之高仅及柳杉之腰。可知针叶树高于阔叶树无可比拟。由此更下至黄龙潭(850 m)与乌龙潭，因天久不雨，所以两处瀑均不大。在黄龙潭(850 m)附近已见毛竹长路旁。由此至发电站，系由黄龙潭之水发电，共3 950 KW，落差25 m。由此回至植物园(1 030 m)，时值浓雾迷漫。适有罗马尼亚外交部次长来此参观，我等由陈封怀陪同下视察已开辟部分一周。全园4 400亩，已辟1/4，见有各种杜鹃、灌木、厚朴、铁杉、冷杉、雪杉，而以柳杉、香柏为多，及各种草花。最后至陈列室，见卅年前照片数张。六点回。据全园有人员五十多人。

9月19日　星期六　庐山芦林　晨六点雾，16°，室内20°，68°F，St.10，风力4—5级，高度1 040，670 mm，山上下毛毛雨，晚671 mm，天昙，室内71°F，日中十一点再白鹿洞26°。

晨五点五十分起。今日游山下白鹿洞、观音桥和秀峰寺。但昨晚东北风，至今晨不止，山上雾重，下毛毛雨，以为今日不能下山。后打电话与山下星子县，知山下未雨，但低云耳。因恐以后汽车无空闲，遂决计下山。我与允敏、陈封怀一车，沈文雄、松松与崔君一车。下山时山上微雨，$8^h15'$出发，过牯岭雾更重。$8^h45'$过王家，海拔845 m。$8^h46'$至英雄洼，720 m，此时已在雾下见鄱阳湖，山下云虽低，但湖中若干处有阳光。$8^h48'$过路牌13 km处，海拔630 m。$8^h56'$过马尾水，458 m。至九里亭(上山公路从威家至牯岭23公里)，海拔420 m。9^h00关帝庙，320 m。$9^h09'$三里路牌，172 m。$9^h14'$威家，80 m。此在三岔路口与南昌星子路相接。从此到南昌尚有184 km。到九江星子南昌公路后即向南行，$9^h45'$过海会寺路口，未入，离威家16 km。10^h至白鹿洞。洞屋虽经修理，但仍有颓败现象，因乏人保管，亦无文物可以保管。入内仅见明清两朝的碑文而已，好像许多墓碑，不免有死气沉沉之感。我们以七元钱购得一新拓紫霞真人蒲书《白鹿洞歌》，碑上字写得很好，但所拓多少走了样，而且用煤黑，极恶劣。洞中有昔人所塑白鹿像，极丑陋。三十年前到此时曾一度见之，不图今又重逢。出洞至枕流桥，桥下有朱熹所书“枕流”二大字，洞内也有王阳明所书碑。离白鹿洞后，十一点至秀峰寺，即从前清初时开先寺，黄梨洲、查慎行、潘次耕游记中均认为庐山风景最佳处。但因今夏江西缺雨，所以黄岩瀑布远看几乎只见巉岩不见水。入秀峰寺后，始见青玉峡瀑布，上有漱玉亭，均系新修。有不少明清两朝人题名于石上。余等在此拍数照，遇罗马尼亚副教育部长亦来游此。十二点在秀峰寺中膳，吃第三招待［所］崔君等带来之点心。下午一点更向南行，至星子县附近（离南昌160 km）之温泉，由温泉疗养所吴、黄二所长招待。据黄君云，庐山温泉自古有名，并知有四点出水井，水温可熟鸡蛋，可治疥癞等病云云。目今疗养所成立于1957年，已有300（集）［张］床位，专治风湿与皮肤病。每日可出水500 T，水温72°C（井口），含硫每公升4.9 mg。我们在此大家洗一浴。下午二点半告别。回途于三点（15^h）达观音桥附近之乡村，由此行约二里，始达观音桥，桥旁有“天下第六泉”，为唐陆羽所品定（相传如此）。观音桥长24.2米，高20米，系北宋大中祥符七年二月甲寅所建，系圆拱桥，为三排砂岩石块所筑成，石块有雌雄笋，每块约2 m × 1 m。由此又行约二里许，至玉渊，两旁均系马尾松，乃解放后所栽，其数何止十万，胜于附近之万杉寺矣。玉渊水亦不大。四点回。四点半登车，取原路回，至山上芦林时方19^h。晚膳后，俞德浚、李所长来谈，西北董正均同志来谈。

9月20日　星期日　庐山芦林　晨六点半晴，16°.5，室内70°F，671 mm. A. Cu F. St 5，ENE风力1。晚阴，672 mm，St.10，69°F。

今日中秋，傍晚不见月亮。

晨六点起。七点半早餐。昨晚从汉口、南京到了不少出席代表。遇到了从南京来的南京林学院叶培忠，辽宁来的王战等。上午未出，阅俞德浚所著《植物引种驯化为农业增产服务》，廖馥荪著《引种驯化理论研究》。又看了江西省庐山天气控制研究所（沈洪欣为所长）交来两篇论文。其一为叶雨水所著，为《九江地区1963年七、八月对流层顶点高度观测研究》，其中有一次（8 / 9日）对流云（积雨云）顶端竟达二万〇六百米，超出对流层顶3 500米。我对此颇有疑问。此外测得达15 000 m以上者达六次之多，对于对流云的底部均在1 500米以上云。他们以二个子午仪同时测定基线长仅1 800米，要测二万米高的云，角度就小，差误会很大的。

十二点中膳。膳后睡一小时。二点和允敏、松松、沈秘书及警卫柯龙水同志（江西保卫科）乘车至牯岭东谷，由江西天气控制研究所年轻同志邓伦华（北大）、叶雨水（南大）、陈万奎（科技大学63年毕业）、苏茂、江祖凡、范天钧、严乐繁等七位同志来接我至该所。据该所最初于1957年由地球物理所、北大和气象局等四机关所合办，人多时达五十二人。但中经下马，交与江西，曾减少至12人。现归江西气象局，有24人，所长沈洪欣兼，大学毕业生有九人之多。做云高的研究，也做雨滴谱，但无水性分析。也乏Radar设备，闻张乃召曾来此，也曾谈及设法为彼等觅Radar设备云。我以天气控制题目太大，不如研究云雾物理，庐山以云雾著名，研究云雾也较切于实用。据云，附近观象台每年平［均］测得130多

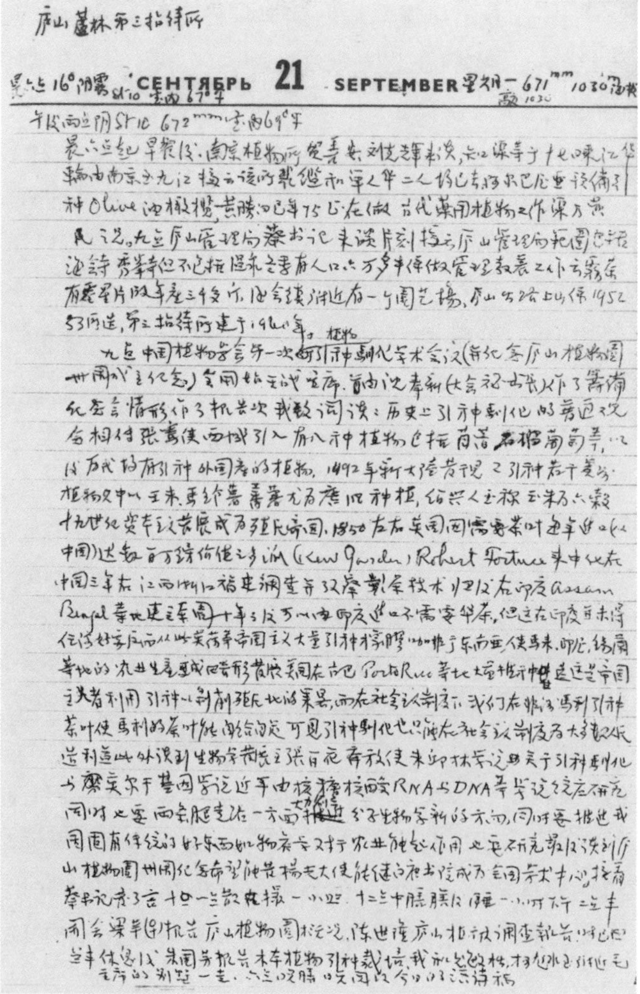
庐山莲林第三招待所
СЕНТЯБРЬ 21 SEPTEMBER

图2-46　竺可桢在庐山会议期间所写《日记》之一。

天有雾，但雾之成因、成分和其对于生物之关系，似可研究。下山后，与柯龙水至牯岭街心公园及游泳池一转，池已不开，但我们进去一瞥。回途和允敏、松松、沈等乘车至植物园。在门口下车，徒步上含鄱岭，至含鄱口第一亭，海拔1 150。在此拍数照，因此处可俯瞰鄱阳湖，仰望五老峰。此时虽尚有云，但湖山均尚在望，亦可清晰地看到下山至观音桥的小路。由此下坡至第二亭，海拔1 110，稍停，乃拾级而下，取另道至植物园，海拔1 060。乘原车回。

晚膳后，今日中秋，人说含鄱口看月最为美丽，但云霭蔽天，不见月光。七点半开引种驯化会议预备会，俞德浚作了报告，知论文已收到140篇，出席会员40人中已到30，列席也可达30。通过主席团名单和日程。$20^h30'$散。

9月21日　星期一　庐山芦林　晨六点16°，阴雾，St. 10，室内67°F，671 mm，海拔高度1 030 m。午后两点阴，St.10，672 mm，室内69°F。

第三招待所。

晨六点起。早餐后，南京植物所贺善安、刘克辉来谈，知渠等于十七日乘江华轮由南京至九江。据云该所裴鉴和单人华二人均已去阿尔巴尼亚，预备引种Olive油橄榄。黄胜白已年75，正在做古代药用植物工作，渠乃黄□□之兄。九点庐山管理局蔡书记来谈片刻，据云庐山管理局范围包括海会寺、秀峰寺，但不包括温泉。冬季有人口六万多，半系做管理教养工作。云雾茶有零星片段年产三千多斤，海会镇附近有一个园艺场，庐山公路上山系1952、53所造，第三招待所建于1960年。

九点中国植物学会第一次植物引种驯化学术会议（并纪念庐山植物园卅周成立纪念）会开始，王战主席。首由沈奉新（大会秘书长）作了筹备纪念会情形作了[①]报告，次我致词谈谈历史上引种驯化的普通观念。相传张骞使西域引入有八种植物，包括苜蓿、石榴、葡萄等，以后历代均有引种外国产的植物。1492年新大陆发现，又引种若干美洲植物，其中以玉米、马铃薯、蕃薯尤为广泛种植，绍兴人至称玉米为六谷。十九世纪资本主义发展成为殖民帝国，1850左右英国因需要茶叶，每年进口（从中国）达数百万镑价值之多，派（Kew Garden）Robert Fortune来中，他在中国三年，在江西、浙江、福建调查并考察制茶技术，归后在印度Assam、Bengal等地建立茶园，十年之后可以由印度进口，不需要华茶。但这在印度并未得任何好处，反而从此英荷等帝国主义大量引种橡胶、咖啡于东南

① 作了：原稿如此，疑为衍字。

亚，使马来、印尼、锡兰等地的农业生产变成畸形发展。美国在古巴、Porto Rico等地大量推种甘蔗，这是帝国主义者利用引种以剥削殖民地的策略。而在社会主义制度下，我们在非洲马利引种茶叶，使马利的茶叶能自给自足，可见引种驯化也只能在社会主义制度为大多数人民造利益。此外谈到生物学发展主张百花齐放，使米邱林学说关于引种驯化与莫尔干基因学说、近年由[①]核糖核酸RNA与DNA等学说统应研究。同时也要两条腿走路，一方面大力创立分子生物学新的方向，同时要推进我国固有传统的好东西，如物候学对于农业能起作用，也要研究。最后谈到庐山植物园卅周纪念，希望能发扬光大，使能继白鹿书院成为全国学术中心。接着蔡书记发了言，十一点散，摄一小照。十二点中膳。膳后睡一小时。下午二点半开会，梁苹（♀）报告庐山植物园概况，陈世隆《庐山植被调查报告》，时已四点半。休息后，朱国芳报告《木本植物引种栽培》。我和允敏、松、柯龙水至附近毛主席的别墅一走。六点晚膳。晚阅改今日的演讲稿。

9月22日　星期二　庐山芦林　晨六点半16°，阴雾。日中阴。晚673 mm，室内67°F。

今日全国植物园个别报告。晚看陈封怀在非洲摩洛哥、马里、几内亚摄照片幻灯。第三招待所。

晨六点起。将讲稿重阅一遍后（约三千字）交与沈文雄。早餐后，八点半开始引种驯化会议。今日日程为各植物园报告情况。

据杭州植物园章副主任报告，目今杭州植物园仍名为筹备处，由市领导，农业厅指导。有大学毕业生23人。引种国内外6 100种植物，保存3 043种，20%来自国外。尤其注意常绿乔木与观赏植物。标本有五万八千。物候观测与北京地理所合作。参观每周平均在千人。又平阳亚热带作物研究所谢孝福也作了报告。该所有地170亩，引种亚热带植物，如芒果、龙眼、荔枝、油梨，均能正常生长，猪油果已开花结果，萝芙木已结子培苗，但三叶橡胶、胡椒、腰果均不行，柚木也成问题云。该地积温>10°，5 495°，一月平均T 7°.2。也引种木薯与木麻黄。桉树引种很多，已有19个苗圃云。张育英报告西双版纳种香蕉，亩年产可8 000斤，另加三万斤叶干。种蕉麻Manila Hemp，海南岛风大不合适，而西双版纳可以。柚木种子播种已成功，可出苗80%。轻［木］年长4 m，三年的已开花。要推广至一千亩，并建厂。冯国楣说，云南三大名花，茶花、杜鹃与报春，加龙胆、百合、玉

① 由：疑为“有”之误。

兰、兰花、铁干海棠为八大名花。兰花多至200种。郑州冯钟粒谈近来郑州气候有变暖趋势，冬季比解放前加1°.7。雨量解放前565 mm，51—60 631.3 mm。郑州市平均气温：35—38年一月，−1.2；51—60，−0.4；61—62，0.05。开封同期，−1.2，−0.8，−0.7。31—36，郑州565，51—60，631，61—62，643 mm。开封同期544，590，628。

9月23日　星期三　庐山芦林　晨六点15°，室内64°F，风力3级，St.F.　St 9.5，云较高，SE风。7点A.　Cu 7 W，673 mm，高度1 015。九点天晴。十一点半室内66°F。下午晴。

晚冯国楣以幻灯讲云南名花茶花、杜鹃、报春以及玉龙山、西双版纳的名花。

晨六点起。作太极拳20分钟。早餐前和董正钧至人工湖旁一走。有人主张把兰州罗布麻室成立为经济植物研究室，我认为不如仍旧名，经济植物无所不包，将来又成为无重点的研究机关。早餐后天霁，决定去天池，因天池系庐山有数之名胜。九点从芦林第三招待所出发，和允敏、松松、柯龙水及崔君先徒步行约一刻钟，至公路方铺柏油处（车不通），即有汽车相待，遂上车。过花径、动物园，至圆佛殿，其中空无所有，遇江西省科委主任钟平（前化工部部长助理）。时$9^h55'$，海拔870 m。别钟平，取道赴大天池寺，拾级而下，$10^h10'$至天池塔（860 m），稍停即往天池寺，路不难行，不久至照江崖，上覆以亭。石上刻有王阳明诗"昨夜月明峰顶宿，隐隐雷声在山麓。晓来却问山下人，风雨三更卷茅屋。阳明山人王守仁伯安书"字样。由此不久即到天池寺，其旁即所谓天池，池方三丈，水深不满一尺，近有浙江游客为筑矮墙，真所谓名而不胜。稍上即为天池寺故址，仅矮屋三楹，有僧一人，中有明太祖像，以及昔年明初时的铜瓦、象皮鼓等遗物。据云寺初建于(宋)[元]泰定，虽在海拔860米，但附近仍有杉木、慈竹。白木槿正在开花。我们[取]另一道回至圆佛殿，然后乘车，由庐山水电站拦河坝（前日由黄龙寺至此，海拔800 m）公路回至芦林招待所。时为$11^h20'$。

中膳后，我睡一小时。允敏和松松因见天气大佳，徒步取小道山路往植物园（二十分钟），由此登含鄱口拍五老峰照，至四点多始回。我于二点半参加大会。由江西省科委主任钟平作了报告一小时，据云江西乡间发明一种避孕药，即以韭菜和醋云。又说井冈山植被甚富，单竹子有四十种，劝我和陈封怀前往，从泰和去只半天可到。我以侠魂及衡坟墓在泰和，愿前往，但此来已无时间。次叶培忠报告森林育种，说引种一定要看气候相近，我国南方引种缅甸柚木胜于印度柚木，气候相似论有一定价值。说在中国雪松不易得种，因雪松花粉重且系风媒，所以不易得松子，要用人工授粉。要提高林木产量可用三种办法：1）选良种，2）用插条杂交，3）用人工培植。变种从前以为要一百年，实际并不需要如此长，过去许多人以育林木种需时甚长，眼看不到，但我们接班人自能继续，要有愚公移山精神。次盛诚桂谈我国古代药用植物栽培经验。六点半［散］。

9月24日　星期四　庐山芦林　晨六点半13°，室内64°F，风力1—2级，无云，672 mm，68°F。下午晴。晚九点672 mm，室内69°F。《江西日报》报道今天南昌最高温度在28—30°。

上午至小天池和花径。下午听报告。晚庐山马书记来谈，与东北林土所王战谈，与庐山植物园沈、刘所主任谈。

晨六点起。阅《科学院植物园工作条例》。七点半早餐。餐后植物所俞德浚及副所长李逸三来谈关于《植物园工作条例》意见。我说《工作条例》中只谈院的植物园，但未提院外植物园合作问题。前日报告有一半是院外植物园的，院内外植物园应如何密切合作与分工是问题。以为浙江平阳植物园引种福建、广州所不种的热带植物如可可、胡椒是浪费时间，以为目前尚缺干旱区植物园，应建议在乌鲁木齐或兰州能建。成都素以蓉城出名，也应该有一个植物园。上海以地近杭州，可以免。江西科委主任钟平来谈。九点和允敏、松松、沈文雄、柯龙水、崔君乘汽车赴小天池。约在1930年左右，我于夏天来牯岭，曾住小天［池］宅，时侠魂同来，并在此遇Illinois大学同学小李。现时隔卅多年，侠魂早已过世，而此间房屋经日寇占据，破坏不少，又于1952年造了公路，所以根本不认识途径。到小天池亭上，可下瞰从前由莲花洞登山大道。在此稍停后，又由原道回至牯岭。从旁路至白司马花径。上次至花径在雾中，故今日重游，顿觉天朗气清，别有风味。十点回。十二点中膳。膳后至楼下理发（价40¢）。此间膳食每人日1.5，虽不算好，不能比杭州大华，但胜于北戴河。

二点半至会议室。陈封怀报告《植物引种驯化问题》，引Wulff "An Introduetion to Historical Plant Geography" 1943，植物在自然界中受到气候的影响，迁移散布不能漫无边际，引种驯化也是如此，在气候条件相差太大也不能引种。也有植物到新地长得更好，如摩洛哥引种美国橘子（中国种）即如此。又说小气候关系大，如巴东、恩施以北，但黄果树在巴东长得很好，而恩施不行，因巴东在南坡，恩施在北坡。樟树、海桐能生长在武汉，不能生长在南京。庐山山足普遍种油桐，但植物园油桐生长正常开花，但种子空瘪无仁。武汉引种二千米

图 2-47　1964 年中国植物学会第一届全国引种驯化学会会议与会人员与庐山植物园职工合影。前排左 1 盛诚桂、左 2 刘昌标、左 5 王战、左 6 俞德浚、左 7 叶培忠、左 10 竺可桢、左 11 陈封怀。

以上高山药物，大黄(*Rheum*)、天麻(*Gastrodia*)等很难成活。气温和日照是最主要，次为土壤。华北赤松、白皮松不能生长于庐山Ph 4.8—5.0，但苦楝(*Melia azedarach*)则不择土壤。热带植物，如油瓜、轻木*Ochroma lagopus*、椰子、槟榔均不能在武汉繁殖云云。次董正钧报告《罗布麻研究的内容与方法》，说估计目前全国的罗布麻(大部野生)有二百万亩，有四百万担麻皮，收用一百万担。去年织麻布四十万公尺，今年可一百万公尺，若发展到一亿亩，可有二亿担麻皮，则可供给每人140尺布?。罗布麻，董正钧于1952年开始研究，锲而不舍。于1956到院，入综考会。1958去兰州，立罗布麻研究室。其时已做成样品，1963年始正式供应。麻的纤维长70—80 mm，耐磨远胜于棉，价钱去年每公尺120¢，今年80 ¢，将来可减至60 ¢。西北局已专设罗布麻办公室，厂设在西安。

9月25日　星期五　［赴武汉途中］　晨六点半15°，晴，室内66°F，672 mm。离庐山经九江乘轮赴武汉。

晨六点起。早餐。沈洪欣所长约天气控制所胡志晋(1959在Leningrad为我做翻译)、叶雨水、苏茂三人来谈云雾物理事。彼等现以三角法测云的高度,但基线太短(1.8 km),认为太长不易得共同点,希望张乃召能供给仪器,顾震潮能多来。据沈洪欣云,四川气象局要花四十五万元搞人工造雨,东北做中小型天气预报,但目前缺仪器。日本早以Doppler Radar测云,我们Radar很差,英国Mogen希望我国派人去学习,这也是一条路云。九点和允敏、松松至山上植物园标本室一走。此室原系1934—37年时代李仲揆办公室,解放后仲揆送与科学院,经院修理作为庐山植物[园]产业,现贮标本四万七千本云。

十一点应庐山管理局党[委]书记马廷士之邀,全体主席团十五人和办事员崔君、金君等赴牯岭,至直属招待所,在牯岭东谷中膳。马廷士江西人,但到牯岭不久,向在井冈山,所以竭力要求去井冈山一游。我以在北京有招待外宾任务所以未能往,陈封怀、俞德浚等十余人去,将于廿八号会毕后去井冈山,从南昌去一天可到,离泰和仅110公里。我以侠魂、衡儿之墓在泰和,有机会甚愿一往。

二点别俞德浚、陈封怀、冯国楣和主人马廷士等,和沈所长、崔君我们一行四人乘毛司机所开车下山。于三点多到南湖招待所,在此稍息,即至九江市。先至南湖中一小岛,称周瑜点将台,称烟水亭,内有关公像,以周瑜点将台遗址而祠关公,极不类。由此至梳妆台,相传系小乔所用。由此可以看到大江,远见一高塔,据云名为锁江楼。回途至能仁寺,僧人说是梁武帝建,故[有]六朝古刹之称。旁有七级塔,称为大圣?塔。遂回南湖招待所晚餐。

六点一刻乘车,和允敏、松松、沈文雄等至九江码头登江华轮,沈所长(洪欣)和崔君等送至船上。江华轮比江新为小,我们四人分乘二室,规模与江新相似。六点四十分沈所长等告别,七点轮离九江码头。我们玩牌至九点睡,九点三刻轮抵武穴,不久即入睡。

毛泽东及中央其他领导视察庐山植物园情况[①]

中共庐山植物园支部委员会

伟大领袖毛主席在1959年的八届八中全会和1961年中央工作会议期间，曾多次亲临我园和我园所在地——含鄱口视察，并在我园留下伟大形象。毛主席对我园职工谆谆教诲，亲切鼓励，寄予希望。

图 2-48　1959 年毛泽东在庐山植物园。

1959年8月7日下午，毛主席来到庐山植物园大门口，我园朱国芳同志接待。在陪同毛主席去含鄱口的途中，毛主席询问庐园的情况。当朱国芳同志汇报中谈到，我园科技人员年轻，无老专家，研究工作做不深入。毛主席指示中讲，古今中外在科学领域中有所发现、有所发明、有所创造、有所前进的大都是青、中年人。并且亲切鼓励要解放思想，破除迷信。毛主席还指问一种木本植物："这是什么？"朱国芳同志答："这是茅栗。"毛主席又问："茅栗有什么特点？"答："茅栗适应性强，结果量多，但病虫害多，果子小。"毛主席指示：你们能否研究改良一下，能像良乡板栗那么大，打

① 该文原件为油印，此次整理，编者对个别字词作必要修改。

起仗来不缺吃的，又能给群众增加收入，多好呀！

1961年9月间，毛主席又两次到我园视察，毛主席不辞辛苦，健步从含鄱口走下来，视察了我园的草本植物区和灌木植物区，并留下伟大形象——毛主席在我园照片已在《江西日报》1977年9月12日发表（毛主席在庐山公开发表的几张照片都是在含鄱口摄的）。

敬爱的周总理在1959年和1961年党中央两次会议期间，清晨经常漫步含鄱口，对我园极为关怀，对我园的工作作过重要指示。

1959年8月一天上午10时，周总理来到含鄱口望鄱亭视察，当时通知我园朱国芳同志前去陪同，总理亲切地询问了我园的范围、人员和工作情况等，总理还询问了庐山的面积等。

1961年8月上旬的一天中午十二时许，由成元功同志陪同来到我园芦林职工宿舍，到我园钟则朱、陈珍华同志家中，看望钟则朱同志的母亲万真同志（系总理的表妹）。总理说：邓颖超同志动了手术，不能来看你们。总理对职工生活很关心，不但询问了工作、生活情况，而且还看了钟则朱同志的寝室、厨房、卫生间。当看到宿舍外面的菜园时说：我教你们应当用石头把地边砌起来，注意排水，避免冲刷泥土。总理还说含鄱口风景好，一面看见鄱阳湖、星子县，一面看见植物园全景。

当我园下放后，遭到林彪反党集团的严重破坏时，周总理于1971年及时作了重要批示："庐山植物园要管好，树要栽好，草坪要铺好。"这是当时庐山党委副书记王汉卿同志传达的，并指示我园慕宗山同志逐字逐句记下，向干部和职工传达。我园职工在学习讨论中，十分激动，认为周总理是针对林彪反党集团疯狂破坏庐山植物园的罪行的严正揭露和批判（注：在党的九届二中全会期间，林彪反党集团为阴谋发动反革命武装政变的需要，对我园进行疯狂的破坏，将我园草本植物区改为他们的直升飞机场，强令我园职工连夜砍伐有三十多年树龄的珍贵树种铁杉，并以影响飞机视线为名，将成批的珍贵树种厚朴、白玉兰、香柏等强令拦腰截断。对此，我园干部、科技人员和工人非常愤慨。另据揭发，林彪死党李作鹏伙同另一死党程世清，借庐园下放统一管理为名，企图将庐园改为他们的"海军疗养院"，以与他们在鄱阳湖搞的"海军基地"连为一体）。

敬爱的朱委员长，在中央三次庐山会议期间，曾多次亲临我园，每次都近半天时间，对我园作过许多重要指示。

1959年8月上旬一天，朱委员长同康克清同志来我园视察，详细地询问了我园科研和工作人员的情况，视察了温室、药草区、岩石园等，在此过程中，询问了许多植物的名称和用途。过了几天的一天上午，朱委员长攀登五老峰，我园由朱国芳同志陪同，11时回来，在我园吃午饭。在用餐过程中，指示我们温室取暖要自力更生，就地取材。八届八中全会快结束时，朱委员长又一次来园，特意把四川运来的春兰送给我园，亲手教我们栽种兰花，并指示庐山湿度大，树下到处可以繁殖栽培，不费工。还可以出口给国家换取外汇。朱委员长很重视园林建设与生产实践相结合，对我园的庐山云雾茶抗寒品种选育的研究，云雾茶的发展很关怀，并以庐山云雾茶为题，写了五言诗一首："庐山云雾茶，味浓性泼辣。若得长年饮，延年益寿法。"

1970年党的九届二中全会期间，朱委员长于8月26日上午来我园视察，我园慕宗山、朱国芳同志接待。朱委员长在我园实验大楼前下车，慕宗山同志上前迎接，问候委员长好！朱委员长说：同志们好！由慕宗山同志陪同朱委员长到接待室。在接待室，慕宗山同志问朱委员长身体好吧！朱委员长说：我身体很好，只是有耳背。朱委员长询问：你们近几年情况怎么样？在搞什么研究？慕宗山同志汇报了我园工作。当汇报到发掘利用中草药的研究时，朱委员长指示，你们这项研究工作很好，过去打仗时西药少，主要靠中草药给伤员治病。随后朱委员长视察了药用植物温室。朱委员长问：有一见喜吗？这是一种好药，我的气管炎就是这种药治好的。而后还视察了薯蓣皂素车间，在场的有汪国权、朱燮桴等同志。

……

董必武副委员长于1958年8月的一天上午前来我园，视察了温室、草本植物区和岩石园，并询问了有关研究工作和人员情况。

陈毅副总理对我园十分关心，1958年8月的八届八中全会期间，亲临我园视察，由我园当时的办公室主任徐海亭同志等陪同，在我园接待室谈话时，看到对面含鄱口山上有一块地方植物生长得不好，当即指示我园补栽好。特别是在1962年，当时我园归属江西省科学院，经费十分困难，我园领导以伐树卖木材维持最紧迫的经费开支。当时我园科技干部朱国芳等同志写信向上级反映这一情况，陈毅副总理得知后，及时批转并责成江西省建委会，会同庐山党委进行检查，我园负责同志受到批评和教育，全园干部和工人从这一错误中吸取了教训，错误得到迅速纠正。

敬爱的叶剑英副主席在党的八届八中全会和九届二中全会期间，曾几次亲临我园视察，对我园全体同志和科研工作作过许多重要指示。

1959年8月的一天，叶副主席和刘伯承副委员长一起来我园，视察了温室、草本植物区和岩石园等展区。在八届八中全会期间，叶副主席还再次来园，并于1959年8月16日为我园各同志题词留念。全文如下："庐山云雾弄阴晴，伐木丁丁听有声。五老峰头偏向西，东方红后见分明。庐山植物园各同志　叶剑英一九五九年八月十六日作。"

1970年8月26日上午九时许，叶剑英副主席和聂荣臻同志来我园视察，来园后，由我园朱国芳同志接待。在接待室，朱国芳同志向首长们汇报了"文化大革命"后我园科研工作情况，当汇报到野生植物资源利用时，叶副主席十分重视，询问了研究工作进展情况、存在问题。当汇报到战备止血药时，把当时正参加该研究工作的黄演濂同志找到接待室，黄一进接待室的门，叶副主席就自我介绍说："我叫叶剑英，他叫聂荣臻。"黄问候说："叶帅、聂帅好！"就坐下汇报了止血药的研究情况。叶副主席很感兴趣，一边听，一边记。同时又问："有没有材料？"黄说："有，我园编写了两本不成熟的小册子。"叶副主席说："送给我两本。"黄就准备到资料室去取，叶副主席说："我要你自己的那两本。"黄就把他的《庐山常见止血药》、《九江地区中草药》拿来。叶副主席又指示："你们俩都把自己的名字写上。"朱国芳、黄演濂同志写上了自己的名字，把小册子赠给了叶副主席。后来，当汇报到目前国内气管炎还没有办法治疗时，叶副主席说："我有一个药方，我得过气管炎，是一位湖南的医生给我的，效果还好，现在我好了。"接着让警卫员同志把处方写出来，那位年轻的战士记不清，写不出来，叶副主席就对他说："你那么年轻，还记不住，不如我的记忆力。"遂亲笔写下了这个处方。

当汇报到我园所进行的民间避孕中草药筛选研究时，大家就陪同叶副主席和聂帅到实验动物房去，当时在实验动物房的人很多，有杨涤清、施海根、张鸿龄、汪国权、户象恒、侯觉明等同志，大家向首长问了好。杨涤清作了简单汇报后，叶副主席指示说："关于计划生育工作，毛主席曾多次作过重要指示，这个工作很重要，不仅对我们说来很重要，世界上也算一个大事。你们知道吗？我国人口超过了10亿（这时，叶副主席伸出双手，用食指交叉起来做了一个手势），仅四川省就有1亿。你们的工作对人类很有意义，要好好研究。"接着，叶副主席向工作人员介绍了湖南省民间流传一个避孕药方。在实验动物房，叶副主席观察了实验动物，并将实验情况作了记录。

而后，又视察了荫棚。看完后，首长向周围的工人、干部和科技人员一一握手告别。朱国芳、黄演濂同志送首长上车。临上车前,叶副主席又问:“你们还属于科学院吗?”黄笑着说:“聂帅把我们下放给江西省了。”首长与两位送别同志握手后,即上车离园,时约在11点多。

谭震林副委员长和罗瑞卿同志于1959年8月党的八届八中全会期间,由原江西省委书记刘俊秀、杨尚奎同志陪同,视察了我园草本植物区、灌木植物区和岩石园,并与我园陪同的朱国芳等同志照相留念。

郭沫若副委员长曾多次亲临我园视察。1970年8月27日上午10点,郭老和王震副总理一起来到我园,由我园慕宗山、曾友仁等同志陪同,视察了我园的实验动物房、草本植物区、松柏区和岩石园,并前往看望中科院在我园疗养的老干部孙景斌、王卓等十多位同志。

王震副总理曾多次亲临我园作过重要指示,仅1971年7月27日前后曾三次来我园,亲自主持召开有领导、工人、科技人员参加的座谈会,长达四个小时之久,详细听取我园科研进展情况及存在问题的汇报。在会上,王副总理作了重要指示,主要内容归纳为:园林建设与生产实践相结合,农林牧全面发展及其相互辩证关系(侧重发展林业的重要性);园林的机械化,发展自力更生艰苦奋斗作风等。

1977年9月14日

慕宗山日记（1980年1月至8月）[①]

慕宗山

一月

三日　周四　下午召开各业务组长及室负责人会议。

四日　周五　参加引种驯化组总结会。

五日　周六　上午参加引种驯化组评选先进会议。下午看决定小卖部改建地点。

图 2-49　慕宗山。

七日　周一　与陈世隆、聂敏祥去九江171医院、九江市制药厂，研究庐山止血粉与明胶对比动物试验。

八日　周二　全天参加园先进工作者评比会议。

九日　周三　上午参加学委会组织评定晋升技术职称学术报告会，有杨建国、单汉荣、曾友仁、沈绍金等四同志作了学术报告。下午阅中央文件，发171医院信。

十日　周四　上午开科长以上干部会议，传达庐山党委召开的会议：1.省人大精神；2.邓副主席在政协会议上的讲话；3.今冬春节前后工作安排。下午继续参加科以上干部会议，研究春节前的工作。

---

① 慕宗山（1922—1994），山东荣成人，转业军人。1965年来庐山植物园，先任办公室主任，后任园主任。1979年后任园副主任，分管科研工作，1983年底离休。此日记写于台历之上，原件藏庐山植物园档案室。

十一日　周五　上午检察二批晋升职称外语考试。庐山组织部李、万两同志来了解组织干部方面问题。下午支委、室主任座谈会，讨论今冬明春任务，具体主要研究五定问题。

十二日　全天参加学术委员会活动，讨论二批评定晋升技术职称。

十四日　上午由秦、慕、朱、丁、朱、陈①等参加研究关于庐山植物园的体制，草拟向省科委的报告。下午全园大会五定，秦主任动员，朱同志宣布有关政策。

十五日　全天参加学术委员会，评比二批晋升技术职称。

十六日　上午与秦、朱、丁研究：1. 研究小卖部建筑，同意罗少安的设计。2. 茶炉间位置定在厨房东北角。下午：1. 小陈来谈他要调来工作。2. 与秦、与朱国芳谈心；3. 公安局陈科长、小杨来园研究一些问题。

十七日　周四　全天参加学术委员会评定晋升技术职称。

十八日　周五　上午王金城汇报在上海药物所工作的情况，秦在场，另曾友仁、舒金生在场。决定在药物所做的结晶留在药物所，并与业务科交代清楚。另动物试验告药物所，需共同确定时间，共同作。温成胜同志来园商讨几件事。下午园务会，秦、丁、朱参加，讨论托儿费、退职、晋升职称等问题。

十九日　周六　上午与朱而义同志交谈落实政策有关问题，与杨涤清同志交谈引种室五定问题。陈世隆同志谈到参加《江西森林》编写南昌会议人员问题。阅中央(79)96、97、98号文件。下午与陈世隆、王江林、赖书绅研究《江西森林》编写问题，定由赖参加会，对园担任的任务需弄清楚。

二十一日　周一　上午：1. 与薛仁宝同志谈话；2. 交代打印止血纤维鉴定书，并交代业务科、办公室报送省科委计划处；3. 汪国权同志简单汇报。下午开始写庐山植物园一九七九年工作总结。晚杨涤清、汪国权同志谈过庐园画册、引种室人员分配及科研计划等问题。

二十二日　周二　全天在草拟庐园七九年工作总结。晚刘永书交谈园林室分区的意见，抓收入的计划，及五老峰的管理方法，谈过他了解花径实行月奖及岗位责任制的具体方法。

二十三日　全天在草拟庐园七九年工作总结，下午陈世隆同志谈庐园画册文字部分意见，图书馆工作等方面意见。下午四时多来园一趟。

二十四日　周四　上午写总结，十一时来园，为张鸿龄去上海书一纸寄王波。

---

① 此系指秦治平、慕宗山、朱而义、丁占山、朱国芳、陈世隆。

二十五日　周五　全天写年终总结。

二十七日　周日　全天总结。下午彭希渠同志到宿舍谈工作问题。

二十九日　周二　上午秦治平同志传达省科技干部工作会精神，参加慕、朱、丁。并研究植物园画册印刷问题，确定罗少安去上海。下午听陈世隆、杨涤清、汪国权等同志具体册数，止血纤维材料等问题。

三十日　周三　上午由庐山出发，去南昌参加省科技会议。下午与陈世隆、汪国权、罗少安到戴新民同志家里，研究画册的文字部分，以及去上海的工作，由戴新民同志具体向罗交代。

三十一日　周四　同陈世隆、汪国权到新华书店，汪核对图书账目。下午听马继孔书记转达邓副主席讲话精神。晚在戴新民同志家里用餐。

二月

一日　周五　上午文主任传达全国科技会议精神。郑副主任作省科技工作总结及今年科技主要安排。下午分组讨论。

二日　周六　全天分组讨论。

三日　周日　上午典型发言（大会）。下午周庆华、省科协、省情报所等单位领导同志发言。

四日　周一　全天讨论，在小组会中，我第一个发言。

五日　周二　上午文主任传达中共（80）8号文件（邓副主席讲话）。下午讨论。

六日　周三　上午江渭清同志作报告。下午开授奖大会，许副省长作总结。

七日　周四　规定会延长一天，上午继续讨论江书记的报告。下午与周庆华同志谈经费问题，他答应以后在三项费用中安排时将予以考虑。

八日　周五　上午与文、郑主任谈关于实验室、温室的基建问题。决定：1. 植物园写一报告；2. 春节之后由省科委去一人、植物园去二人至北京国家科委、中国科学院汇报争取解决。9:30离科委去戴处，一起到车站，乘1:25火车至德安回庐山。

九日　周六　上午与赖书绅谈中国森林——江西部分，综考会农业区划项目。与刘进森初步谈今年订电机产品问题。与张伯熙谈上海工作情况。下午全园职工买米、办年货。空疗院领导来征询意见。

十日　周日　上午与张伯熙同志谈上海工作情况。十一时校对总结。下午全园召开职工会议，传达6号文件，及春节期安全保卫工作等。四时许，听罗少安汇报去上海美术出版社联系印刷画册之事，有参加画册工作及陈、杨、[1]园全体领导参加。

十一日　周一　参加学术委员会，讨论通过二批晋升职称的评议意见。接待海后工兵团朱团长、徐政委来园。下午校对打印的年终总结。

十二日　至九江171医院慰问，转送省政府发给止血纤维奖状。至军分区机关慰问，随同聂敏祥同志。

十三日　周三　今天整理室内卫生。胡宗玲、程永贵一起整。

十四日　周四　休息。下午于大厦参加春节慰问大会。

十五日　周五　上午值班，阅中国科学院文件。

十八日　周一　放假。山东省苏省长来园参观，由张书记、姚华北同志陪同，我接待。

二十日　周三　上午上班，下午处理私事。

二十一日　周四　上午看1980年园科研计划，与陈世隆研究出席红土壤全国会议的人员，及栀子花协作会的问题。下午准备转达省科技会议。

二十二日　周五　全天召开室主任以上干部会议，传达贯彻省科技工作会议精神。

二十三日　周六　全天参加学术委员会活动，1. 审议1980年科研计划；2. 通过曾、张[2]的文字意见。

二十五日　上午与秦治平同志交谈工作。下午召开园务扩大会议，审定1980年科研计划。

二十六日　周二　全天传达中央8号文件（朱传达）、全省科技会议精神及省科级干部工作座谈会精神。

二十七日　周三　上午：1. 草拟给省科委实验室基建报告；2. 看1980年科研计划及所附报告，上两项由王维忠[3]带至省科委；3. 二批晋升，园委会意见抄好，一起报省科委；4. 温、程两同志来园商谈房子问题。下午召开室主任以上干部会议，研究办公室调整。

二十八日　周四　上午看中央、省委文件。

二十九日　周五　上午参加避孕组研究今年的研究计划，及即将召开的协

---

① 指陈世隆、杨涤清。

② 指曾友仁、张鸿龄。

③ 王维忠，植物园会计。

作会如何开好。下午，召开全园职工大会，1. 秦动员搬房子；2. 崔[①]宣布房子的安排；3. 慕读科学院一局转发国家植保所一份简报，北京植物园商请引种学会在庐山召开的准备工作。

三月

一日　上午，由秦、丁、崔等人开会研究维修项目，参加园林室会议。下午与赖书绅、曾友仁谈话，研究工作。

三日　全园办公室调整，搬房子。石大夫来园，交谈会议开法。曾友仁母病故，请假回家料理。下午与业务科交谈会议（协作会）等问题。

四日　全天参加主持栀子花抗生育协作会，上海由张淑政、王维成，二院石大夫，园里陈世隆、张伯熙、王金城、王玉兰，计生办张同志参加。

五日　周三　上午参加栀子花协作会，结束。下午支部委员会，秦主持，慕、朱、王、朱参加，虞[②]未参加，讨论三月份工作：1. 学五中全会文件；2. 调资；3. 集体工的组织等问题。

六日　周四　上午与药物所张淑政、王维成同志交谈，陈世隆在场。石乘恩同志今日上午离园。下午继续与上海药物所同志交谈。

七日　周五　与引种驯化室杨、施、张[③]及崔、丁、虞秀琴等人研究茶叶房电路安装问题。上海药物所张、王上午离园。下午召开全园职工大会，传达中央1号文件，布置三月份工作，动员学五中全会文件。

八日　周六　上午召开科室以上干部会议，讨论建造实验温室的报告，由秦主持，慕、丁、陈、朱、罗、杨、王等同志参加，报告由罗拟。下午与秦、丁、崔谈维修几项任务。

十日　周一　上午与赖书绅交谈植物志以及蕨类编写，约到江大开会。与朱国芳征求去北京有何事办。下午为新工人[④]上植物园工作的性质和任务的课。

十一日　周二　上午参加园务会，讨论奖励问题。下午准备去北京工作，与秦治平同志交谈这次去北京的具体任务。

十二日　周三　上午发一信寄部礼舒。今天拟去北京。

---

① 指崔庭乾，植物园行政科科长。

② 王、虞系指王凡、虞功保。

③ 指杨涤清、施海根、张鸿龄。

④ 是年招收11名工人。

四月

六日　周日　今日晚由北京出差回庐。

七日　周一　上午与秦等交谈，确定下午开支部会议。拟去京汇报稿，待陈回园后。与曾友仁交谈为上海药物所的协作计划，回信答复收购栀子花之事。下午开支部委员会，讨论落实政策事，梁苹、胡启明、张木匠等人的问题。

八日　周二　上午全园职工大会，评工资个人讲，共讲了9人。下午接待美国、加拿大等国外宾。

九日　周三　上午与赖书绅交谈他去吉安开会情况，决定陈世隆回园之后一起汇报。与王江林交谈油脂的任务，决定立即把油脂植物名录及去年分析结果寄一份华南所，并问清是否按科分工分析，如按科分析，请分配任务。由王江林写一信给综考会亚热带山地资源考察队，让分管牧草组长来园一趟，详细了解牧草化学分析问题。下午到几个区看了下。

十日　周四　上午写信给秦仁昌、张淑政。看过猕猴桃区，架子如何固定，决定春期停止，待秋后以钢筋固定。丁、崔参加，黄[①]等在场。下午到马铃薯育种站看他们的喷溉安装情况，丁、涂、胡琴昌同往。

十一日　周五　上午与丁一起看食堂上层厕所化粪池位置及车库对面地基，与承包单位一起看，决定先让罗搞一图纸，以便估算价，决定是否搞。下午参加全园职工大会，评工资个人讲，讲朱爕桴等6人。

十二日　周六　上午开领导干部会议，主持秦，丁、朱、王、朱等同志参加讨论，听取王维忠去科委的汇报，研究集体单位[②]的名称等问题。下午看园内修补等任务，秦带领丁、萧、涂、罗[③]等参加。

十四日　周一　上午开职工大会，评工资个人讲评，讲了李凤珍等8人，慕主持。下午秦主持研究退休工人继续留园工作。1. 作临时工处理，以补差；2. 多余的仪器设备处理，决定周三开个会。3. 新工人分配，由办公室、行政科、业务科提出具体意见，由园务会决定。参加引种组评议。

十五日　周二　下午邹寿甲到宿舍，谈他个人落实政策问题，与他一起到庐山劳动局和信访办公室。

---

① 黄演濂，从事猕猴桃研究。

② 1980年招收5名集体所有制工人。

③ 指丁占山、萧礼全、涂宜刚、罗金保。

图 2-50　慕宗山在植物园。

十六日　周三　上午召开室主任、科长会议，秦主持，决定新工人11人分配到各科室的名额，讨论经费问题，以及库存仪器处理。下午讨论邹寿甲的落实政策，决定让其本人把原来园革委会写的东西找来，我们打一个报告呈庐山。参加秦、慕、朱、单永年。

十七日　周四　上午园务会，舒参加，王、丁缺席，讨论11个新工人的分配。与张伯熙谈关于13定性分析问题。下午参加新工人分配宣布会。秦、朱，有室、科领导参加。到黄演濂处谈猕猴桃科研问题。

十八日　周五　上午支委会传达五中全会文件，因借用体委文件，原定下午改为上午。看药品仓库驳坎、招待所留门问题。下午召开全园职工大会，传达五中全会文件。晚召开支委会。

十九日　周六　上午全园职工大会，传达省委贯彻五中全会文件，及园党支部贯彻五中全会的意见，由秦传达。下午整卫生，邹寿甲的落实政策报告，由朱起草，我予以修改，打印。今日由邹本人带至庐山革委会。

二十一日　周一　汇报去北京情况，参加人秦、王、丁，确定杨涤清同志可尽早去京。丁占山汇报去南昌情况。下午接待全国旅行社在南昌开会的代表。

二十二日　周二　上午与秦、丁看干路的维修，并初步确定维修基本意见。看播种温室，研究窗子加固铁条方案。对卫红大队放炮打坏二楼厕所玻璃，与保卫科谈处理意见。下午参加引种室一季度检查，另与派出所到含鄱口，对工棚问题指令25号拆好，提出四条意见。

二十三日　周三　上午秦主持，丁、崔、王维忠讨论基建和小卖部等问题。下午与丁到五老峰看园林室做水池位置。

二十四日　周四　全天职工大会，工资评定讲评，是行政科的工人讲。下班时看湖北中医学院王主任。

二十五日　周五　上午朱而义同志汇报去省有关工作联系的结果。讨论本单位评工资的具体做法。参加秦、丁、王、朱及评委会委员。下午继续讨论。

二十六日　周六　上午上班时朱而义同志在全园干部会议上传达业务干部评工资个人讲评的意见。开各室及各课题组长会议,检查第一季度科研、生产、收入、开支情况。下午继续开会。

二十八日　周一　上午传达张作嵩同志参加庐山治安警卫会议精神,并结合本单位的实际情况,进行研究贯彻。9:30开始进行第一季度工作检查。下午继续检查。

二十九日　周二　上午全园整理卫生,少数干部至庐山听报告。下午刘参谋长、周副司令来园,陪同看了下。为大型客车事发一函姜萍同志。看陈封怀同志给汪国权的信。

三十日　周三　上午与陈世隆、曾友仁研究交药物所E97药理部分材料,提出修改意见,陈拟复信。看朱而义为梁苹同志结论的修改意见,即反动日记问题,余二个问题由公安局结论。下午整理文件,阅后转陈世隆。

五月

三日　上午派出所陈所长来园谈夏季园内的保卫工作,他们含鄱口上有一人,芦林饭店有一个组,有事互相配合。另谈含鄱口工棚拆除问题,他通知他们的头头。下午召开调资办公室工作人员会议,确定办公室准备和摸底工作(等)几项。

四日　周日　上午与中科院环化所通话,(告)该学会开会地址联系的结果,接电(话)人韩树才。下午召开科室正、副主任科长会议,第一季度工作进行评议。结束。秦、丁、王等出席。

五日　周一　上午看小卖部的门及货架安装。秦、丁、罗少安、崔科长一起。

六日　周二　至芦林工地,确定300平方米宿舍的地点,秦、丁、萧礼全、崔科长一起。另对新宿舍电灯安装也定了。下午朱而义同志传达中央文件,秦上党课。我接待上海美术出版社沈、张同志,上海美术出版社为植物园画册事。

七日　周三　全园职工大会,评资个人讲评,主持人王维忠。下午继续评资。

八日　周四　今天继续开全园职工大会,进行评资讲评,主持人薛保林。

九日　周五　全天职工大会,继续职工评工资,主持人黄大富。

十日　周六　全天参加并主持庐山植物园画册的讨论和有关问题的决定。

参加：上海美术出版社沈、张，科协戴新民及该画册本园参加工作的全体人员。

十二日　周一　上午处理琐事。下午省科委基建处胡等四同志来园检查几件问题，到芦林工地。

十三日　周二　上午与胡处长等同志研究基建超支的原因，参加秦、丁、王维忠、崔科长。决定下午丁、萧陪他们到城建处去一趟。下午职工大会，评资讲评，主持人朱而义同志。

十四日　周三　上午省科委基建处、庐山庐建公司、植物园领导与管理基建的同志一起开会，研究植物园的基建问题。北京植物所副所长朱太平同志来园，作野生植物资源综合利用的学术报告。下午召开班子会议，五人都参加，秦传达九江市委常委扩大会议精神。

十五日　周四　杨涤清汇报去北京情况，秦、朱、陈世隆参加。画册之事，汪国权同志汇报之后，决定第一次印刷5万册，由上海新华书店征订，余都由本园负责，(与)秦一起研究定的。

十六日　周五　看张鸿龄同志译《华盛顿树木园》一文。

十七日　周六　参加庐山党委委员干部会议，沈同志传达江书记的报告。下午收听刘少奇同志追悼会。省环保办陪同北农大教授来园参观。

十九日　周一　上午召开园领导和调资评委、办公室人员会，研究本园调资问题，主持：朱而义同志。下午召开画册工作人员会议，主持人慕。

二十日　周二　上午召开学委会、引种驯化室、园林室干部会，讨论准备引种驯化学会事，主持慕。下午全体党员会议，讨论新党章，主持人朱而义同志。

二十一日　周三　上午陪同上美出版社拍摄园内的照片。下午到各区逛了下。刘敏由北京回园，听取他简要汇报。下班前与张伯熙谈栀子花提取及植化鉴定问题。

二十二日　周四　上午农科院林山院长来园了解猕猴桃科研情况，由黄、陈作介绍，对科研经费提出要求，林答应回京后与果树研究所讲讲，争取点。下午与罗少安交代画册的示意图，并与沈同志联系，共同商定。

二十三日　周五　上午与上海沈同志最后定了画册第一次印5万册，除发行外，余皆植物园，要求争取今年十月出版。这次他们回沪后，六月上旬能稿样寄来，后我们填写介绍文字。下午修改业务各项制度稿。

二十四日　周六　全天修改业务管理各项制度。

二十六日　周一　上午处理杂事。下午至五老峰看园林室引水渠、排水沟，看扦插苗生长情况。

二十七日　周二　结算去北京出差的旅差费，单据共216.89元，不计陈世隆转来之飞机票。下午断续参加引种室会议。

二十八日　周三　上午各区转了下。下午赖书绅、刘敏同志出差汇报，陈世隆主持。

二十九日　周四　上午参加避孕药组会议。下午园内看各区。

三十日　周五　上午备课（党课）。下午过党的生活，楼少明同志来园。另公安局陈科长等来园，为梁苹复审结论研究。

六月

二日　全天参加学术委员会和行政科召开的会议。议题：1. 全国引种驯化学会文选；2. 传达秦仁昌先生对庐园的意见；[①]3. 青年工人业务干部的培养。

三日　周二　上午医药公司聘请中医生、中药师座谈会，带领参观。省药材公司孙主任、陈恩诚同志领队。

四日　周三　上午采茶。下午与吴保泰[②]同志交谈。看避孕组流分提胶样品。

六日　周五　上午座谈会，学委会委员，晋升职称之后的情况，以备省科干局来园了解之用。下午全体党员学习讨论新党章。

七日　周六　下午分类室、引种室正、副主任交换意见。

九日　周一　上午召开园务会，讨论并决定办以青年工人为主的植物学基

---

① 《慕宗山笔记》记载杨涤清4—5月在北京三次拜谒秦仁昌经过及秦仁昌一些谈话内容：

第一次拜见秦老。秦老讲具体工作，牵涉植物园的问题。植物园就是植物所，要搞理论研究，细胞分类我国刚开始，分不出老大、老二。庐山植物园搞理论研究想到蕨类分类。曾问过是否搞裸子植物，他讲不用搞了，外国搞的很多。不要满足园林外貌，理论研究可以提高庐山植物园的影响。一个不够要找几个，《庐山植物志》也可以算一个，《江西植物志》还不具备条件，标本不够，要大大采集；一个比没有好。引种驯化是技术性工作，是不够的。建园50周年，还有五年，植物园要拿出植物研究什么课题，领导要重视，领导要回答这个问题。

第二次：给了些资料。

三十日下午，第三次见秦老。庐山垅、五老峰的庐山蕨类标本少，50年连所在地植物还未搞清，说不过去。四个现代化首先是科学现代化，所谓科学现代化就是用新的手段开辟新领域。他提希望：植物工作主要是研究和建园，两者相辅相成，没有研究没有内容，最漂亮也只是个公园，只起了普及作用，没有提高。建园工作比研究好做，只要有钱、有时间，园子就慢慢好起来。研究须要埋头苦干，分工不同，工作更艰苦。邱园也有两班人马，植物园如果在科学上没有贡献，意义不大，植物园等于植物所，植物所必须要有植物园，否则就不完整。从现代科学发展趋势来看，植物园是植物研究的重要的中心，因为要走实验生物学的道路，植物园是实验科学的实验室，一切的植物科学研究活动都要在植物园进行，而植物园的标本室只是档案材料，没有它也不行。

② 吴保泰原为安徽大学教授，"文革"中退职回九江。1979年受植物园聘请，来园从事外语翻译工作。

础知识学习班有关问题，学习（内容），研究有关聘请（授课老师）；外单位教学来我园实习的收费处理，及园内开展学术讲座等财务制度。下午与上海画家王、周先生交谈。

十日　周二　听钱啸虎同志拉丁语课。接待冰川讲授班的人员，其中兰州分院石院长、英国教授。陈陪同石院长，王江林、杨建国陪英国教授。下午召开座谈会，省科干局尹处长，参加座谈的学委会成员。

十一日　周三　上午尹处长、老刘、肖等交谈工作问题，1. 调入科研干部问题；2. 评资指标数字；3. 劳保能否再重新批一下。下午听钱先生讲拉丁语课。接电并安排接方文培[①]教授来山问题。

十二日　周四　上午听钱啸虎先生讲课，接待方文培先生。下午陪方先生，另与王江林、黄演濂、单汉荣等同志交谈，谈上次接待冰川专家所谈的问题。与新调入徐祥美同志一般交谈。

十三日　周五　上午阅舒金生译之世界保护植物委员发出的通讯，与方先生交谈。下午上党课，我讲“准则”。

十四日　周六　上午全园整理卫生，我整室内。陪上海两位画家交谈。下午全园买米买菜，我来园陪两位画家见方先生。

十五日　周一　上午秦、王二同志至九江市听报告，朱又进一步与接待处胡处长联系文主任住处。科协葛书记偕孙、张同志来园，谈画册事。方先生由刘永书陪同至各风景看看。

十七日　周二　全天省科委文主任等人来园检查工作、研究工作，我作了汇报。

十八日　周三　园领导会议，秦传达九江市干部会议，王、朱、丁等同志参加。下午写总结（晋升职称的总结）。

十九日　周四　上午与上海王、周二画家交谈，看所画植物园小样。改写晋升职称后的材料。下午研究几个单位茶叶分配数字问题。晚写材料。

二十日　周五　上午写技术职称之后的简报材料（定稿）。下午参加党组织生活，讨论十二条的一条坚持党的政治思想路线。

二十一日　上午校对并发省晋升职称后简报。阅文件。

二十三日　周一　上午了解杨涤清细胞分类中的问题，看他的片子。与曾友仁研究上海的来信。下午写信给秦仁昌先生。

---

① 方文培，四川大学生物系教授，著名植物分类学家。

二十四日　上午与张鸿龄、陈世隆、秦主任曾谈及仪器设备安装问题，无决定。与红卫民工老钟会谈，驳坎倒塌的处理问题，秦、丁、黄、崔在场。下午过党的生活，主持朱而义，讨论准则。

二十五日　上午研究实验室安装问题，方案定下了，经费笼统讲由单位与室共同负担，并经公司张同志一起看过，业务科、行政科、引种室人员参加。下午与引种室研究茶树课题计划，定下仍以原计划执行。强调以培养抗寒品种为主，与栽培管理措施相辅相成。

二十六日　召集集体青工座谈会，由秦主持，我参加，桂少初领四位青工参加。下午召集画册参加工作者会议，经与秦商量定杨涤清去沪一趟，文字等问题这次都代表园决定下来。争取一张半纸，如署植物园编，原稿中的参加者仍争取按原稿定的办。如不署植物园编，戴摄影处署名，分区争取还以文字简介，内容看空间，由杨与出版社商定。中心区示意图仍以上名称为妥。

二十七　周五　全天参加生态分类室去三叠泉采集，王江林、黄大富、张少春、胡群昌等带二十人参加。

二十八日　周六　上午与省科委周处长及刘同志交谈来园任务安排、交接干部档案等。下午与陈世隆、施海根交谈。

三十日　周一　上午同汪国权同志向《文汇报》采访者苏、张、周三同志介绍庐园情况。下午园领导秦、朱、王、丁、慕五人同省科委周处长、刘同志学习省组织会议文件。

七月

一日　周二　上午参加庐山党委全山党员大会。下午与省干部处周、刘同志研究单位班子会议。

二日　周三　召开全体干部会议，秦布置填写干部履历表事，我讲了 1. 引种驯化学会征文事；2. 外语学习问题；3. 打招呼检查上半年工作。舒金生发北大外语教师来园授课联系函。二楼实验室安装的估价，与业务科陈、引种室施、丁等人决定经费开支，由室、三项费用支。下午召开园领导会议，省干部处周、刘一起研究几个干部调入问题。

三日　周四　与华东药检会的同志交谈。与王江林同志谈该室的工作问题。阅国务院文件。下午阅省政府文件。到舒金生同志宿舍看了下，同去秦、丁、崔。

四日　周五　今天至铁船峰，同赖书绅、杨建国、黄大富同往，落叶阔叶林、

图 2-51 慕宗山晚年在植物园大门处留影。

混交林取样方二个。

五日　周六　上午与栀子花研究组一起研究课题近期动物实验的问题。下午舒金生将外语学院的复信转我看，决定由他再发一信，时间可1—1.5月，由专业英语改为口语为主，征求能否来授课。同时北大也发信，改为1—1.5月，可否能开植物专业教学。听施海根学术讲座。

七日　上午由秦主持，刘永书、薛仁宝二同志因看花问题产生矛盾，交换意见，我参加。下午全园整理卫生。外办彭、刘二位处长来，传达并商量接待外国友好团，日本拍摄电视代表团事宜。一局七月一日发来关于全国自然保护区的所写文章函，阅后转舒金生同志。

八日　周二　上午与业务科陈、舒研究外宾接待。与陈世隆及赖书绅、王江林研究一局来文关于自然保护区征文及全国自然保护区征求意见。下午接待《文汇报》两位记者，侧重谈止血研究与鉴定过程等问题。与林英教授及万、程、卢老师交谈，主要讲大学生11号来实习问题。

九日　周三　与丁、崔至画师王、周处（付号标本室），计划作镜框事。刘永书同志提出割灌机修理房问题。下午：韩树才同志来园，交谈环保学会可争取听听学术报告。与山东中医药研究所庄所长交谈。接待综考会牧草组组长，联系牧草化学分析、分类学讲课问题。

十日　周四　上午：与崔科长交代为园画做镜框。检查并组织接待朝鲜代表团。今天早饭后庄所长离园。湖北九宫山建疗养院，绿化树种选择，介绍刘永书同志接待。《文汇报》两位记者同志由施海根同志接待。

十一日　上午：接待何长工同志。日本代表团他们通知上午来植物园，但未来。下午接待军事科学院高锐副院长。

十二日　周六　上午园务会，参加秦、丁、朱、慕，讨论决定交通车收费问题。明年23种仪器订货，决定订扫描电镜（国产）、高压液相。下午与湖北中医学院师生合影，对业务科、行政科交代两位画家住房、伙食安排等。

十四日　周一　上午与上海药物所宋交谈，他答应将来（园进行）彩色胶片洗印技术培训。到植化室看南京化工学院维修气相色谱情况。下午与杭州植物园来的三位同志交谈。

十五日　周二　上午，西北农学院王、阎二位教授来了解猕猴桃，听取黄、陈、王[1]同志介绍本园课题研究进展情况。下午发放工资。综考会牧草组长即牧草局长及省畜牧所来园，由赖、王陪同参观。

十六日　周三　上午与《中国建设》杂志由庐山对台办徐同志陪同来园来访，由我、刘永书接待，我作了全面介绍。与刘永书商洽，决定由刘作一篇文章，内容由陈同志提出意见，决定国庆节前交稿。下午园务会议，由秦主持，研究上半年工作检查，决定以科研为主全面检查，并结合评奖。由园下达奖金指标，室评后园审定，级差金额控制在5元之内。

十七日　周四　上午综考队牧草组廖同志及畜牧总局李处长来园，接待朱国芳、王永高在场，他们提出要求承担牧草分析及牧草引种任务。我们以个人意见表示，可以考虑承担牧草分析，引种力量明年忙不过来，技术指导可以考虑。承担分析，提出要求，1. 氨基酸自动分析仪；2. 原子吸收光谱；3. 日本进口气相色谱仪。并提出要他们立即与省科委联系，可在调整计划时进行列入问题。下午与省科委农林处通电话，告综考会来园事。

十八日　周五　上午审阅对台办稿子，内容是与植物园年轻人谈话，署名与秦研究商定，以我署名。与陈世隆交谈江西药用植物名录的署名问题，提出我们的意见，与丁先生函商，由业务科写信。下午接待昆仑号外宾，其中两名植物

---

① 指黄演濂、陈辉、王正刚。

研究人员，进行交谈。

十九日 周六 上午接待科学院京区各单位来庐山疗养的同志，陪同至园各区参观。秦、丁等同志去城建局，关于芦林第2幢宿舍增一层洽商，后得他们同意，但不下文。回来之后，开了园务会，经研究一致同意加一层。下午与丁、萧、王至工地。

二十一日 周一 上午与业务科交谈，关于发一信（至）美国，感谢赠书。关于要求能否帮助安排出国学习事，此事暂不能提出，因为现不能掌握外语。阅分类室上半年研究题目计划报告。下午开支委会，对梁苹的结论问题。

二十二日 上午与朱而义同志一起至公安局，与陈科长交谈梁苹复审结论问题，他以再向局长汇报，是否写一复审意见，定后告诉我们。下午学委会，（与）北大外语系邰老师研究园内英语教课问题。决定：以大学基础英语教课本，另口语以外贸部编的口语教课本，分为两个班，另设旁听者。

二十三日 上午：1. 研究报明年的基建计划，确定实验楼、主干道修理、中心区电线改为地电缆、生活用水；2. 确定还剩下300平方米基建指标，决定在红楼西头续建；3. 陈世隆向园务会汇报英语学习班意见；4. 接待上海文史馆的老先生。下午：1. 梁苹书写日记问题，修改结论阅过，与朱而义同志商讨文字修改问题；2. 接待南京植物所来园伍寿彭、宫继海、李年等，秦在场。了解南京园所的组织设置、研究内容等问题，陈世隆在场。

二十四日 上午英语学习班今天开课，我参加开课会议，介绍了两位老师，对学习提出要求。接待药材所万同志，交谈庐山止血粉鉴定行文的审批、投产等意见。下午参加业务科上半年检查工作的会议。评奖：一等刘进森、任波、汪国权、朱兰、谢慧英，其中有提出舒金生，其余二等。

二十五日 周五 上午阅省委、中央、国务院文件，阅后转丁占山。下午召集室干部会议，秦、丁、我参加讨论上半年工作检查，定了不参加评的，提取奖金仍留于园掌握，待下半年评时处理。陈家勋同志来园联系171医院参加英语班的问题，经研究同意，住新茶叶房，每人收学费10元。

二十六日 周六 上午：至英语班听了下。陪同《文汇报》几十名同志来园参观。另上海分院副院长来园，又姜平同志来园，作了陪同。下午国家旅游局出版社同志来园，为拍摄事，我接待全过程，汪国权、陈世隆在场，提出的问题向秦汇报。

二十八日 周一 上午省人大常委来庐山植物园参观，秦、慕接待。下午未来园。

二十九日　周二　上午与王江林交谈，另朱玉善[①]的信转王，并让室作研究提出意见。阅园林室上半年工作汇报。下午准备接省气象夏令营。接待上海市委统战部长等人。

三十日　周三　上午与周竹潮同志同到五所一趟，回来之后狄生同志来园。下午全园评比检查，我参加两个室汇报（引种室、分类室）。

三十一日　周四　上午看望许教授与秦同志。下午南方七省中医院领导同志来园参观，我接待，由朱国芳陪同。参加园检查，由植化室汇报。

八月

一日　周五　听了一下英语教课。省劳动局赖、张同志来园，陪同看了一下。下午参加引种驯化室会议（组长以上干部），评议室内授奖的等级，评完。

二日　周六　李钧、高局长来园，陪同看了园里。下午开室以上干部会，1. 评议各室的研究和各室汇报；2. 科室奖励人员等级；3. 调整课题研究小组意见；4. 成果初定两项。

三日　周日　下午来园，国务院、省人委文件阅后传胡，与人约定明日去南昌时间。

十日　周日　中午由南昌返庐山。

十一日　周一　上午处理一些具体事，了解植化室王玉兰去京的工作进展情况，接待王大川同志。下午开园务会，崔、陈、王维忠参加，传达省计划座谈会精神，讨论决定至82年人员计划及事业费计划。

十二日　周二　上午谈了些工作问题。写了一信给戴新民同志。下午开职工大会，由秦传达马继孔同志的庐山会议的报告。接上美[②]沈在秀同志来函，两张照片底片已找到。

十三日　周三　下午整理半年科研计划执行情况，拟向全园报告。

十四日　周四　整理上半年的计划执行情况。8时上海画家王同志来园看了镜框裱好。文史馆的赠园的大幅国画，拟布置接待室内。下午开学术委员会，讨论80年一期植物研究资料的稿酬及编辑稿酬。

十五日　周五　上午研究超薄切片的购买。参加秦、丁、慕、陈、张，确定由张询技术指标，能用即定美国产品，超原计划款，明年补上。下午继续整理上半

---

① 朱玉善，时在华南植物研究所进修植物绘图。

② 上美：指上海人民美术出版社。

年计划执行情况的材料。

十六日 周六 上午整材料，南昌通用机械厂胡主任来园。九江傅来园。下午国防二办冯主任来园，江西李主任等人陪同参观。

十八日 周一 上午整理材料。下午陪同南京周副司令员参观。

十九日 周二 上午研究去省关于调整工资类区执行及上报表格。下午城建局卢主任等来园了解基建情况，秦陪至工地，回来继续研究上午问题，还研究了吉普车申请集团购买力，[①]参加中国自然科学博物馆协会。

二十日 周三 阅中央、省文件，与周竹潮交谈。办理十三幅画、书法的移交，由崔廷乾同志接收，并负责以后联系。下午与陈世隆等接待武汉园艺技校书记，秦主任、涂以刚同志在座。与王永高交代，外语学习之后，立到省一趟，具体汇报落实牧草的化学分析及油脂植物课题研究的问题。

二十一日 周四 上午统计上半年完成计划三种类型数字。下午书写信件，看五一疗养院与植物园球赛。

二十二日 上午阅文件。下午全园职工大会，传达省科委计划座谈会议精神，报告今年上半年科研计划执行情况。秦主持，我报告。

二十三日 周六 上午陪湖南省万、张书记参观园内。下午处理琐事，与江西省科协、出版社二同志交谈，看植物园戴新民拍的照片。

二十五日 周一 同丁占山同志至五老峰看集体生产组扦插生产情况。下午与罗少安同志交谈，他抱出上半年工作材料来证明他的设计方面的工作，另外在业务工作问题谈了一些意见。

二十六日 周二 上午听取赖书绅、王江林同志参加《江西森林》汇报会。下午继续汇报上半年的研究计划执行情况的检查。4—8时继续召开分类室会议，研究今年任务（计划）落实的意见。

二十七日 周三 上午听取王维忠汇报工资区类调整，本园的人员如何定。下午听取朱国芳、刘永书汇报珍稀植物学术讨论会。去五一看球赛。

二十八日 周四 上午开园务会，出席秦、王、丁、朱、慕、崔、陈，讨论房屋分配原则。下午继续讨论油化气罐分配使用原则。

九月一日 周一 上午林科院李副院长等同志来园参观，在接待室之后由朱国芳同志陪同。听取张伯熙等通知去京汇报。下午继续听取避孕药组汇报，初步决定了下步做法和工作内容，并由该组讨论定出具体计划。

---

① 此指计划经济管理下，单位集团采购受指标控制。

敢问路在何方

——2002年1月11日在庐山植物园改革大会上的动员报告

郑　翔[①]

庐山植物园从1934年建园到现在已经有68年历史。在这68年当中，我们的成绩是巨大的，我们对社会的贡献是巨大的。但是，我今天主要不讲成绩，不讲贡献，主要讲讲我们的困难、我们的问题、我们的差距、我们的落后，以及我们怎么办。江西省委书记孟建柱同志不久前在十一届省党代会上指出：我们要正视落后，不甘落后，甩掉落后，就要有正视落后的勇气，有不甘落后的精神，有甩掉落后的办法。出于这样一种思想，我今天主要谈六个问题。

一、回首的惊讶

1. 七十年悠悠岁月。

1934年8月下旬，当胡先骕等著名科学家创建的庐山植物园在春色满园举行隆重的成立大典的时候，我们的中央苏维埃政府和工农红军在江西瑞金、于都等地正在作战略转移，万里长征，北上抗日的准备。1937年抗日战争开始后，庐山植物园的科研人员在秦仁昌先生的率领下转移到云南丽江，设立工作站，继续为“科学救国”的理想而奋斗。当1945年抗战结束时，庐山植物园在陈封怀先生的主持下开始恢复重建。当新中国成立时，庐山植物园收归国有，隶属中国科

① 郑翔，1960年3月生，安徽泾县人。1984年7月江西财经大学毕业，任教于山东工业大学；1987年4月任江西省科委干部、副处长；1996年12月任江西省计算技术研究所所长；2001年7月兼任庐山植物园主任；2002年8月任江西省科技厅助理巡视员，并继续兼任庐山植物园主任；2005年10月任庐山管理局局长，2007年3月任庐山管理局党委书记；2011年12月任九江学院党委书记。

学院。之后，与共和国一道经历了50年的风雨发展，直到今天。近70年的沧桑世变，物旧人非，时代的进步，社会的发展太快、太多了。

2. 八千里漫漫长路。

庐山植物园是由北平静生生物调查所的中国第一代植物科学家，为了实现科学救国，发展祖国科学事业的崇高理想，来到庐山创建的。从北平到庐山，再辗转昆明、丽江，又回到庐山。这漫长的八千里路上，经历的坎坷、风雨、曲折、颠簸是我们这些后生难以想象的。但我们的事业就是从这坎坷、风雨、曲折、颠簸中开创出来的。

3. 三代人殷殷奉献。

如果说胡先骕、秦仁昌、陈封怀他们"三老"是第一代的话，那么现在已离、退休的同志就是第二代，我们现在在职的同志就是第三代。这三代人为植物园的建立、发展做出了大量的奉献。

4. 二十个沉沉的数据。

经过七十年岁月、八千里长路和三代人奉献之后，我们今天是一个什么样的状况呢？我列出植物园的20个基本数据，可谓沉甸甸、甸沉沉：

（1）面积4 419亩；（2）植物种类3 400种；（3）野生植物800种；（4）国家保护植物94种；（5）植物蜡叶标本17万份；（6）藏书6万册；（7）已建立的植物园区11个；（8）现有职工175人；（9）成果180项；（10）获奖16项；（11）与国外交流有60多个机构；（12）完成专著7部；（13）每年国家下拨事业费200多万元。

以上这13个数据可谓沉甸甸，有一定的分量，是我们近70年工作的结晶。但以下还有7个数据，让人感到的已不是沉甸，而是沉重：

（14）到2000年12月底，全园人均月工资616元；（15）户均住房20—30平方米；（16）无房、危房户21户；（17）安居工程项目款已到账，却待批7年，至今未建；（18）待业子女10余人；（19）穿园而过的汽车年数十万辆次，危害植物的废气经久不散；（20）植物盗失年达数十种。

面对这两类数据，我们心情复杂：为我们的成就而感到骄傲，也为目前面临的困难感到沉重。担子在肩上，压力在心头。

一个单位经过68年的发展，可以有两种不同的结果。一种是"丰富多彩，收获满仓"；另一种是"一无所有，两手空空"。我们现在是一个什么结果呢？这20个数据一排列，我们离第一种结果已经很远，离第二种结果已经很近。

我们现在提出改革，不是上级强加于我们，而是我们自身内在的迫切要求。这样的状况，我们不能怨天尤人，首先要自我反思，对自己的处境有一个清醒的认识。这里，我给我们庐山植物园画了一个自画像，十句话：

一筹莫展，园穷志短；
两眼迷茫，心灰意懒；
三代奉献，可敬可叹；
四世同堂，关系纷繁；
五子登科，就业困难；
六亲富有，能干能侃；
七十高龄，劳作气喘；
八方有缘，不肯高攀；
九江在望，犹豫下山；
十面埋伏，孤岛夕旦。

“一筹莫展，园穷志短”，由于单位困难较多，一些本可以做好的事情都不敢一试，一些可能做好的事情甚至主动放弃。这样放弃，是把困难、挑战连同机遇和希望一道放弃了。

“两眼迷茫，心灰意懒”，大家举目四望，寻找出路，不知道希望在哪里，光明在何方，不免神离气泄，心灰意冷。

“三代奉献，可敬可叹”，三代人的奉献包含了多少劳动，多少心血，多少希望，实在令人敬佩。可是敬佩之余又令人感叹不已。

“四世同堂，关系纷繁”，植物园弹丸之地，庐山巴掌大小，结婚生子找对象，范围十分有限，以至亲戚摞亲戚，本家叠本家，亲缘关系盘根错节，造成人事管理复杂。

“五子登科，就业困难”，庐山就业机会十分有限，职工子女如果不能远走高飞，就业始终是个大问题。

“六亲富有，能干能侃”，兄弟单位经济状况都比我们要好，首先是因为他们能干，同时人家也善于宣传。我们没干好几件像样的大事，又不注意学习，跟人家对话，侃都侃不起来，怎么与外部世界对接？

“七十高龄，劳作气喘”，我们近70年的园龄，就像一个垂垂老者，稍微干点活，做点事，就觉得很费劲、很吃力，力不从心，我们的“体质”已经很弱了。

“八方有缘，不肯高攀”，由于单位历史长，又是“双管”，又在外地，形成了我们“亲戚”多的优势。在省科技厅系统，在中科院系统，在庐山，甚至在国外，都有很多兄弟单位和同行、邻居。可是，这样丰富的关系资源，长期没有好好利用，觉得自己矮，别人高，不肯高攀，宁愿死守清贫，也要保持清高。

“九江在望，犹豫下山”，九江名城，近在咫尺。到九江搞开发的热情久已有之，但一直犹犹豫豫，彷彷徨徨，始终没有迈出这一步，终年坐守孤山，坐吃山空。

“十面埋伏，孤岛夕旦”，我们现在已经变成传统计划经济体制的唯一遗孤，正处在市场经济的十面埋伏中，如果再不突出重围，必难逃“自刎乌江”的下场。我们是身处险境而不自知。

这张“自画像”，可能有些刻薄，但非刻薄不足以警醒，要理解我们的良苦用心。面对这张自画像，我想有四种人会感到惊讶。一是“三老”会惊讶，他们长眠在我们植物园，可以看到我们每天在干些什么。他们的晚辈难道就是这副尊容？二是“老外”会惊讶，这是中国第一个植物园，难道就是这副模样？三是国人会惊讶，我们中国人曾经引以为骄傲的“中华第一园”难道就是这样的形象？四是自己会惊讶，我们这些先贤的后辈怎么长成这副嘴脸？

二、“二傻”的启示

八十年代初，天津有个作家叫冯骥才，写了一个电影剧本《神鞭》，被拍成电影，是讲晚清时期的一个武术世家的后代，如何顺应时代的变化而及时改变自己，从而成为时代英雄的故事。故事的主人公，天津市民“二傻”出身武术世家，因为清朝不准民间私藏兵器，他家传的武术已失去优势，不能用了。但清朝留辫子，于是他的长辈们就把辫子的武术功能开发出来，使家庭成员的辫子成了既符合潮流，又能随身携带的武器。“二傻”因辫子功战胜了东洋浪人，扬了国威，皇上赐他“神鞭”的金匾。一时间，学辫子功的人如潮涌。不料后来革命党来了，要剪辫子，经过几代人的努力，辛辛苦苦开发出来的辫子功又不能用了，怎么办？这时“二傻”参加了义和团，经过自己的努力，学会了使用洋枪，且练就了左右开弓、百发百中的绝技，他不但没有被时代淘汰，反而成了时代的英雄。假如我们替“二傻”他们总结成功经验的话，我想可以归纳为“敢于放弃，善于抓住”两句话。他在整个过程中有两次重要的“放弃”，一次是放弃家传的兵器武功优势，一次是放弃独创的辫子功优势。不难想象，当他们不得不放弃这两个优势时，需要承担多大的心理痛苦，又需要拿出多大的承认落后的勇气。同样，在整个过程中，他们又有两次成功的“抓住”，一次是抓住了辫子这个人人都有而又人人都没有想到的东西，这次成功需要智慧和武术功底；另一次是抓住了学习使用洋枪这项“新技术”的机遇，而这次成功则需要虚心的态度和敢于追赶先进水平的精神。影片的结尾,他的一个老对手对他说:“你这个神鞭,鞭都没有了,看你还怎么神。”“二傻”的回答是全剧的点睛之句和中心思想:“鞭没了,神留着。”接着,拔出双枪,左右开弓,打掉了吊在树上的两枚铜钱。

“二傻”的回答耐人寻味,令人深思。我们不妨问问自己:我们的“鞭”或许还在,我们的“神”在哪里?

这便是“二傻”的故事,从中我们可得出七点启示:① 懂得放弃,舍得放弃过时的优势;② 善于发现,善于抓住;③ 识时务者为俊杰;④ 勤于接受新技术,保持领先状态,始终走在前列;⑤ 依靠扎实的基础;⑥ 凭借顽强的劲头;⑦ 保持高度的自信。

一个人是这样,一个单位也是这样,没有这种自信心,便人穷志短,没有发展前途。王勃《滕王阁序》云:“穷且益坚,不坠青云之志。”把“二傻”的七点启示归纳为一点,就是四个字——与时俱进。

三、透视镜下的“我”

我们已经讲了植物园的外在形象,下面我们看看植物园的内部状况。植物园的工作可分为科研、科普、开发和管理几部分。把这几部分的工作放在透视镜下,看看到底存在什么问题:

1. 科学研究——科学研究不科学。

为什么说我们植物园的科学研究工作不科学,因为有个“十化”现象:

(1) 课题来源单一化:在实行江西省与中科院“双管”之前,只要江西省科委的项目,之后,只是加上中科院项目。这些项目,大部分属照顾性质,有多少实质性的研究内容?

(2) 执行主体民工化:有些课题,做起来非常简单,找几个民工,种几棵树,施一点肥,这项课题便结束了,既没有人做观察,更不需要研究人员。用这样的方式能完成真正的科研项目?真是天大的笑话。

(3) 项目主持领导化:只要是单位的领导,就可以主持项目,不管以前是干什么的,不管以前有没有从事研究工作的经验,有没有这方面的基础,有没有这方面的能力,只要有官帽子,就可以主持项目。不是因为他有能力,而是因为他有权力。

(4) 专业人士全能化:不管自己的专业是什么,只要是项目,我都能承担。我们的专业人员都是全能的,都是神仙。

(5) 研究活动单兵化:很多项目,都是一个人在做。以前我们形成了不少优势，当这个人调走或退休，植物园就少掉一个专业，少了一个领域，少了一个优势，这样的科研永远也发展不起来。

（6）人才梯队断层化：40—60岁的科研人员已是寥寥无几，屈指可数，能从事研究的是60岁以上和40岁以下的人，我们一共70年，断层断了20年。

（7）研究方式二手化：从书本到书本，从文章到文章，“天下文章一大抄，糨糊加剪刀”。这是不是研究，要画一个很大的问号。不仅如此，这还是一个学术道德问题。我虽然是植物科学的外行，但我也懂得，植物研究的成果只有两个来源，一个是野外的调查、观察、研究，一个是科学实验。二手化的科研会有创新吗？

（8）项目周期无限化：只管立项，不管结题，到了期限，既不鉴定，也不验收，也不总结。这样做研究，谁还给你下一个课题？这种时间无限化，是一种无能的表现，说明这个东西你做不出来。

（9）课题经费私有化：项目经费归项目负责人所以，谁也无权动用。这简直是岂有此理！没有单位去争取，没有单位做依托，任何个人都不可能拿到项目。如果你有这个本事，你可以离开我这里，试试看。

（10）科研定位模糊化：植物园的研究方向是什么？多年来，一直在争论，没有共识，没有目标，没有方向，没有定位，“四没科研”。

以上“十化”当中，我们最反对的一化就是“项目主持领导化”，其他几化都是由它引起的。如果任何项目都是由领导主持，其他人怎么办？人家的机会在哪里？人家平生所学如何一用？只有把人逼走，走得一干二净。最后“山中无老虎，猴子称霸王”，你倒是当上了霸王，单位怎么办？况且，你没有那么多精力同时主持那么多项目，你也没有那么多时间，你又不是全才，怎么办？只有民工化，只有拖延不结题，只有糨糊加剪刀。

2. 开发工作——开而未发。

我们的开发工作是开而未发。如果说，我们的科研工作没有做好主要是主观因素的话，我们的开发工作没有做好则主要是客观的原因：没有启动资金，可以利用的资源很少，受到地理环境的限制，我们的经验也很少，观念也陈旧，开发的思路也比较窄。我们曾开发20多个品种，最终没有一个拿到市场中去，包括虎舌红。

3. 管理工作——管多理少。

我们的管理是管而不理，或管而少理，缺少科学：

——一堆写满文字的白纸。在我们植物园首先有一堆写满文字的白纸，这就是制度。有制度不执行，形同一堆白纸、一堆废纸。这堆废纸不仅废了我们的制度，也废了我们的形象，废了大家的信心，废了职工的希望，废了单位的前途。

——一只既握黑笔又操红笔的手。黑笔是用来起草制度的，红笔是用来修改制度的。随时可以起草，随时可以修改，随改随意，形同儿戏。应当说，一项制度确定下来，就是这个单位的法律。法律面前人人平等，不管是群众，还是领导。

——一双不识字的眼睛。我们有一双不识字的眼睛，它只认识“朋友”二字，不认识“制度”二字；只认识“交情”二字，不认识“制度”二字；只认识“义气”二字，不认识“制度”二字；只认识“权贵”二字，不认识“制度”二字。谁与它关系好，谁对它有价值，它就认识谁。

——一对听不进意见的耳朵。我们有一对听不进意见的耳朵，职工不是没有意见，有多少人能够听得到、听得进。如果只听，不加理会，不予解决，如同没有听一样，或者根本就不听。那分明是聋子的耳朵。

——一张管不住的嘴。这张嘴巴张家长、李家短，言而无信，信口开河；会上不说，会后乱说；该说的不说，不该说的乱说。捕风捉影，搬弄是非，真正“吐不出象牙”。

——一支有权无威的印把。印把是权威的象征，只有权没有威的印把，还能维持多久？还有什么号召力，还有什么影响力，还能不能把植物园引向正确的道路？

4. 园林建设——原始加零星的建设。

我们的园林建设是原始加零星的建设。老面孔，几十年不变，陈封怀先生留下的是什么样子，现在还是什么样子。几十年来，我们也做了一些建设，只有零打碎敲，没有统一规划，而且执行主体民工化，可以想象这些建设的价值，终难经受时间的考验。好在我们原始的水平很高，否则更糟。我们不得不佩服我们的前辈，为我们留下值得骄傲的东西，但是祖宗留下的东西是不是一定不能更改？我们要在前人的基础上有所发展，这才是前人所希望的。

四、脑子里的“病虫害”

我们是从事植物学研究的，知道病虫害对植物的威胁，但我们脑子里的“病虫害”是否被发现？我前几年曾经在计算所把职工存在的毛病归纳为“七大所病”。到植物园工作后，我发现在一些职工身上，也有这样一些毛病。我们来看看，这些"病虫害"是什么：

一是"好当高参，见火便煽"：有的人喜欢做"民间高参"，看见别人有思想问题，也喜欢去"做思想工作"，但他不是去做正面工作，而是做反面工作，给人煽风点火，火上浇油。把矛盾挑起之后，他就躲在后面看热闹，看笑话，从中得到极大的快感。

二是"耿耿前嫌，以人划线"：有的人以前跟别人闹过矛盾，就永远把人家当成敌人，别人工作再好，贡献再大，他也看不见，也反对，也拆台。有的上一辈的矛盾可以传给下一辈，子子孙孙，冤冤相报，只对人，不对事。

三是"张婆李婆，互不配合"：有的部门与部门之间，个人与个人之间互不配合，使一个单位外表是一个整体，内部四分五裂，难以协同工作。

四是"不分层次，越级办事"：有的上级习惯越级指挥，下级喜欢越级汇报，中层干部不知所措，造成单位领导与中层干部之间误会多多，矛盾重重，最后谁都不管事，谁都不责任。

五是"有理无理，盲目攀比"：有的人只比收入、比条件、比待遇、比利益，而不比贡献、不比责任、不比学问、不比劳动，造成劳与获之间没有一个原则标准。分配混乱，分配不公。

六是"安坐漏船，大势不管"：有的不管单位面临什么样的形势和困难，不是理解、支持、共渡难关，而是照样索取。只顾自己，不顾集体；只顾眼前，不顾形势的发展变化。

七是"有懒有赌，穷困贵族"：有的懒惰成性，嗜赌成瘾，身上没有几个铜板，还成天离不开几张牌。明知自己穷酸，也重活、轻活都请民工干，不肯放下架子多赚点钱，俨然一群"穷困的贵族"。

任何单位，有这些毛病的人多了，这个单位必定是离心离德。这"七大所病"前面六项是套用计算所的，最后一条是植物园所特有的。

五、一连串的问号

分析了这些问题后，我们脑子里会出现一连串的问号：

1. 植物园怎么啦？——反思自己，怎么变成现在这个样子，怎么外表是那样一副画像。透视镜下又到处都有问题，脑子里还有那么多病虫害？这是怎么回事？每个人都要问一问自己，要反省反思。

2. 世界怎么啦？——观察世变，短短68年发生了翻天覆地的变化，全球经济一体化加速，新技术革命风起云涌，市场经济已成汪洋大海，科技创新方兴未艾，科研院所改革如火如荼，原来“洞中方七日，世上已千年”。

3. 植物园怎么办？——思考现在，我们现在应做些什么？还是继续迷茫、等待？还是奋起直追，迎头赶上？

4. 新世纪的“我”在哪里？——寻找定位，庐山植物园在新形势下怎么定位？这个问题，不仅园领导要思考，全体员工都要思考。

5. 我们能成功吗？——分析优势，树立信心，我们至少有三大优势，一是资源优势，地域、土地、植物、人才、品牌、科研等项，我们都有优势；二是大环境的优势，包括今天的改革社会背景，包括省科技厅党组、中科院等各级领导对我们的关怀和帮助；三是我们的人心优势。我相信，在座的每位职工都和我们一样，希望尽快改变我们的面貌，尽快赶上先进植物园的水平。人心可贵，人心可用。

6. 敢问路在何方？——路在脚下！人不自助天难助，争取支持十分重要，但两只脚长在自己身上，发展之路终究要自己走，这是任何人无法替代的。

六、几个严肃的思考

1. 关于总体发展思路。

——科研工作。在九月份我们拟就了科研工作近期八字方针“争取支持，开放合作”。以这八个字为指导，我们确定并开始了与中科院植物所的密切合作，才有了博士团的来访，才有了派人出去学习，才有了中科院植物所在我们庐山建立工作站的计划，才有了庐山植物园进入中科院植物园的二期知识创新体系。这条路就这样走下去，坚持数年，必见成效。我们引进了人才，也不要眼睛只向外，也要像中科院生物局康乐局长所说的，还要眼睛向内，要在内部发展和培育更多人才。我们的职工当中，有的同志学历不高，但勤奋、努力，已经做出了很像样的成绩。我相信还有不少同志，只要调动他们的积极性，提供机会和条件，同样能做出很好的成绩。

——开发工作。开发的最终目的是保护物种，增加收入，促进科研。我们在九月份，拟定开发工作的“短线、慎重、招商”六字方针。初步选择5个项目，正在请策划专家进行策划包装，拿到江西省对外招商会上去招商。这5个项目是：庐山云雾茶全山式一条龙开发；旅游市场促销；园内电瓶游览车运营招商；名贵花木开发及其基地的建设招商；夜景旅游亮化工程招商。假如这5个项目能招到一项，我们的开发就可以走活。

——园林工作。去年九月份我们已完成一个大行动——园林整治，清理了多年积累的枯枝败叶垃圾。今年要做第二个动作，就是砍枯、移株、间伐。明年起补景、改景、造新景。

——内部管理。内部管理主要是改革，但是怎么改，今天下午请大家一起讨论。

2. 关于科研定位。

我们作为一个科研单位，研究工作应始终放在首位，这个问题不必要再争论。不突出科研，我们就不是一个公益性的事业单位，我们与中国科学院的联系就将越来越淡远，好不容易恢复的联系就会中断。这几个月来，通过与大家和中科院科学家们的接触，通过在中科院植物所的考察，以及翻阅历史文献，对我们植物园的科研定位问题逐步形成了一点极不成熟的想法，今天也借这个机会与大家交流讨论。

植物科学研究发展到今天，似乎可以分为三类：一类是宏观研究，即大生态与大环境的研究。这类研究需要多学科综合知识体系，需要野外生态观察台站的支撑。这类研究我们显然不具备条件。另一类是微观研究，即深入到植物细胞分子等机理的研究。这类研究借助各种仪器设备才能进行，否则根本无法工作。仪器设备投入之巨，非一园一所能够承担。这类研究我们显然也做不了。剩下的还有一类，就是所谓“中观研究”，即介于这两者之间的研究。这个范围也十分宽泛，近现代植物学研究的主要内容是植物调查、形态分类、引种驯化以及具体的栽培技术等等，就好比我们的松柏、杜鹃、蕨类等等。我们只能搞中观当中的某几项，具体选定哪几项，就不能依我们的主观意愿而定，而应依我们特有的客观条件优势而定。

我觉得我们最大的条件优势不是别的，就是我们的地理区位优势。庐山这个地方，搞植物研究简直是个天堂，综观中华大地，再也难找第二处，我由衷地叹服我们的老先生们，我现在才能理解中国科学院的领导和科学家为什么反复强调“庐山植物园地位不可替代”。

中国科学院系统的13个植物园，最东面的是南京中山植物园，最南边的广州华南植物园、西双版纳植物园和肇庆鼎湖山树木园，最西边是华西植物园，最北的是新疆吐鲁番植物园和沈阳树木园。庐山植物园几乎是雄踞中央。从南北向的纬度看，北纬29°51′，正好处在亚热带和暖温带交界的纬度上，这两个气候带的植物都可以在这里找到等同或者接近原生地的气候环境，即找到适宜的迁地保护条件。从东西经度看，东经115°59′，正好又处在长江中游与下游交汇点上，在它以西，以山地环境为主，以东则是一望无际的平原，在这一纬度带上的山地植物园和平原植物园，都可以在庐山找到生存保育环境。从高度看，庐山拔地而立于长江中下游平原，植物园海拔1 000—1 360米，植物群落从低海拔向中高海拔逐渐过渡，层次分明。从这三方面看，可以说，庐山植物园的区位特点可以归纳为：承南启北，承东启西，承上启下。再加上濒临长江与鄱阳湖的汇合处，雨量充沛，水源充足，得天独厚。这就是我们最大的优势。

我们设想一下，假如我们凭借这个优势，把所有能够在庐山找到生存环境的珍稀濒危植物和其他特有保护植物全部集中到我们植物园，开辟专类园区，就可望建成中国最大、最丰富、保存物种最多最全的"珍稀濒危保护园"。若干年以后，不仅能吸引全国乃至世界的珍稀濒危植物学家来我们园工作，我们自己的科研工作也就定位于珍稀濒危植物的保育、研究和推广。通过我们的保育和研究，以及相应的繁殖、栽培工作，再把它们源源不断地推广开去，使它们不再珍稀，不再濒危，那将是我们对国家、对社会、对人类莫大的贡献。

3. 关于改革的目标。

"十五"科研事业单位的改革目标，国家已经确定，总体目标是在"十五"计划末期，科研事业单位只保留30%的事业人员编制，70%要企业化分流。今年我们定为"改革年"，必须要有实质性的改革内容。我们今年的改革目标有四项：一是调整部分内部机构设置，二是改革人事制度，三是改革分配制度，四是建立健全各项制度。其中，人事制度和分配制度的改革是重点。对在职人员，我们要告别计划经济的档案工资模式，用人制度与分配制度的改革必须配套和同步。

4. 关于思想观念与工作作风。

这是一个关乎全局的大问题，如果我们的思想还是计划经济的陈旧观念，我们的作风还是那样懒散，可以说我们的改革不会成功，也难以招商引资。在近期，一是坚持在七月份我们刚来时提出的"四不"：不争论、不埋怨、不纠缠、不等待。上次职工大会上我已经讲过，在这里不详细说，但强调一次。二是再次强调"四做"：从我做起，从现在做起，从点滴做起，从身边小事做起。三是"四变"，即转变思想观念，从顽固的计划经济观念向市场经济观念转变，向"二傻"学习；转变工作习惯，我们习惯慢，习惯不多思考，缺少分析，要转变为多学、勤思、力行；改变自身形象；改变自身能力。李厅长常常说，江西人在外面不能与人作深入的交谈，谈不出问题，谈不出见解和思路，这是自身能力有限的表现，是不学习、不思考的表现。

六个问题全部讲完了，最后引用毛主席在战争年代填的一首词《十六字令·山》作为我动员报告的结束语：

山，
快马加鞭未下鞍。
惊回首，
离天三尺三。

“山”，就是我们庐山，就是我们庐山植物园。我们的差距已经很大，必须“快马加鞭”，迎头赶上。必须要不敢松懈，“未下鞍”。追赶三年五年，我们再来一次“惊回首”，我们又会有一个“回首的惊讶”，我们会惊讶地看到，我们已经进步了很多，提高了很多。高到什么程度——“离天三尺三”！

我的发言完了，谢谢大家。

庐山植物园鄱阳湖分园建园分析

吴宜亚[①]

一、庐山植物园历史地位

庐山植物园成立于1934年8月，初名“庐山森林植物园”，由北平静生生物调查所与江西省农业院合作创办。当时中国的植物园事业还在起步阶段，静生生物调查所所长胡先骕早就有创建一座类似于英国邱园的植物园的愿望。几经周折，选择在植物种类丰富、自然条件优越的庐山兴建，由静生生物调查所标本室主任、“世界蕨类植物之父”秦仁昌担任第一任主任。根据庐山地理区位和山地特点，建园伊始，就确定以裸子植物与高山花卉为引种驯化和研究重点，不久就以骄人的成绩，蜚声海内外。抗日战争期间，植物园辗转迁往云南丽江，设立丽江工作站，在此开展高山植物研究，秦仁昌在此还完成了著名的《水龙骨科的自然分类》论文，冯国楣等则采集了大量植物标本。抗战胜利后返回庐山，由“中国植物园之父”陈封怀先生任第二任主任，主持恢复重建工作。1950年庐山森林植物园隶属中国科学院植物分类研究所，成为该所工作站。1954年直属于中国科学院，并改为庐山植物园。“文革”期间下放到地方管理。1996年，受江西省与中国科学院双重领导。

庐山植物园是我国最早建立的具有科学意义的正规化植物园，至今已有78年历史，是中国植物园的发祥地。它的建立得到了社会各界的鼎力支持，是20世纪初中国现代科学兴起中的一件盛事，在我国植物园事业中具有里程碑意义。经过78年的努力，庐山植物园已成为我国著名的山地植物园，已收集保存植物5 000余种，建成了松柏区、杜鹃园、蕨园、岩石园、树木园、乡土观赏植物专类园、

① 吴宜亚，江西九江人，1969年生。2008年任中共庐山植物园党委书记。

樱花园、茶园、温室区、草花区、鸢尾区、猕猴桃园、药圃、槭树园和自然景观区等15个专类园区，特别是松柏区、杜鹃园、蕨园和岩石园最具典型代表。这些特色的专类园区构成了松杉辉映、桧柏交翠、鲜花竞放、绿草如茵的优美独特的自然式山地园林特色。庐山植物园是我国植物多样性迁地保育、植物资源可持续利用研究和科普教育的重要基地，同时也是江西省对外交流的重要窗口，为地方经济和社会发展做出了重要贡献。

二、鄱阳湖分园建设的重大意义

湿地是位于陆生生态系统和水生生态系统之间的过渡性地带，与森林、海洋并称为全球三大生态系统，是人类最重要的生存环境之一。湿地具有强大的沉积和净化作用，因而又有“地球之肾”的美名。湿地不仅具有涵养水源、蓄洪防旱、降解污染、净化水质和调节气候等重要生态功能，而且是许多生物物种（尤其是鸟类和鱼类）的重要栖息地，孕育着极其丰富的生物多样性，蕴藏着丰富的遗传资源，是世界上最具活力的生态系统，在维护生态平衡、改善生态环境、保护野生动植物和维护生物多样性等方面发挥了巨大的作用。

鄱阳湖是国际重要湿地，是我国最大的淡水湖，在中国长江流域中发挥着巨大的调蓄洪水和保护生物多样性等特殊生态功能。鄱阳湖生态环境的保护和水环境的综合治理，对促进鄱阳湖流域——江西省社会经济可持续发展具有重要意义，对维系区域和国家生态安全具有重要作用。

庐山植物园鄱阳湖分园是江西省环鄱阳湖生态经济区的重要组成部分，是庐山植物园科技创新研究平台和科研成果转化的重要基地，也是国家生物多样性保护战略体系中的一项重要内容。鄱阳湖生态经济建设示范和鄱阳湖水陆相复合生态系统恢复定位实验研究平台建设，将是鄱阳湖分园工作的重点。通过综合运用生态保护支撑技术，进行湿地修复和重建，恢复湿地植被，将有效地维护鄱阳湖湿地良好的生态系统，增强鄱阳湖湿地的生态功能，从而保障国家和地区生态安全。以鄱阳湖分园为依托，通过国家科技支撑项目“鄱阳湖流域重要珍稀濒危植物保育及资源可持续利用技术集成研究与示范”的实施，在鄱阳湖分园收集保存江西省及长江中下游本土水生植物种质资源，为鄱阳湖湿地生态系统的恢复重建提供保障，从而维护鄱阳湖的生物多样性和生态系统的稳定。

建设庐山植物园鄱阳湖分园，旨在认真贯彻江西省委、省政府提出的“环鄱阳湖生态经济区建设”的国家战略精神，坚持以《国家中长期科学和技术发展规划纲要》、《中国科学院中长期发展规划纲要》和《国民经济和社会发展第十二个五年规划纲要》的精神为指导，以科学发展为主题，以加快转变经济发展方式为主线，以科技进步和创新为重要支撑，以保障和改善民生为根本出发点和落脚点，加快建设资源节约型、环境友好型社会，提高生态文明水平，进一步提升庐山植物园品位，不断增强自主创新能力，实现跨越式发展。

三、鄱阳湖分园建设的可行性

（一）地理优势

鄱阳湖分园地处庐山北山脚下，距庐山36公里，距九江市区8公里，濒临鄱阳湖汊，交通十分便利，水量充沛，植被丰富，既有山岳，又有平地和湿地。庐山植物园鄱阳湖分园选址在威家镇威家村与虞家河乡民生村交界处的泉水垅，紧临庐山直升机场、庐山北门换乘中心和庐山国际新城商贸中心。这里有山有水，地理环境优越，南依庐山，东临鄱阳湖，属九江市城市规划区范围内，是开展科学研究和生产生活的理想场所。

（二）历史性机遇

江西省委、省政府提出的“环鄱阳湖生态经济区建设”已上升为国家战略，将环鄱阳湖地区建设成为生态文明的示范区、新型产业的集聚区、改革开放的前沿区、城乡发展的先行区、江西崛起的带动区，这项由科学发展观统领的环鄱阳湖生态经济试验区工程，便有了全球性意义。“发展保护这一湖清水”为庐山植物园今后的发展提出了全新的研究课题，我们将抓住这一历史性机遇，在鄱阳湖畔建设庐山植物园鄱阳湖分园，充分发挥我园在环境保护、生态文明建设等方面的优势，坚持以科学发展观为指导，以鄱阳湖为核心，以鄱阳湖经济圈为依托，保护生态、发展经济，统一规划、分步实施，以人为本、统筹兼顾，把鄱阳湖生态经济区建设成为生态优良、经济发达、城乡协调、生活富裕、生态文明与经济文明高度统一、人与自然和谐相处的生态经济区。

鄱阳湖分园的建设得到了国家科技部、中国科学院、省、厅、市各级领导的关怀与支持，得到了社会各界的大力帮助。我们应切实抓住千载难逢的大好机遇，全力推进鄱阳湖分园建设，为实现庐山植物园几代科技工作者的梦想而努力。同时，整合科技力量，建立和完善科技支撑体系，科学研究鄱阳湖地区人口、资源、环境的协调关系，传播生态文明理念，强化生态环境理论研究，推广生态建设经验，又快又好地推动科学发展。

四、鄱阳湖分园建园战略规划

（一）项目分析

1. 项目功能定位。

定位:“科学的内涵,美丽的外貌,文化的底蕴。”临近城镇中心区,是与城镇结合紧密,公共交通便捷、生态优美的科学研究区。以山水田园景观为背景,以植物为主题,西方模式与东方元素相结合,集物种保育、科研科普及文化旅游于一体的综合性、高品位、世界一流的植物园。

2. 开发时序。

鉴于该项目的可操作性和现实性,规划采取分期建设的模式。首期启动南面中心科研办公区的开发,后期带动各片区的建设。

（二）设计原则

1. 功能优先原则。

设计时主要考虑将鄱阳湖分园科研办公区设计成具有多方面综合功能的区域,主要包括办公、游憩、植物科普教育、保育、对外展示及与植物资源相关的生产活动六个方面,其中每一个方面都有着十分丰富的内容。分园科研办公区内安排有完善的配套系统,一目了然,同时为更多的受众认识自然、欣赏自然和保护自然起到最广泛的科普宣传作用。

园区资源是不可再生的自然和文化遗产,在科研办公区以至整个鄱阳湖分园区内必须坚持保护第一,只有在保护好资源的前提下,才能永续利用资源,确保园区的可持续发展。

2. 体现地区特色原则。

在园区规划上,分别从科学研究、迁地保育、园林艺术、人文特色、地域特色等角度去表现人与自然的关系,突出植物景观对受众产生的科研、科普作用。采用植物造景,结合必要的园林建筑小品,塑造出植物园科研办公区的生态人文气氛,体现人类保护自然、自然孕育人类、人与自然和谐统一的主题。

3. 协调性原则。

凸显植物园办公区域的特征、特性和功能,区分植物园与绿化公园、森林公园、自然保护区的关系,紧跟时代发展的步伐,兼顾受众的爱好与游憩需求,发挥植物园的全方位功能,提供人们认识和亲近植物的机会,打造一个科学的植物多样性展示中心。

4. 可操作性原则。

为适应开发建设中的实际需要，统一规划，分期建设，规划设计注重可操作性，有利于工程建设的滚动发展。注重规划设计的现实性和长远性相结合，做到“高起点、远目标、重实际、可操作”。

(三) 规划布局

规划在对项目基地以及周边现状情况进行充分的调研之后，结合实际情况，趋利避害，依坡就势，力求创造一个环境优美、功能齐全而有科学内涵的植物园科研空间。具体布局如下：

1. 功能结构。

规划根据空间结构进行总体布局，共分为四个区。

科研办公区：位于规划区的核心，包括科研创新大楼、图书馆、标本馆和重点实验室。

生态休闲区：位于规划区的北部及中心地区，将植物进行适当组合与配置，加强植物群落的林相、层次结构及季相景观的变化。采取疏、密结合的植物造景方式，注意留出景观视线，开辟、组织好视线走廊。结合建筑、山水、地形等造园要素，将各种人工设施和谐地融入自然山水景观中，体现特色，丰富形态。

学术交流区：位于规划区的西南面，包括“科学家之家”、学术交流中心、濂溪文化讲习所等。

配套服务区：位于规划区的东南面，包括管理用房、篮球场、网球场和部分停车场用地。

2. 道路交通。

新规划的园区内道路分为3级，分别为主干道、次干道、游步道，另有无固定宽度的卵石小径。其中主干道为5米，东西向穿越整个园区的主要交通性道路；次干道3.5米，承担园区内部的主要交通；游步道1.5米。主干道和次干道为车行系统，游步道结合卵石小径为步行系统。不同等级的道路有机结合，形成本园区内联系便捷又曲径通幽的道路体系。

3. 绿化景观。

1)设计原则

A. 创新分类系统：突出植物景观的观赏性、易识别性；结合地形地貌因地制宜，依照植物生态习性及采用专类园的形式进行分区，注重形成各区的景观特色，避免人工雷同。

B. 突出景观作用：风景林、建筑外围环境绿化以自然式种植为主，与地形、地貌配合，使庐山植物园鄱阳湖分园的植物景观，山水映趣，天人合一，浑然天成。

C. 加强生态保护：加强对生态敏感区的保护，使原有的自然动植物生态系统及环境获得完善的保育。风景林内各种阴性及阳性树种之间竞争所显示的演替规律，以及林木与环境之间的相互关系，对利用植物资源、改造天然林和草地，合理创造人工群落等，提供有价值的科学资料。充分保护生态资源，维护生态平衡，发挥环境效益。建设项目的布局，充分考虑地形影响，尽可能隐蔽、分散、减小体量。充分利用地形、地貌条件，因地制宜，因坡就势。环境容量、建筑体量、色彩和造型与环境协调，减小人工活动对自然的影响。

D. 强化景观效果："园以景胜"，突出规划区域内的吸引力，强化景观效果，突破传统植物园办公区域规划的陈规，通过赏心悦目的游览活动与景点的组织，意境悠远，回味无穷。

2）设计思路与内容

在尊重现状环境和地形地貌的基础上，布置绿化景观系统是整个规划环境设计的主旨。在充分保护好庐山植物园鄱阳湖分园的自然生态环境、人文环境的基础上，将其建设成为自然景观优美，人文气氛浓郁，建筑布局合理，旅游观光和文化交流为一体的风景区。

A. 方案充分利用现有的景观资源和良好的植被条件，因地制宜地进行景区建设。在设计过程中，充分利用保护好的现状景观林，湖光山色，气象万千。景观点缀，别致优雅。木栈道穿插于水草与香蒲间，睡莲、王莲相映成趣，形成"木道闻香"，"蒲香水馨"等滨水绿带。

B. 对几个片区内部的重点景观处理，通过景观空间张弛和建筑布局，以及与滨水空间的有机结合，创造出悠闲生动的带形开放空间，达到"步移景异"的空灵效果。

3）种植设计

种植设计原则：力求整体有序，有疏有密，有通有透，通过绿化空间的变化，营造景观的层次感，并与建筑和谐统一。

植栽的配置从竖向高度的角度反映出来，分三层，与常绿模纹和常绿地被一起，达到三季开花、四季常绿的效果，万木竞秀，万紫千红。

A. 最上层是乔木，是植栽群落的主题构架。乔木群可以用来强调主要的视觉焦点，遮挡不良视线和景观，同时可以作为优质景点的背景。乔木种类有樟树、楠木、枫香、栾树、马褂木、朴树、榆树、樱花、梅花、香果树、枫杨、紫薇、金钱松、玉兰、山茶花、桃花、伯乐树、大叶榕、串钱柳、杜仲、夹竹桃、银杏、紫竹、丹桂、桂花、垂柳等。

B. 中层是中等体量的花灌木层和水岸植物，1—4米的高度更贴近人体尺度。花型、花色和季相变换使得花灌木比乔木更容易吸引人群，人们可以观其色、嗅其香，远观、近读。灌木及水岸植物种类有结香、水芙蓉、杜鹃、金丝桃、月季、麻叶绣线菊、睡莲、葱兰、一串红、花菖蒲、千屈菜、花叶女贞、八角金盘、洒金桃叶珊瑚等。

C. 最下层是地被和草坪。草坪如户外的绿毯，为室外活动提供空间。而地被则是花灌木丛向草坪过渡的部分，丰富视觉层次，减小高差冲突。

4）植物分布

根据科研办公区的规划，把植物的栽种分八大区域，分别是：湖滨植物区、位于科研办公中心区域的多彩植物搭配区、占园区主导地位的大小乔木及花灌木组团区、乔木背景林、位于科研楼南面的杜鹃园和竹园、位于科研办公区东面管理用房西面的樱花园和“科学家之家”南面的桂花园。各片区相互映像，相互衬托，营造出植物园办公区的环境宛若“天绘”。

4. 竖向规划。

A. 依据国家相关规范，在满足防洪排涝及场地排水的前提下，合理的利用现状地形条件，本着有利于排水和节约建设资金的原则，最大限度地减少土石方工程量。

B. 总体上合理利用地形地貌，减少土方工程量，同时适当改造局部地貌，优化景观，提升整体的绿化风貌，保证各地绿地的排水坡度，完善排水系统，满足排水管线的埋设要求，并配合植物的生态净化雨水系统，保证水质清澈。竖向设计以景观角度为主要设计出发点，营造大地景观，以大面积的地形起伏，结合景墙等小品，营造起伏跌宕、错落有致的大地景观艺术。

C. 设计的最大纵坡为6.18%，位于规划区的东端，最小纵坡0.32%，位于新挖河道南侧的次干道上。

五、展望

未来时期，人类面临着资源短缺、环境恶化、粮食危机、水荒严重、疾病流行等严峻挑战。生态环境迅速恶化和生物资源因过度消耗而日益枯竭，已经成为制约经济发展和社会生活质量提高的突出问题。在这种大的背景下，“鄱阳湖生态经济区建设”上升为国家战略便成为历史的必然。作为鄱阳湖生态经济区建设的一项重要内容，庐山植物园鄱阳湖分园建设受到江西省委、省政府的高度重视，如今建设正在如火如荼地进行。我们将继续弘扬“献身科学、报效祖国、艰苦创业、以园为家”的“三老”精神，迎难而上，进位赶超，创新创业，以鄱阳湖乡土水生、湿生植物的调查、收集保存为基础，以退化湿地生态系统的恢复重建试验示范为核心内容，以“保护这一湖清水”为我们的神圣使命，把鄱阳湖分园建设成为庐山植物园的一个具有鲜明特色的专类园区，建设成为庐山植物园科技创新的重要平台和科研成果转化的重要基地，建设成为鄱阳湖生态经济圈中的一颗绿色明珠。

我们的目标是：面向国家重大战略需求和学科发展前沿，紧紧围绕亚热带和暖温带战略植物资源的保育及可持续利用的关键科学与技术问题、物种的起源、演化形成与维持机制、植物迁地保护的原理与方法、植物濒危机制与濒危种群的恢复、重要类群的系统发育、退化湿地生态系统的恢复与重建、水环境健康与生态安全等领域，进行基础性、前瞻性和战略性研究，保育植物物种达到10 000种以上，创建世界一流的大型正规化植物园。

鄱阳湖植物园大事记[①]

2008年

10月18日，庐山植物园与庐山区政府签订庐山植物园鄱阳湖分园项目建设合同书。庐山区委常委、组织部长刘建，庐山区副区长张金水，庐山植物园主任张青松、园党委书记吴宜亚，副主任张乐华、鲍海鸥、雷荣海出席签字仪式。鄱阳湖分园是在江西省科技厅党组书记、厅长王海的亲切关怀之下筹划兴建，科技厅副厅长左喜明、科技厅纪检组长卢建及厅属处室领导给予高度关注和大力支持。植物园主任张青松、党委书记吴宜亚多次汇报工作进程，中科院地理所博士后及相关专家、学者对项目选址进行实地论证，提出科学意见。

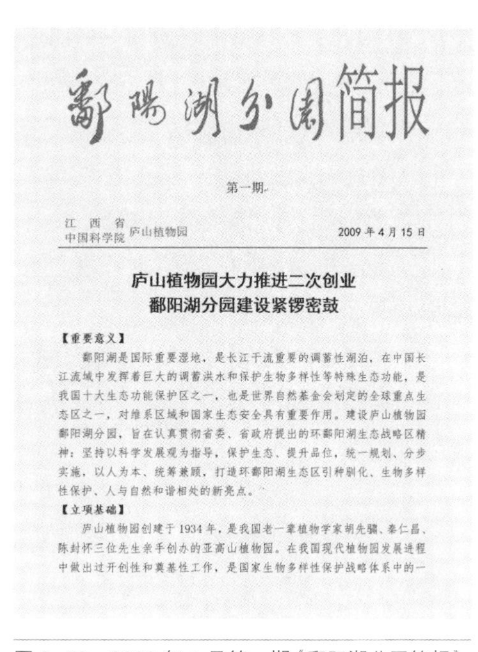

鄱阳湖分园简报

第一期

江西省
中国科学院 庐山植物园　　2009年4月15日

庐山植物园大力推进二次创业
鄱阳湖分园建设紧锣密鼓

【重要意义】

鄱阳湖是国际重要湿地，是长江干流重要的调蓄性湖泊，在中国长江流域中发挥着巨大的调蓄洪水和保护生物多样性等特殊生态功能，是我国十大生态功能保护区之一，也是世界自然基金会划定的全球重点生态区之一，对维系区域和国家生态安全具有重要作用。建设庐山植物园鄱阳湖分园，旨在认真贯彻省委、省政府提出的环鄱阳湖生态战略区精神：坚持以科学发展观为指导，保护生态、提升品位，统一规划、分步实施，以人为本、统筹兼顾，打造环鄱阳湖生态区引种驯化、生物多样性保护、人与自然和谐相处的新亮点。

【立项基础】

庐山植物园创建于1934年，是我国老一辈植物学家胡先骕、秦仁昌、陈封怀三位先生亲手创办的亚高山植物园。在我国现代植物园发展进程中做出过开创性和奠基性工作，是国家生物多样性保护战略体系中的一

图2-52　2009年4月第一期《鄱阳湖分园简报》。

10月31日，九江市规划局以九规文（2008）245号文向九江市政府报告鄱阳湖分园建设用地选址规划意见，原则同意所报选址，用地范围建议规划至道路红线。

11月10日，江西省科技厅以赣科发办字（2008）185号文批复，同意建设庐山植物园鄱阳湖分园。

---

① 本文连载于《鄱阳湖分园简报》和《鄱阳湖植物园简报》之“工作动态”。

11月14日，九江市人民政府办公厅以九府厅字（2008）123文批复：市政府认为鄱阳湖分园项目符合省委、省政府关于鄱阳湖生态经济区建设的战略，符合国家科技创新战略，可以提升城市品位。同意该项目规划用地选址在庐山区威家镇和虞家河乡交界处泉水垅西山头，面积486亩。

2009年

3月6日，党委书记吴宜亚同志率卫斌同志一行赴省环保厅拜访厅领导，陈荣副厅长热情接待。高度关注鄱阳湖分园建设，并提出特事特办，特事快办。是日，赴江西省工程技术咨询中心，拜访中心主任丁友卫，丁主任就鄱阳湖分园项目可研报告予以大力支持，给予极大优惠。

3月9日，党委书记吴宜亚率卫斌、聂建波同志赴九江市交通局、庐山区交通局，就鄱阳湖分园道路建设问题进行友好协商，九江市交通局党委书记黄强、副局长曹辉热情接待，并同意列入村级公路进行建设。

3月11日，江西省工程技术咨询中心主任丁友卫率专家一行来到威家镇，实地查看鄱阳湖分园地形分布情况。

3月16日，庐山植物园委托九江市环境科学研究所承担鄱阳湖分园项目环境影响评价报告编制工作。

3月22日，环境评估报告完成，3月23日交庐山区环保局。3月24日，庐山区环保局完成环评意见，3月25日九江市环保局完成环评意见。3月26日送省环保厅审批。

3月27日，党委书记吴宜亚率卫斌、聂建波同志至庐山区林业局，申办林权使用证。4月3日，赴省林业厅，完成办理林权使用证手续。

4月3日，鄱阳湖项目可研报告初步完成。

4月4日，经九江市规划局推荐，控规项目交由九江上林园林设计公司承担设计。4月14日初稿完成。

4月15日，园区内1.5公里公路由九江市庐山区虞家河乡建筑公司做出工程预算。

4月16日，鄱阳湖分园园区内林权使用证办理完毕，送庐山区国土局。

4月18日，分园黄强同志到九江地质工程勘察院蒋荣昌工程师处，咨询鄱阳湖分园土地相关事宜。确定鄱阳湖分园第一期征地114亩68处坐标点。4月20日，江西省环境保护厅以赣环督字（2009）215号文，就鄱阳湖分园建设项目环境影响批复意见：根据《报告表》的结论、九江市和庐山区环保局初审意见，在认真落实各项污染防治措施及达到本批复要求的前提下，我厅原则同意该项目按照《报告表》提供的建设选址、性质、规模和污染防治对策及措施进行建设。

4月21日，分园卫斌同志和庐山区国土局李升荣同志赴都昌协商13.39亩占补平衡手续。

4月22日，园领导对《鄱阳湖分园详细规划》进行论证，提出修改意见。

4月23日，鄱阳湖分园土地核心区申报材料，纳入庐山区2009年度第一批次城市建设用地，送省国土资源厅申报。

4月23日，党委书记吴宜亚同志率卫斌同志赴江西省发改委，拜访高新处处长王威同志，就项目可研报批进行咨询。

4月23日，副主任张乐华、鲍海鸥、雷荣海同志来鄱阳湖分园调研，关心分园职工工作、生活情况。

4月24日，鄱阳湖分园职工对确定的一期114亩地况进行摸底工作，对地块边界做到心中有数，并对每一块地的归属权一一标明。

4月26日，针对文件及图表的增多，鄱阳湖分园对文件档案及图表进行了整理归档，并由专人负责此项工作。

5月11日，园林事业部部长魏宗贤同志来分园，对分园围墙提出合理化建议，以植被和铁丝网相结合的方式进行圈围。同日，分园114亩地的征地款310万元全部汇到庐山区财政账上，吴宜亚书记前往庐山区政府，向张金水副区长通报资金已到位，乡、镇政府可以丈量土地。

5月12日，分园界碑样稿设计完毕，网上传给张青松主任审阅。

5月13日，九江市地质勘测大队蒋荣昌工程师来鄱阳湖分园，对虞家河乡、威家镇的地界进行实地测量和划分。分园第一期征地面积为114亩，其中虞家河乡38.850亩，威家镇75.276亩。并按惯例以较低形式确定补偿系数为4%。

5月13日，界碑在虞家河乡开始制作，每块300元，第一期制作界碑10块。

5月14日，党委书记吴宜亚同志与威家镇王星斌副镇长、虞家河乡孔令捷副乡长、九江市地质勘测队蒋荣昌工程师到鄱阳湖分园详细讨论征地事宜，并就勘测费用达成一致意见。同日，鄱阳湖分园聂建波、黄强、刘荆、张玉龙等同志到分园第一期征地范围内熟悉分园边界界限。

5月16日，聂建波和黄强及虞家河乡工作人员，就虞家河乡征地范围内的附属物进行核实。

5月17日，庐山区国土局就114亩土地坐标点，对53.399 5亩以外的土地进行修编，聂建波同志予以落实。同日，在庐山植物园二楼会议室与庐山区虞家河乡建筑公司，就鄱阳湖分园主干道修建合同进行洽谈，公路全长1.5公里，路宽4.5米，厚度为18厘米。党委书记吴宜亚、副主任雷荣海，以及卫斌同志，虞家河乡建筑公司董事长蒋世勇及公司工程师，就修路一事进行了友好协商。

5月18日，虞家河乡征地40.117亩，线外0.986亩，共征41.103亩，土地附属物合计41.580元，工作经费10万元，三项合计为壹佰壹拾贰万捌仟伍拾贰元整，由卫斌同志签字确认。

5月22日，黄强、张玉龙等在威家村征地范围实地调查具体附属物的数量，并对村、乡提供的数据一一核实。

5月23日，威家村丈量各户土地，聂建波、黄强、张玉龙等到实地察看界限，详细记录具体方位。

5月24日，聂建波、刘荆、张玉龙等同志去市委党校联系本科学习事宜，不断提高分园工作人员整体素质。

5月24日，党委书记吴宜亚同志赴虞家河乡、威家镇政府，会见主要领导，希望征地款要实额到位，确保不引发基层矛盾，争取把问题解决在基层，解决在萌芽状态。

5月25日，13.399 5亩占补平衡款汇向都昌县国土土地整理中心。

5月25日，分园例会，宣布工作纪律，要求大力推行机关效能建设，工作积极主动，严格财务纪律，严格工作制度。

5月25日，党委书记吴宜亚同志就分园修路事宜向九江市规划局领导进行汇报，同意先行建设，构建分园骨架。

5月26日，与虞家河乡建筑公司联络公路建设单位机械进场事宜，并做好前期准备工作。

5月26日，虞家河乡建筑公司蒋世勇董事长和工程师一行来分园，与卫斌同志一起商量道路的走向和方位，并冒雨实地勘察线路。

6月1日，聂建波、黄强、张玉龙同志在威家镇副镇长王星斌同志的支持下，和村民小组长一道认真复查界线，将9块刻有“鄱阳湖分园”字样的界碑立好。

6月4日，吴炳文、徐祥美、汪国权、吴方欣、李华、张伯熙等十余名老领导、老同志，在党委副书记徐宪、后勤科科长吴欣的陪同下，深入鄱阳湖分园现场调研。党委书记吴宜亚同志详细进行了工作汇报，并予以热情接待。

6月5日，党委书记吴宜亚同志赴威家镇政府，商谈土地翻刨平整事宜。镇长杨剑林同志迅速拿出工作预案，确保工程机械进场不发生村民纠纷。

6月7日，卫斌、魏宗贤同志就苗木种植采购事宜赴赛阳镇进行市场调查。

6月8日，党委书记吴宜亚同志在星期一例会上强调，分园的工作要特别加强科学操作和执行力问题，要求分园工作人员充分发扬“5+2”、“白+黑”的工作作风，积极推进机关效能建设。

6月11日，卫斌同志向虞家河建筑公司工程师详细讲解园区道路建设规划，要求严格按市交通局村村通标准启动建设。

6月17日，园班子领导成员来鄱阳湖分园召开现场办公会，强调分园道路建设、土地平整翻刨工作要加大力度，加快进度，以顺利迎接厅党组现场办公会的召开。

6月19日，聂建波同志赴工地现场协调吕姓农户蔬菜地矛盾纠纷。

6月21日，园区边界铁丝网由叶慈应工程队全部安装完毕，埋立桩柱105根，铁丝网总长270米。

6月23日，党委书记吴宜亚同志率聂建波同志赴庐山区财政局协调新增用地建设有偿使用费事宜。

6月29日，党委书记吴宜亚同志率聂建波、黄强同志赴庐山山北派出所，和蒋枫友副所长商谈警民共建事宜。

7月1日，党委书记吴宜亚同志主持召开建党88周年庆祝大会，希望党员干部要有干事的心态、干事的氛围、干事的纪律，充分发挥共产党员先锋模范作用，发挥党支部的战斗堡垒作用，用心干事、务实干事、高效干事、干净干事，为植物园二次创业作出新的更大的贡献。

7月5日，庐山区政府区长黄斌同志与党委书记吴宜亚同志进行会谈，就鄱阳湖分园土地作为庐山区2009年第01批次城市建设用地，经省人民政府（2009耕 0038）批准同意，涉及应缴纳新增建设用地土地有偿使用费872 304元，建设用地土地规费（防洪保安资金13 359元、征地管理费50 838元）等费用，应尽快缴入江西省财政厅国库处，中央和省级共享收入就地缴入国库。此第01批次用地是和庐山区城房安置点捆绑申报，考虑到庐山植物园未将此笔费用列入计划安排，庐山区政府同意在区财政帮忙预先垫付。

7月6日，庐山区威家镇党委书记万述幼、镇长杨剑林赴庐山植物园，就鄱阳湖分园土地费用垫付办理手续：同意借款60万元，帮助庐山植物园缓解资金压力。园主任张青松、党委书记吴宜亚、副主任雷荣海，以及卫斌、潘国哺同志参加会见，并表示衷心感谢！

7月13日，庐山植物园召开全园职工大会，传达厅党组赴鄱阳湖分园现场办公会议精神、左喜明副厅长召开园班子领导会议精神。

7月17日，党委书记吴宜亚同志、副书记徐宪同志赴江苏省中国科学院南京中山植物园考察学习。南京中山植物园主任庄娱乐同志、党委书记夏兵同志、副主任郭忠仁同志给予热情接待。双方就中科院院地共建过程中存在的困难和应向上争取的政策达成一致共识，并实地考察园区规划、水生湿地植物布局、果树及珍稀植物温室等，对下一步建设鄱阳湖分园工作有很好的借鉴指导作用。

7月18日，卫斌同志赴庐山区国土局回执新增建设用地手续。

7月20日—24日，科技厅上半年工作总结会议在井冈山召开，厅党组书记、厅长王海同志在工作总结中，两次提到鄱阳湖分园建设，对鄱阳湖分园的工作进展、工作起色予以肯定和表扬。

7月27日，黄强同志赴九江上林设计公司，将庐山植物园鄱阳湖分园详细规划电子初稿，发至园林事业部部长魏宗贤同志，请其提出修改意见。

8月5日，黄强同志赴庐山区土地管理局咨询办理土地证相关事项。

8月6日—8日，党委书记吴宜亚同志率卫斌、魏宗贤、高浦新等，赴中国科学院武汉植物园考察学习，武汉植物园副主任王占军同志给予热情接待。武汉植物园现有保护物种8 000余种，建立了东亚最大的水生植物资源圃、世界涵盖猕猴桃遗传资源最广的猕猴桃专类园、华中最大的野生林特果遗传资源专类园，还是国家AAAA级旅游景点。优势学科领域成果丰富，具有植物学、生态学博士点，生物学博士后流动站。

8月10日，党委书记吴宜亚同志率黄强同志赴庐山区国土局，洽谈新增建设用地和耕地占用税相关事宜。

8月11日，党委书记吴宜亚同志和虞家河乡建筑公司蒋世勇总经理进行会谈，分别就园内道路增加色彩以及道路原设计因地理高程较低，建议稍作修改进行协商。

8月13日，党委书记吴宜亚同志率黄强赴庐山区房产局殷毓勇副局长（主持工作）处，就房屋拆迁事项、申请拆迁程序以及应提供的相关资料进行咨询。

8月15日，党委书记吴宜亚同志率黄强赴庐山区政府，拜访张金水副区长，就园内房屋拆迁安置进行协商。

8月16日，党委书记吴宜亚同志率黄强赴庐山区财政局乡财科，就耕地占用税事宜进行协商。

8月17日，党委书记吴宜亚同志率黄强赴威家镇政府，就耕地占用税威家前期预交事宜进行协商。

8月20日，黄强同志赴赣西北测量大队蒋荣昌工程师处，商谈地籍图一事。

8月22日，虞家河乡政府、威家镇政府协助分园同志对分园拆迁户进行摸底工作。

8月23日，张玉龙同志深入拆迁户家庭了解并深入摸底。

8月24日，党委书记吴宜亚同志率黄强赴庐山区国土局，就征地协议进行协调。

8月25日，张玉龙同志就拆迁居户面积拿出初步实数表格。

8月27日，黄强同志赴虞家河乡民生村、威家镇威家村就53.38亩土地进行核对。

8月28日，黄强赴庐山区财政局乡财科，就耕地、水面、建筑工矿用地、林地、未利用地面积进行核对。

8月30日，党委书记吴宜亚同志率黄强赴虞家河乡、威家镇，商谈分园拆迁户安置工作，并督促尽快拿出工作预案。

9月2日，党委书记吴宜亚同志率副主任雷荣海拜访市规划局副局长张宇，就规划设计进行咨询。

9月4日，党委书记吴宜亚同志率黄强同志赴九江市规划设计院，拜访副院长罗美霞，就设计方案进行深入探讨。

9月6日，黄强同志赴九江市规划设计院，拜访三室主任姚江华，就设计方案进行操作协调。

9月1日，新增建设用地补偿费已交清，与区政府协商缴纳耕地占用税15亩。每平方米25元，合计250 000元。

9月22日，鄱阳湖分园分别与九江市国土资源局庐山区分局、庐山区威家镇政府、威家村委会、庐山区虞家河乡政府、民生村委会签订征地协议。

9月23日，党委书记吴宜亚同志率雷荣海副主任、黄强同志，到九江市市政规划设计院拜访罗美霞副院长，洽谈修建性规划方案。

10月10日，党委书记吴宜亚同志到市政府拜访卢天锡副市长，请求批准鄱阳湖分园规划用地申请，卢副市长当即批示，办理此事。

10月12日，九江市规划局批准分园总用地310 676平方米的建设项目选址意见。

10月19日，九江市规划设计院宋工、张磊再次现场看地。

10月20日，庐山植物园召开党委民主生活会，就鄱阳湖分园建设问题，要求全园上下要统一思想，加强团结，排除万难，支持分园的建设。

10月26日，请修路的刘工来分园实地调研主干道的确定线路一事，基本达成一致意见：在原主干道的基础上，整体向南偏高地段走，最低海拔在20米以上，达到防洪标准。并于次日开始进场放线，清除杂草。28日机械施工正式进场，道路已经压路机碾压成形。

10月27日，鄱阳湖分园的修建规划图出稿，分别发给张青松主任、詹选怀、徐宪、张乐华、鲍海鸥、雷荣海等班子成员，27日晚，反馈的信息是均赞成此方案，没有意见。

10月28日，建设项目许可证所需文件已顺利上报到九江市规划局行政服务中心窗口。

10月28日，庐山区房产管理局已确定对我园核心区8户居民的拆迁补偿安置方案。

10月29日，党委书记吴宜亚同志就鄱阳湖分园修建性方案向王海厅长、左喜明副厅长作工作汇报。班子成员认真聆听王海厅长廉政党课。

11月1日，鄱阳湖分园办公大楼、标本馆、图书楼、实验楼、管理用房的单体设计等事项，委托九江市城市规划市政设计院进行设计。

11月10日，邀请庐山区拆迁办周主任、平安拆迁公司腾总、志杰房地产评估公司的张总一起，洽谈拆迁相关手续和签订相关合同，讨论拆迁实施方案。11月11日，拜访虞家河乡孔令捷副乡长，协商开天村机耕道一事。此道是分园主要入口，不在征地范围内，拟协商先征，进行水泥路面的硬化工作。

11月12日，黄强同志分别将两乡镇拆迁需要的相关文件及合同分别送至主管此项工作的孔副乡长、邹副镇长手中，希望他们尽快召集有关人员开会，做好拆迁前的宣传工作，为正式拆迁铺垫前期工作。

11月13日，黄强同志赴威家镇财政所，办理耕地占用税完税证。

11月14日，党委书记吴宜亚同志率卫斌同志拜访庐山区副区长徐治才同志，就机耕道范围一事进行协商。

11月15日，党委书记吴宜亚同志率卫斌同志拜访庐山区国土分局陶建文局长，就庐山区生态农业项目与分园占地规划进行核对。

11月16日，党委书记吴宜亚同志率卫斌同志赴虞家河乡，拜访乡党委书记周一麟，就机耕道与规划用地范围进行落实。

11月18日，党委书记吴宜亚同志率黄强同志赴九江市国土局，就国有土地划拨事项与尹副局长进行沟通。

11月19日，党委书记吴宜亚同志与威家镇杨剑林镇长就拆迁安置方案再次沟通。

11月20日，党委书记吴宜亚同志率卫斌同志拜访庐山区副区长王风雷同志，就拆迁安置政策进行再次沟通。

11月21日，党委书记吴宜亚同志就分园建设配套费及相关事项与张青松主任进行电话沟通。

11月23日，党委书记吴宜亚同志率卫斌同志赴市政府，就国有土地划拨及建设配套费免交事项，拜访相关处室。

11月25日，庐山区副区长王风雷召集威家镇、虞家河乡政府及房管、国土等部门主要领导，就拆迁政策予以确定，安置方案一律进农民公寓。

11月26日，副主任雷荣海同志和丁国忠同志来分园看望一线工作的同志。

11月27日，党委书记吴宜亚同志率黄强赴庐山区房产局，就拆迁安置一事与工作人员进行协商。

11月30日，党委书记吴宜亚同志与威家村支书万学明同志协商拆迁方案事宜。

12月1日，党委书记吴宜亚同志率黄强同志拜访威家镇镇长杨剑林，就拆迁方案事宜进行商谈。

12月2日，党委书记吴宜亚同志率黄强同志拜访虞家河乡党委书记周一麟，就拆迁方案事宜进行商谈。

12月3日，党委书记吴宜亚同志率黄强同志赴市政府办公厅，就国有土地划拨手续拜访城建处、综合处负责同志。

12月4日，威家镇政府向区政府报告，要求划拨工作经费。卫斌同志与杨剑林镇长碰头。

12月5日，刘康与张玉龙同志深入一线，核对所需征迁坟墓数量。

12月7日，党委书记吴宜亚同志率卫斌、黄强同志赴庐山区财政局，核对征地款项账目。

12月8日，市政府常委、副市长殷美根在土地划拨报告书上签字同意，减免所有城市建设配套费用。

12月10日，《迁坟公告》在《九江日报》上刊登。

12月11日，党委书记吴宜亚同志率卫斌同志拜访威家镇党委书记万述幼同志，希望镇党委加大力度，支持拆迁工作。

12月14日，园班子成员召开会议，听取卫斌同志分园工作的汇报。

12月15日，党委书记吴宜亚同志率黄强同志赴市规划局，就单体设计方案进行协商。

12月16日，测量队进入拆迁户进行丈量。

12月17日，党委书记吴宜亚同志率黄强同志赴庐山区国土局，准备土地证申报材料。

12月18日，党委书记吴宜亚同志赴科技厅开会，就土地证办理工作向厅领导汇报。

12月20日，党委书记吴宜亚同志率黄强同志赴庐山区国土资源局，拜访卢川副局长，并实地进行了查看，报批材料立即送至庐山区国土资源局地籍股，完成报批手续。

12月22日，黄强同志赴九江市行政服务中心，办理国有土地证费用手续，并提供相关文件和材料。

12月23日，九江市庐山区平安拆迁公司已完成对分园虞家河乡拆迁户的房屋丈量、评估，顺利签订房屋拆迁协议6份。经过卫斌、宋莉同志的审核，黄强同志到银行办理存折，及时发放到拆迁户手中。

12月24日，党委书记吴宜亚同志率黄强同志赴九江市国土资源局，拜访齐美龙局长、才荣生副局长，当日下午就拿到分园53.399 5亩的国有土地证。

12月25日，卫斌与刘康同志一起，到虞家河乡开天村拜访村支书，商谈迁坟一事。随后拜访威家镇威家村万书记，希望大力支持迁坟工作。

12月26日，庐山植物园鄱阳湖分园单体方案由厦门河道工程设计集团有限公司南昌分公司进行设计，初拟三套科技创新办公大楼和管理用房的单体设计方案。

12月27日，分园主干道已全部贯通，经过机械平整，对中心区主干道加设25厘米厚的大片石块做垫层，以确保主干道的经久耐用。

12月29日，九江市城市规划市政设计院就分园设计的规划方案已近尾声，待南昌的单体方案出台后再进行整合，出具正规的规划方案，报市政府审批。

12月31日，五里街道原纪委书记聂训明同志调至庐山植物园鄱阳湖分园上班。

2010年

1月5日，党委书记吴宜亚同志率卫斌冒雪上庐山，召开中层以上领导会议，讨论鄱阳湖分园科技创新大楼及管理用房的单体设计方案，一致认为：(1) 第二套设计方案比较符合实际，但是主体的入口不明显，不大气，要有主厅；(2) 管理用房顶部处理要用坡形屋顶，不能用平顶。

1月10日，党委书记吴宜亚同志率卫斌、聂训明同志到庐山区房产局，拜访王瑞平局长、朱修庆副局长，商谈威家镇拆迁的具体工作。王局长要求朱副局长尽快督办此事，要尽快让拆迁办和拆迁公司攻坚克难，全力以赴做好威家村的拆迁工作。

1月11日，卫斌、聂训明同志请虞家河乡建筑公司的刘总一起到开天村，就机耕道两边护坡方案进行讨论，在机耕道两边软基边加设一道石块护坡，使机耕道形成整体，便于工程车的通行，并与开天村领导、村民达成一致意见，及时拖材料入场，开始修筑护坡。

1月14日，鄱阳湖分园与威家镇威家村签订迁坟协议，支付威家村2万元迁坟费，具体工作由威家村实施。

1月18日，拆迁公司耐心做被拆迁户吕仕顺、吕仕保两家的思想工作，劝慰户主不能蛮不讲理，漫天要价。同时要合理合法、依靠政策法规来处理问题，不合情理的不能答应。要有原则，要细心，要做好思想工作，使拆迁工作顺利完成。

1月19日，南昌某公司代表来威家查看分园的规划图纸，他们开发的项目与我园待征土地发生冲突，分园同志出示土地证、规划许可证等文件，双方进行了友好商谈。

2月3日，园领导班子就鄱阳湖分园列入江西省重大科技项目报告的文本材料落实情况达成一致看法，并请詹选怀副主任尽快形成文件，呈报王海厅长，左喜明、赵金城二位副厅长及傅道言主任、贺志胜处长。

2月22日，园副主任张乐华率园林事业部副部长黄蓓莉同志来分园，就分园植物篱笆位置进行勘察并划定范围，做好前期各项准备工作；园林事业部部长魏宗贤到峡江县调运苗木。

2月23日，在园主任张青松、党委书记吴宜亚同志的率领下，全园职工来到分园开展义务劳动，在主要边际处种植马甲子，大家你一铲、我一锹，干劲十足，热火朝天，不到两小时就完成任务。随后，青松主任、宜亚书记率班子成员及分园同志沿分园主干道实地察看，布置近期各项工作。

2月23日，厦门合道设计集团南昌分公司邹强及总工一行2人到分园，就分园科技创新大楼及管理用房的单体设计方案征求园领导及中层以上领导干部意见，大家认为：(1) 标本馆应改放在副楼二楼；(2) 副楼一楼应改为科普馆；(3) 副楼要有单独的大门出入；(4) 主楼一楼应有实验室，二楼、三楼为办公室，四楼为图书馆；(5) 办公楼方案应欧式化，同时体现生态科技意识。

3月1日，党委书记吴宜亚同志率卫斌再次来到威家镇，与万述幼书记、杨剑林镇长等领导，就威家村拆迁工作进行磋商。我园已从双控账号拨付拆迁费57万余元给2户拆迁户，并把存折发到他们手中，希望尽快搬迁。

3月1日，园主任张青松率副主任张乐华、园林事业部部长魏宗贤、副部长黄蓓莉、蒋波，生态研究部副部长桂忠明同志，到进贤县研究所金桥苗木公司，现场调配鄱阳湖分园的苗木。王海厅长委托厅计划处贺志胜处长进行协调，请金桥公司领导大力支持鄱阳湖分园建设。

3月2日，党委书记吴宜亚同志参加全山领导干部大会，并在会议讨论组介绍鄱阳湖分园工作进展情况。

3月3日，园副主任张乐华、园林事业部部长魏宗贤、副部长黄蓓莉、研究生宋满珍，与分园同志一起冒雨踏勘鄱阳湖分园，并将引进的苗木进行分区规划。

3月4日，党委书记吴宜亚同志与庐山区副区长王风雷、威家镇党委书记万述幼、镇长杨剑林协调迁坟及拆迁工作。

3月9日，党委书记吴宜亚同志在每周一工作会议上，要求分园工作同志：要有光荣感、使命感、紧迫感和责任感，勤奋工作，埋头苦干，多想事，多主动。每人都要有工作日程安排，每人都要有长、短期工作计划。

3月15日，党委书记吴宜亚同志在周一工作会议上，要求分园工作同志：抢抓晴好天气，加快迁坟、种植及拆迁工作进程，现在是“五加二”工作，将来更要“白加黑”工作，确保整个工程顺利推进。

3月16日，团市委书记卢宝云来分园，就青年林建设布置工作，党委书记吴宜亚同志陪同。

3月22日，张青松主任来分园检查工作，就植物种植、水塘修整、道路建设等工作提出具体意见。

3月24日，钩机已将水塘底清理一遍，卫斌、聂训明同志把闸口图纸给张立松，确定位置，清理基础，组织砂、碎石、水泥到场，开始砌筑闸口。

3月26日，拆迁公司滕总、威家村万学明书记一起来到分园办公室，商谈吕家两兄弟拆迁事。搬迁协议的时间已到，要上门通知他们做好搬迁准备工作，没有任何理由拖延时间。

3月30日，南昌合道设计院邹总来分园，展示分园科技创新大楼及管理用房的设计方案，形成初步意见：

科技创新大楼：(1) 一、二楼布局没有问题；(2) 三楼办公室是否能考虑设为2间合一套，内部增设卫生间和休息室；(3) 附楼三楼可以设一间会客室。

管理用房：(1) 地下停车场可以往下降一部分，使房屋建成六层；(2) 二层的

4室2厅房子可以增设一层;(3)管理用房外墙颜色可以考虑为伪装色,屋顶采用蓝色。

3月31日,党委书记吴宜亚同志率卫斌、聂训明同志到威家镇杨剑林镇长办公室,商量吕仕林两兄弟搬迁一事,希望镇里大力支持。杨镇长与拆迁公司滕总联系,要求他们尽快达成一致意见,既然协议已签,就要尽快搬出交房。

4月3日,威家镇万述幼书记组织协调威家镇拆迁问题,要求尽快与拆迁公司一起上门做工作。

4月5日,拆迁公司请搬家公司人员帮吕仕林搬家,由于汽车到不了房子前面,搬运速度太慢,确定4月6日晚上全部搬出。

4月7日下午,副省长谢茹来鄱阳湖分园实地调研建设情况。省科技厅厅长王海、副厅长左喜明、九江市市长助理杨振辉、庐山区区长钟好立、区委组织部长刘建陪同调研。谢茹一行首先实地察看了分园的征地拆迁、道路建设、水塘修整、植物种植、功能分区等基本情况,详细了解项目进展程度和目前存在的问题以及需要解决的困难。

4月8日,党委书记吴宜亚同志到拆迁现场查看进度,两家房屋已全部拆除。

4月9日,卫斌、聂训明、黄强、刘康等同志将园区的鸡爪槭、石楠等树木进行修剪,树木均已成活。

4月10日,修筑主干道的刘总来分园办公室,商谈主干道铺设大片垫层一事,经磋商:大片石铺成5米宽、20厘米厚,再10厘米厚的山渣垫层,经压路机碾实。

4月12日,党委书记吴宜亚同志要求聂训明同志迅速就开天村迁坟一事开展工作。

4月13日,党委书记吴宜亚同志将谢茹副省长调研讲话整理完毕,并发送省政府办公厅审定。

4月14日,就鄱阳湖分园总体规划,拟请武汉植物园、南昌合道设计院、九江市市政规划设计院等三方设计人员,到分园向园党政班子进行汇报,并就会议时间定在4月20日和21日,会议主要讨论科技创新办公大楼、管理用房、道路分布、园区规划等,达成一致意见,形成正式文本材料上报。

4月16日,威家镇党委书记万述幼就拆迁最后一户再次召开协调会议,聂训明同志参加会议。

4月17日,党委书记吴宜亚同志赴九江市建设规划局,拜访新组建的班子成员。

4月18日，党委书记吴宜亚同志拜访九江市城市规划设计院专家，并就设计方案提出意见，形成一个“三合一”方案进行讲解汇报。

4月19日，党委书记吴宜亚同志邀请武汉植物园总工刘宏涛博士，与南昌合道设计院、九江城市规划设计院进行沟通，进一步落实鄱阳湖分园的总体规划任务。

4月20日，卫斌、聂训明同志就张立松等民工在分园植树工作进行结算审批。

4月21日，党政班子在威家镇威家村召开规划设计方案讨论会。园主任张青松、党委书记吴宜亚、副主任詹选怀、副书记徐宪、副主任张乐华、鲍海鸥及中层领导和设计人员参加，与会人员就方案设计、管网高程、排灌系统、单体设计等事项进行了专项讨论。

4月22日，党委书记吴宜亚同志率聂训明同志拜访威家镇副镇长邹伯韬，就吕仕顺一家拆迁工作再次协商。

4月23日，党委书记吴宜亚同志在分园邀请拆迁公司滕杰、万斌，就拆迁问题再次调度，寻找难题突破口，卫斌、聂训明同志参加。

4月26日，党委书记吴宜亚同志在周一会议上，要求抢抓进度，加快道路建设，并就分园总体面积、定位进行布置。

4月27日，聂训明率黄强、刘康、张玉龙到鄱阳湖分园四址走线，并在相应地方做好标记植树，以便更好地确认四址范围。引种水柳三十余株、樟树三十余株。

4月29日，党委书记吴宜亚同志率卫斌到庐山区委组织部，拜访刘建部长，就拆迁工作进行再落实。

4月30日，党委书记吴宜亚同志就迁坟工作再次和威家村万学明书记进行协商。

5月4日，党委书记吴宜亚同志要求分园工作同志赴九江市城西港区、八里湖建设区、城东港区开展“看变化、思发展”活动，团员青年度过了一个愉快的“五四”青年节。

5月7日，党委书记吴宜亚同志就分园周边建小植物园控规一事，拜访虞家河乡党委书记周一麟、副乡长孔令捷，并和孔令捷副乡长一同踏勘，迅速落实九江市委张学军副书记讲话精神。

5月8日，党委书记吴宜亚同志在分园办公室和张立松同志协商迁坟事宜。

5月9日，卫斌同志到威家镇政府参加拆迁工作协调会，就拆迁工作出现的新问题和万述幼书记、邹伯韬副镇长、拆迁公司滕杰同志进行商讨，加强拆迁力量，加大拆迁力度。

5月11日，团组织负责人张丽率团员青年刘洁、周赛霞、李小花、周礼胜、汪建国、潘国庐等同志来分园参加义务劳动。

5月13日，党委书记吴宜亚同志召集村支书万学明、拆迁公司滕杰来分园办公室，就拆迁工作进行再协商。

5月14日，卫斌同志在威家镇人民政府参加拆迁协调会，参会人员有威家镇常务副镇长邹伯韬、威家村万学明书记、拆迁公司万斌。会议就分园最后一家拆迁户的拆迁工作进行商讨，决定由威家镇政府上门做拆迁户的思想工作，并要求拆迁公司文明拆迁、和谐拆迁，继续加大工作力度，尽快完成拆迁任务。

5月16日，张乐华副主任率园林事业部魏宗贤部长、蒋波副部长来分园实地调研。

5月17日，庐山区委常委、组织部长刘建同志来威家镇检查工作，再次询问分园拆迁工作，并要求威家镇政府尽快完成拆迁工作。

5月18日，园区主干道涵管已全部铺设完毕，后续全线铺设片石垫层。

5月19日，党委书记吴宜亚同志率卫斌、聂训明晚上到张立松家中，围绕迁坟工作进行动员。

5月20日，党委书记吴宜亚同志率聂训明同志拜访副镇长邹伯韬，就拆迁和迁坟工作再动员。

5月23日，评估公司就拆迁户吕仕胜的房屋进行丈量，并进行核算交给拆迁公司滕杰。

5月24日，拆迁公司滕杰携带《评估报告》上门做拆迁户工作，拆迁户提出异议，要求复核，并立即安排评估公司人员进行复核。

5月26日，卫斌同志就分园道路系统和灌溉系统建设进行勘探设计。

5月29日，威家镇威家村拆迁户吕仕胜与拆迁公司签订拆迁协议，并同意三天之内搬空房子。

6月3日，民工清理塘内水草并铺设灌溉系统管道。

6月5日，党委书记吴宜亚同志与香港东亚银行高层主管商谈分园发展事宜。

6月7日，党委书记吴宜亚同志再次约请张立松、张传文商谈迁坟一事，希望从大局出发，支持分园建设，尽快迁坟。

6月10日，厅党组纪检组长卢建同志、人事处处长曾昭德同志来庐山植物园，宣布主要领导调整：张青松同志不再担任园主任，党委书记吴宜亚同志主持党政全面工作。如吴宜亚同志不在山上植物园，由詹选怀副主任主持日常工作。

6月11日，园林事业部张兆祥、项庐明同志来分园打割杂草。

6月12日，聂训明同志带领民工清理园内杂草，并对场地进行机械平整。

6月13日，卫斌同志与南昌设计公司宋兴彦工程师联系，要求尽快将科技生态创新大楼及管理用房单体方案设计成型。

6月16日，党组书记、厅长王海同志率厅计划处贺志胜处长、条件财务处朱卫国处长来庐山植物园调研，对班子成员提出要求并布置安全生产工作。

6月17日，党委书记吴宜亚同志主持召开党政联席会，传达并贯彻王海厅长指示精神。

6月18日，党委书记吴宜亚同志主持召开安全生产领导小组会议，一级抓一级，一层抓一层，层层抓落实，确保安全生产不出问题。

6月18日，老同志李国强来园举办题为“弘扬三老精神，推进二次创业”讲座。

6月19日，庐山管理局党委书记郑翔来园看望老同志李国强，党委书记吴宜亚同志就园内建设进行了工作汇报。

6月20日，黄强同志赴庐山区财政局办理拆迁工作经费等相关事宜。

6月23日，党委书记吴宜亚同志召集威家镇常务副镇长邹伯韬、威家村书记万学明来分园办公室，商谈迁坟工作。

6月24日，园林事业部部长魏宗贤、植物研究部副主任桂忠明来分园指导员工对草地进行修剪。

6月25日，副厅长左喜明同志率省科技馆馆长张青松同志来庐山植物园进行调研。要求班子成员加强学习，齐心协力做好分园工作，并强调做好暑期山上、山下的安全工作。

6月26日，聂训明部长对分园灌溉系统涵管进行实地安装指导。

6月27日，分园外围的一棵百年榆树遭到树贩子盗挖，被分园工作同志发现并及时制止，将榆树抢救性移植于园内。

6月28日，针对昨日发生盗挖树木的情况，分园工作人员走村入户，深入细致地做周边群众思想教育工作，倡导大家共同保护植被树木，得到群众的支持和认可，有效地遏制了盗挖树木的现象。

6月28日，黄强同志赴庐山区房产局办理房屋补偿相关事宜。

6月29日，副主任鲍海鸥同志开始协助分管鄱阳湖分园工作。

6月30日，党委书记吴宜亚同志召集单身职工举行“二次创业献青春”座谈会。

7月1日，党委书记吴宜亚、副主任詹选怀、张乐华、鲍海鸥、雷荣海出席党员座谈会暨优秀党员表彰会议，会议由副书记徐宪主持。

7月2日，党委书记吴宜亚同志、副主任詹选怀来到鄱阳湖分园实地调研查看鄱阳湖水位，并与迁坟户做思想工作。

7月5日，副主任鲍海鸥同志在每周例会上部署安全生产和迁坟工作。

7月6日，召开老科技工作者恳谈会，党委书记吴宜亚同志出席会议并讲话。副主任詹选怀、副书记徐宪、副主任张乐华参加会议。

7月6日，分园灌溉管道680米全部铺通，一次试水成功。

7月7日，副主任鲍海鸥同志、工程部长聂训明赴威家镇人民政府与镇党委书记万述幼、镇长杨剑林协商迁坟一事。

7月8日，副主任鲍海鸥同志对湖区水位进行实测，对排灌水闸进行查看。

7月9日，党委书记吴宜亚同志赴鄱阳湖分园，就防汛工作进行部署。

7月12日，党委书记吴宜亚同志、副主任鲍海鸥同志参加九江市中心城区重点城建项目调度会。党委书记吴宜亚同志就分园建设进行汇报，得到了曾庆红市长、卢天锡副市长的肯定和支持。

7月13日，党委书记吴宜亚同志、副主任鲍海鸥同志就安全生产工作向九江市副市长熊永强同志汇报。

7月13日，党委书记吴宜亚同志、副主任鲍海鸥同志向九江市委副书记张学军同志就分园推进情况进行工作汇报。

7月13日，党委书记吴宜亚同志、副主任鲍海鸥、工程部长聂训明同志到威家镇，协商分园迁坟工作，要求威家镇加强力度，予以支持。

7月14日，核工业267地质勘察队王阳平总工程师来分园洽谈地质勘察一事并达成协议。

7月14日，副主任鲍海鸥同志约请威家镇党委书记万述幼、常务副镇长邹伯韬、威家村党支部书记万学明来分园办公室，对迁坟一事进行部署和落实。

7月15日，党委书记吴宜亚同志要求分园工作同志迅速落实地质勘探事宜。

7月16日，党委书记吴宜亚同志来到鄱阳湖分园就防汛工作进行再部署，就闸口泄洪一事提出科学方案。

7月16日，聂训明到威家镇参加拆迁调度会，会上明确拆迁公司三日内与园内最后一栋土房签订拆迁协议。

7月17日，分园与核工业二六七地质勘测队签订合同，地勘队随即入园开展勘探工作。

7月19日，副主任鲍海鸥在每周例会上布置安全生产、防汛、抗旱防暑等工作，尤其强调地质勘测工作的安全生产协议签订及督察。

7月19日，威家镇党委书记万述幼再次召集庐山植物园、拆迁公司进行了关于土房拆迁的协商会议，以尽快地实现土房拆迁协议的签订，以便尽快地完成分园土房拆迁工作。

7月20日，黄强赴庐山区房产局办理拆迁公司工作经费等相关事宜。

7月22日，威家镇常务副镇长邹伯韬带领威家村支书万学明及拆迁公司人员赴广东东莞，同土房户主协商达成拆迁协议。副主任鲍海鸥督促拆迁公司做到“和谐拆迁，文明拆迁”。为分园一期拆迁工作画上圆满句号，

7月23日，省科技厅副厅长左喜明携条财处处长朱卫国、政策法规处处长章波到庐山植物园主持召开鄱阳湖分园规划研讨会，会上，各位专家对庐山植物园党委书记吴宜亚提出的鄱阳湖分园规划设计指导思想和建设方案进行了论证，并达成一致意见。

7月24日，党委书记吴宜亚陪同中科院地理化学研究所书记李世杰、中科院西北植物所副所长陈桂琛、中科院湖泊研究所副所长吴其明一行实地考察庐山植物园鄱阳湖分园，并现场介绍分园建设进展，各位专家现场提出合理化建议。

7月26日，副主任鲍海鸥、工程部长聂训明就核心区房屋设计与南昌合道公司进行了再次协商，要求尽快将设计方案确定。

7月27日，副主任鲍海鸥约请迁坟户做思想工作，希望迁坟户支持工作，尽快迁出。

7月27日，副主任鲍海鸥率工程部长聂训明、黄强、刘康、唐山到工地查看园区水位情况，就核心区勘测情况、办公楼与管理用房的朝向位置进行了现场考察，并形成建筑物布局初步意见。

7月29日，黄强赴庐山区财政局国库支付中心咨询双控账号等相关事宜。

7月30日，省知识产权局局长赖光松陪同国家知识产权局马维野司长到分园考察，党委书记吴宜亚就分园建设工作进行了汇报，副主任鲍海鸥，雷荣海及工程部长聂训明陪同。

8月2日，分园地质勘探报告编制完成，并通过九江市建筑工程施工图设计审查事务所审查。

8月5日，庐山区委副书记、区长钟好立率威家镇党委书记万述幼到鄱阳湖

分园筹建处，指导分园建设工作。

8月20日，庐山区委、组织部长刘建同志到分园督促指导项目工作。

8月21日，国际植物园保护联盟项目研讨会暨庐山珍稀濒危植物保护和利用论坛在庐山植物园举行，BGCI项目主任Joachim Gratzfeld博士莅临会议，党委书记吴宜亚参加会议，并就鄱阳湖分园工作进行课题协商。

8月22日，党委书记吴宜亚同志就鄱阳湖分园项目申报进行部署。

8月23日，党委书记吴宜亚同志宣布中层干部交流及领导分工调整。

8月24日，党委书记吴宜亚同志就植物园片区路灯工作，要求迅速向管理局书面报告。

8月26日，副主任鲍海鸥同志率聂训明部长到安监局、财政局协调相关事宜。

8月27日，分园张姓祖坟全部迁完。

8月30日，党委书记吴宜亚同志率副主任鲍海鸥、聂训明部长赴虞家河乡政府，拜访党委书记周一麟、副乡长孔令捷，就二期征地工作进行协商。

9月1日，分园科技创新大楼及管理用房场地平整工作全面铺开。

9月1日，党委书记吴宜亚同志率副主任鲍海鸥、聂训明部长赴庐山区国土分局，拜访陶建文局长，就分园二期征地进行沟通。

9月2日，党委书记吴宜亚同志率副主任鲍海鸥、聂训明部长赴庐山区政府，拜访常务副区长严赤心、副区长王风雷、张金水，就分园二期征地有关规费减免进行沟通。

9月3日，九江常鑫工程招标公司连浔发总经理来分园办公室，就分园招标合同事宜与副主任鲍海鸥同志、聂训明部长进行沟通。

9月7日，副主任鲍海鸥率聂训明部长赴庐山区纪委、发改委就分园项目招标事宜进行协商。

9月8日，副主任鲍海鸥率聂训明部长、黄强同志赴庐山区招标办、九江市规划设计院，就分园规划方案一事进行沟通。

9月14日，黄强、唐山同志将分园规划方案审批所需文件报送九江市规划局行政服务中心窗口。

9月15日，鲍海鸥副主任率聂训明部长前往庐山区政府，就分园阻工事件向挂点领导庐山区委常委、组织部长刘建同志汇报。

9月17日，经过镇、村、组三级会议协调，为期四天的村民阻工事件得到有效解决，分园道路建设复工。

图 2-53 2010 年 9 月 12 日，台湾国民党名誉主席连战偕夫人访问庐山植物园，与植物园领导合影。左起：鲍海鸥、张乐华、詹选怀、连战、连战夫人、吴宜亚、徐宪、卫斌。

9月18日，党委书记吴宜亚同志就科技创新大楼奠基一事，拜访市建设局副局长张宇同志。

9月19日，党委书记吴宜亚同志率副主任鲍海鸥前往市委、市政府，区委、区政府及市规划局，就分园建设进展情况分头汇报。

9月19日，庐山区委常委、组织部长刘建同志，召集威家镇党委书记万述幼、镇长杨剑林，虞家河乡党委书记周一麟、庐山植物园副主任鲍海鸥、工程部长聂训明、唐山，就落实迁坟、迁庙工作召开协调会，要求两个乡镇在分园奠基开工前，坚决完成迁坟、迁庙工作。同时要求做好社会稳定工作，确保奠基开工仪式顺利进行。

9月21日，党委书记吴宜亚同志率副主任鲍海鸥、雷荣海同志，赴湖北神农架风景自然保护区调研植物引种驯化工作。

9月23日，党委书记吴宜亚同志率副主任鲍海鸥、雷荣海一行，赴武汉植物园商谈水生植物引种驯化工作。

9月24日，副主任詹选怀率科研管理部部长高浦新、副部长彭焱松赴武汉植物园，联系落实分园水生植物、荷花及睡莲的引种品种和数量。

9月26日，副主任鲍海鸥前往市建设局拜访张宇副局长，就分园开工放线进行沟通。

10月9日，聂训明部长率黄强赴九江常鑫工程招标公司，进行招标工作答疑会。

10月10日，国家科技部农村司副司长郭志伟，在省科技厅计划处处长贺志胜同志陪同下，来鄱阳湖分园进行项目调研，党委书记吴宜亚同志、副主任詹选怀陪同。

10月11日，党委书记吴宜亚同志率胡宗刚、蒋枫雷同志参加上海辰山国际植物园研讨会。

10月12日，副主任鲍海鸥就分园招标工作向省科技厅监察室主任徐仁龙同志报告招标时间，并请监察室全程参加招标监督。

10月12日，副主任鲍海鸥拜访省发改委高新技术处王威处长，就分园立项报告进行咨询。

10月14日，副主任鲍海鸥率聂训明部长前往市建设局，拜访张宇副局长，就分园开工奠基放线进行落实。

10月14日，副主任鲍海鸥率聂训明部长前往市规划局，约见黄钢科长，就分园开工奠基放线存在问题进行沟通。

10月15日，副主任鲍海鸥率聂训明部长联系分园开工庆典相关事宜。

10月18日，中国科学院昆明植物研究所研究员、著名民族植物学家裴盛基先生在党委书记吴宜亚陪同下，到分园指导工作。

10月18日，中国科学院华南植物园研究员、博士生导师陈贻竹先生，在党委书记吴宜亚同志陪同下，到分园指导工作。

10月18日，聂训明部长拜访虞家河乡副乡长孔令捷，就分园二期征地进行沟通，并实地踏勘，确定二期征地范围。

10月19日，党委书记吴宜亚同志率副主任鲍海鸥前往省科技厅，向分管副厅长左喜明同志专题汇报鄱阳湖分园开工典礼仪式及二期征地工作，并听取工作指示。

10月26日，党委书记吴宜亚同志率副主任鲍海鸥赴省科技厅，向左喜明副厅长汇报分园开工典礼事宜，并诚邀省政府、省发改委、省财政厅领导参加开工典礼。

10月27日，党委书记吴宜亚同志率副主任鲍海鸥赴九江市委，拜访市委书记钟利贵同志，汇报分园开工典礼事宜。钟书记十分重视，因有出访任务，当场签字请副市长卢天锡同志召集建设、规划、国土、交通、供电、公安、发改委、行政执法等部门同志参会，并要求大力支持该项目建设。

10月27日，党委书记吴宜亚同志率副主任鲍海鸥赴庐山区委、区政府，商谈分园开工典礼事宜。

10月28日，庐山区委常委、组织部长刘建同志，区政府办公室主任赵翔同志，召集威家镇、虞家河乡以及区建设、规划、国土、发改委、公安、交警、行政执法、供电等部门负责同志，落实分园开工典礼各项具体工作。党委书记吴宜亚同志到会讲话，副主任鲍海鸥同志参加。

10月29日，庐山植物园鄱阳湖分园举行开工典礼，标志着具有76年历史的庐山植物园开始二次创业。副省长谢茹，省科技厅党组书记、厅长王海，市委副巡视员陈和民，副市长卢天锡等出席开工典礼并为项目奠基。谢茹副省长宣布开工。

10月30日，虞家河乡副乡长孔令捷同志主持召开庐山植物园鄱阳湖分园二期征地协调会，分园工程部部长聂训明和唐山同志参加。

11月2日，园景园艺中心主任黄蓓莉率副主任蒋波、虞志军及园林规划人员，到分园实地考察规划樱花区、桃花区设计方案。

11月2日，胡先骕先生之子胡德焜同志、中科院院士周俊及夫人一行来园考察。

11月3日，党委书记吴宜亚同志率副主任鲍海鸥赴省科技厅相关处室，就鄱阳湖分园申请国家项目进行沟通。

11月4日，党委书记吴宜亚同志率科研管理部部长高浦新等5人赴福建厦门，参加2010年中国植物园学术年会及海峡两岸植物多样性、园林植物资源交流与共享学术研讨会。

11月8日，党委书记吴宜亚同志率科研管理部部长高浦新赴福州植物园商谈引种事宜。

11月9日，党委书记吴宜亚同志率副主任鲍海鸥、聂训明部长赴广西药用植物园学习考察，进行建园经验交流。

11月9日，黄强同志赴九江市建设规划局，参加九江市项目建设大会战进展会议。

11月10日，赣西北测量大队蒋荣昌工程师实地察看项目开工放线前期工作。

11月11日，党委书记吴宜亚同志与广西药用植物园主任缪剑华同志签订友好植物园协议，标志着双方在品种交换、学术交流、人员培训、专家互访等方面建立合作交流机制。副主任鲍海鸥、分园工程部部长聂训明参加仪式。

11月14日，党委书记吴宜亚同志与庐山区委常委、组织部长刘建同志就二期征地工作再次进行沟通。

11月15日，党委书记吴宜亚同志与虞家河乡副乡长孔令捷就二期征地丈量遇到阻力进行沟通。

11月16日，黄强同志陪同南昌对外工程公司吴仕伟总经理赴庐山植物园，就分园科技创新大楼及管理用房建设合同与雷荣海副主任进行沟通。

11月18日，党委书记吴宜亚同志拜访虞家河乡党委书记周一麟、乡长于成勇同志，就民生村村民提出的池塘问题进行沟通。

11月19日，党委书记吴宜亚同志拜访市规划局王文明科长，就项目规划工作进一步沟通。

11月23日，党委书记吴宜亚同志率副主任鲍海鸥赴省发改委，就鄱阳湖分园一期建设项目批复进行沟通。

11月25日，党委书记吴宜亚同志拜访庐山区财政局局长刘秀荣同志，就分园款项专款专用事宜进行沟通。

11月26日，九江市委副巡视员、庐山区委书记陈和民同志就分园二期征地事宜，约见党委书记吴宜亚同志。威家镇党委书记万述幼、镇长杨剑林参加会见。

11月26日，副主任鲍海鸥率聂训明部长前往庐山区交通局拜访局长马国华、副局长王顺明、汤曙光，就分园道路验收事宜进行沟通。

11月29日，党委书记吴宜亚同志参加全山冬季防火工作会议，并迅速进行传达部署，认真贯彻落实会议精神。

11月30日，副主任鲍海鸥前往市交通局拜访曹辉副局长，就分园道路验收事宜进行协商。

11月30日，党委书记吴宜亚同志率副主任鲍海鸥前往庐山区交通局，要求尽快安排分园道路验收工作。

12月1日，副主任鲍海鸥前往省科技厅办理鄱阳湖分园建设项目可行性研究报告的函，并送呈省发改委。

12月2日，园景园艺中心主任黄蓓莉率副主任蒋波及园林规划人员，到分园实地考察植物种植规划。

12月3日，受省科技厅党组书记、厅长王海同志委托，省科技厅赵金城副厅长率鲍海鸥副主任前往省发改委拜访熊毅副主任，就鄱阳湖分园一期建设项目可行性报告进行沟通。

12月5日，党委书记吴宜亚同志拜访九江市建设局局长许立仁同志，就分园建设及监理工作进行沟通。

12月7日，党委书记吴宜亚同志拜访虞家河乡党委书记周一麟、乡长于成勇同志，就分园二期征地相关工作进行沟通。

12月8日，副主任鲍海鸥前往市发改委社会科，邀请王振新科长参加鄱阳湖分园一期建设项目可行性研究报告的评审。

12月8日，园景园艺中心主任黄蓓莉率副主任蒋波、虞志军及园林规划人员，到分园实地考察规划樱花区、桃花区设计方案。

12月9日，鄱阳湖分园聂训明部长率唐山同志与虞家河乡副乡长孔令捷就分园二期征地进行沟通，达成一致意见。

12月10日，党委书记吴宜亚同志拜访庐山区常务副区长严赤心，就分园二期征地款项进行沟通。

12月11日，党委书记吴宜亚同志率副主任鲍海鸥、工程部部长聂训明与九江市建设监理有限公司董事长杨鸿进行洽谈，确定项目监理队伍。

12月13日，党委书记吴宜亚同志在周一工作会议上，传达学习《中央经济工作会议》精神。

12月14日，党委书记吴宜亚同志率黄强同志拜访威家镇镇长杨剑林同志，咨询分园二期征地相关工作，并实地查看二期征地范围。

12月15日，党委书记吴宜亚同志拜访九江市委副书记张学军同志，就分园工作进展进行汇报。

12月17日，党委书记吴宜亚率综合管理部部长魏宗贤、宋满珍同志赴共青城，就江西师大共青校区拟建“胡先骕植物园”进行实地察看。江西师大副校长黄加文、纪检组长周小朗一同参加项目协商。

12月18日，党委书记吴宜亚同志拜访九江市交通局副局长曹辉同志，就分园道路验收事宜进行协商。

12月20日，副主任鲍海鸥同志率黄强同志赴九江市规划局，拜访副局长王文明同志，就分园规划方案报批一事进行沟通。

12月21日，黄强同志赴九江市行政服务中心，分园规划方案文本由规划局窗口报建。

12月23日，党委书记吴宜亚同志率鲍海鸥副主任前往九江市规划局拜访陈智局长、王文明副局长，就分园规划方案进行沟通，并按规划局的意见进行修改。

12月23日，党委书记吴宜亚同志率鲍海鸥副主任前往九江市文物局，就我园“三老墓”申报省文物局保护一事进行沟通，咨询申报程序。

12月23日，党委书记吴宜亚同志率鲍海鸥副主任前往九江市委，向挂点领导张学军副书记汇报分园建设进展情况。

12月27日，鲍海鸥副主任率黄强同志前往九江市市政规划设计院，请市政规划设计院根据规划局的意见，对分园规划文本进行修改。

12月29日，党委书记吴宜亚同志率副主任詹选怀、张乐华、鲍海鸥、雷荣海等前往南昌，参加全省科技大会。

12月30日，党委书记吴宜亚同志率鲍海鸥副主任前往九江市建设局，就分园规划文本报批，分别拜访许立仁局长和张宇副局长。

12月30日，党委书记吴宜亚同志率鲍海鸥副主任前往九江市政府，向卢天锡副市长汇报分园建设规划文本的报批工作。

12月30日，党委书记吴宜亚同志率张乐华副主任、对外联络部许世荷部长前往北京。分别向财政部、发改委、科技部报送项目，争取国家经费，支持分园建设。

12月31日，副主任鲍海鸥同志前往市规划局，拜访王文明副局长，就分园规划文本进行沟通，并按程序报送。

2011年

1月5日，党委书记吴宜亚同志率鲍海鸥副主任前往市规划局，拜访陈智局长、王文明副局长，规划方案通过评审，按程序上报市建设局、市政府。

1月10日，党委书记吴宜亚同志率副主任詹选怀、徐宪、张乐华、鲍海鸥等参加全厅系统考核总结会，吴宜亚同志代表庐山植物园向厅党组及全厅干部述职。

1月12日，在庐山区委、区政府和虞家河乡、威家镇政府以及民生村委会、开天村委会、威家村委会的大力协助下，庐山植物园鄱阳湖分园二期征地启动，面积150亩，并签订征地协议。

1月13日，副主任鲍海鸥同志率工程部聂训明部长，前往庐山区交通局，就分园道路验收，请庐山区交通局质检站协助准备验收报告。

1月14日，副主任鲍海鸥同志前往九江市交通局，拜访曹辉副局长，确定分园道路验收时间。

1月15日，副主任鲍海鸥同志分别前往九江市政府、九江市规划局，跟踪规划文本的报批工作。

1月17日，党委书记吴宜亚同志率鲍海鸥副主任前往九江市政府，拜访卢天锡副市长，就分园建设规划进行汇报。

1月17日，分园科技创新大楼及管理用房进行定桩放线。

1月19日，党委书记吴宜亚同志率鲍海鸥副主任，前往国家科技部申报项目，争取国家支持。

1月20日—23日，党委书记吴宜亚同志率鲍海鸥副主任前往国家科技部，就分园项目争取国家支持向相关司（局）和处室进行汇报和沟通。

1月24日，党委书记吴宜亚同志应邀在人民大会堂出席中国人民对外友好协会春节联欢晚会暨第二届中国国际新春联欢晚会（CPAFFC 2011 Spring Festival Party & The Second China International Spring Festival Party）。中国人民对外友好协会副会长李小林女士致辞，党和国家领导人及各国使节参加联欢。

1月25日—27日，党委书记吴宜亚同志在京参加中国科学院2011年度工作会议。会议期间，与会代表认真学习了路甬祥院长关于《承前启后，继往开来，引领带动中国科技跨越发展》的重要讲话，和白春礼常务副院长关于《深入实施“创新2020”，开创我院跨越发展的新局面》的工作报告，并围绕“创新2020”组织实施及2011年重点工作进行了热烈的讨论。会上，党委书记吴宜亚同志就庐山植物园的创新与发展、鄱阳湖分园项目建设等事宜向全国人大副委员长、中科院院长路甬祥同志进行了工作汇报。

1月26日，副主任鲍海鸥同志前往九江市规划局，拜访王文明副局长，就分园放线事宜进行沟通。

1月29日，庐山植物园在九江招商银行召开全园领导干部会议，传达中国科学院工作会议精神，部署春节期间安全稳定工作，谋求植物园发展新思路。

1月29日，副主任鲍海鸥同志就分园各项工作进展到庐山区政府进行春节走访，感谢一年来的大力支持。

1月30日，副主任鲍海鸥同志就分园各项工作进展到九江市政府进行春节走访，感谢一年来的大力支持。

1月30日，副主任鲍海鸥同志就分园各项工作进展到庐山区虞家河乡、威家镇政府进行春节走访，感谢乡镇府一年来的大力支持。

1月31日，国家科技部计划司副司长叶玉江同志来鄱阳湖分园视察项目建设，党委书记吴宜亚同志陪同。

2月7日，党委书记吴宜亚同志率副主任鲍海鸥前往省科技厅，向厅领导汇报工作并确定厅领导参加庐山植物园年度工作会议时间。

2月9日，副主任詹选怀同志列席九江市四套班子联席会议，会议主要讨论和研究2011年市中心城区城市建设重点项目计划。

2月10日，党委书记吴宜亚同志主持召开全园中层以上干部会议，部署开春后的各项工作。要求每一名分管领导及各部门负责人，工作要有年进度表、月进度表、周进度表，把每项工作抓细、抓实。

2月11日，工程部部长聂训明同志前往市城建局，报送分园建设材料。

2月11日，副主任鲍海鸥同志率综合管理部部长魏宗贤同志，与种苗供应商洽谈苗木种类、规格，严格要求对方按标准执行。

2月12日，副厅长左喜明同志到庐山植物园，参加庐山植物园2011年工作会议，指示要扎实推进植物园各项工作，重点指出：要统一思想，坚定信心，坚定不移地把分园建设好，不允许有不同的声音和阻力。

2月14日，党委书记吴宜亚同志率詹选怀、徐宪、张乐华、鲍海鸥、雷荣海等班子成员，参加全省科技系统2011年党风廉政建设暨反腐败工作会议。

2月15日，威家镇党委书记万述幼、镇长杨剑林同志来庐山植物园走访，党委书记吴宜亚同志，副主任詹选怀、雷荣海同志热情接待，并就分园建设进行商讨。

2月15日，副主任鲍海鸥同志率工程部聂训明部长，就创新大楼、管理用房建设与施工单位负责人进行沟通布置，要求高标准、高质量，加快进度，确保安全生产、安全施工。

2月15日，工程部聂训明部长就施工图纸变更，要求设计单位、施工单位尽快完善，保质保量完成，确保施工工期。

2月16日，副主任鲍海鸥组织召开建筑施工工作会议。九江市建设监理有限公司监理员万工、崔工及南昌对外建筑公司吴工参加。会议就施工前期工作进行部署，并在施工现场对施工桩位进行校对；严厉要求做到“确保安全、确保质量、确保工期”。

2月18日，党委书记吴宜亚同志参加全山领导干部会议，并就鄱阳湖分园项目推进情况在讨论会上发言。

2月19日，分园创新大楼及管理用房等主体建筑，破土打桩。

2月21日，省科技厅考核小组一行七人，在厅人事处处长曾昭德、监察室徐仁龙主任带领下，来到庐山植物园，代表厅党组对我园2010年工作进行全面考核。党委书记吴宜亚同志代表班子向厅考核小组和全体职工汇报2010年总结和2011年工作安排。

2月22日，党委书记吴宜亚同志率鲍海鸥副主任、工程部聂训明部长前往威家镇，拜访威家镇党委书记万述幼同志和镇长杨剑林同志，就打通分园西出口与镇政府协商。

2月22日，黄强同志赴庐山区财政局，办理威家镇征地附属物补偿相关事宜。

2月23日，工程部部长聂训明率唐山同志前往虞家河乡办理土地征用相关手续，取回地籍图和征地协议。

2月23日，副主任鲍海鸥同志召集监理公司、建设单位来分园，就项目建设情况提出意见，并督促执行。

2月24日，威家镇副镇长邹伯韬同志来分园，就二期征地范围进行沟通，并实地查看地界。

2月25日，黄强同志赴虞家河乡，办理土地征用相关手续。

2月28日，党委书记吴宜亚同志在周一例会上部署森林防火工作。

2月28日，庐山区国土局监察大队一行三人，就近期土地征用相关事宜，来分园进行跟踪落实。

3月1日，副主任鲍海鸥率工程部部长聂训明、黄强、唐山同志查看科技创新大楼、管理用房以及苗木种植区情况，就存在的安全隐患对施工方提出意见并督促执行。

3月4日，分园第二期场地平整工作启动，挖掘机对二期征地边界进行平整及开挖排水沟。

3月4日，党群工作部、妇联组织女职工到鄱阳湖分园、九江八里湖新区、庐山新城参观，庆祝“三八”国际妇女节。

3月6日，党委书记吴宜亚同志率鲍海鸥副主任前往国家科技部，就鄱阳湖分园项目争取国家支持，再次向科技部相关司（局）和处室进行汇报和沟通。

3月7日，工程部部长聂训明召集监理、设计、建筑单位来鄱阳湖分园，就科技创新大楼、管理用房施工图纸进行变更，就其中发现的问题进行修改。

3月8日，工程部部长聂训明到姑塘供电分局联系分园零星废弃电线迁移一事。

3月9日，党委书记吴宜亚同志随同吴新雄省长带队的省、部（院）会商代表团，参加江西省与国家科技部、中国科学院的走访活动。

3月9日，黄强、唐山同志去工地查看，严格要求按我方标准进行场地平整作业。

3月10日，副主任鲍海鸥同志与团市委副书记戴伟同志到分园现场，落实百万青年志愿者植树活动场地。

3月11日，工程部部长聂训明赴庐山区交通局，参加农村公路建设会议。

3月11日，团市委、市林业局、市青年志愿者协会在鄱阳湖分园联合举办"百万青年林，扮绿鄱阳湖"九江团员青年参与鄱阳湖生态经济区建设植树造林活动，市领导陈和民、吴锦萍，以及全市各条战线500多名青年志愿者参加了植树造林活动。

3月12日，党委书记吴宜亚同志就变压器一事与相关部门协商。

3月14日，党委书记吴宜亚同志率鲍海鸥副主任前往市政府三楼一号会议室，参加卢天锡副市长主持召开的九江市中心城区城市重点建设项目调度会，并在会上汇报鄱阳湖分园一期建设进展情况。

3月17日，鲍海鸥副主任召集质监、地勘、设计、监理、施工等单位，在鄱阳湖分园科技创新大楼工地进行桩基础基坑验收，一致认为达到技术标准，可以进行下一步施工；同时就管理用房变更及地勘一事，进行现场办公。

3月18日，党委书记吴宜亚同志率班子成员到鄱阳湖分园，进行现场办公。

3月19日，党委书记吴宜亚同志与威家镇党委书记万述幼同志，就打通西出口进行协商。

3月19日，浙江省温岭市副市长曹羽、建设规划局局长王仕方一行来我园参观，党委书记吴宜亚、副主任詹选怀、张乐华、鲍海鸥等同志陪同参观主要专类园。

3月22日，鲍海鸥副主任率工程部部长聂训明同志、黄强、唐山现场查看科技创新大楼、管理用房的桩基础工作。

3月23日，工程建筑商南昌对外建筑工程公司对创新大楼等一期主体建筑，加大抗震系数，提高抗震等级。主钢筋增加直径18 mm钢筋6根的工作开始实施。

3月23日，分园组织民工沿边界种植速生杨10 040株。

3月24日，综合管理部部长魏宗贤率园景园艺中心宋满珍、李晓花同志就分园分类园区的道路进行规划采点。

3月25日，广东东莞植物园党委书记陈满祥、办公室主任郑文芬一行来我园参观交流，党委书记吴宜亚、副主任詹选怀、张乐华等同志陪同。

3月26日，分园创新大楼桩基础混凝土浇筑完成。

3月28日，核工业二六七地质研究所对管理用房进行地勘作业。

3月31日，党委书记吴宜亚同志约见威家镇常务副镇长邹伯韬同志，就分园西出口道路一事进行沟通。

3月31日，党委书记吴宜亚同志约见南昌对外建筑工程公司吴仕伟总经理，就分园变压器安装一事进行纠正。

3月31日，党委书记吴宜亚同志约见庐山区供电局工作人员，就变更变压器一事到现场查看。

4月2日，党委书记吴宜亚同志率领全体职工祭扫“三老”墓，敬献花篮，缅怀三位老前辈“献身科学、报效祖国、艰苦奋斗、以园为家”的精神，要求全园上下以“三老”精神激励自己，紧密围绕“一个中心、两项工程、三大转变”，实现2011年度跨越式发展，以更加辉煌的成绩告慰“三老”。

4月2日，副主任鲍海鸥同志就设立分园专项账号一事，前往省科技厅，办理批报手续。

4月6日，九江市交通局副局长刘赛喜同志，在党委书记吴宜亚同志、副主任鲍海鸥同志陪同下，到分园实地参观。

4月8日，党委书记吴宜亚同志率工程部部长聂训明同志赴威家镇和虞家河乡，拜访两地新任党委书记付建平、陈典勤同志，介绍鄱阳湖分园一期建设进展情况。

4月12日，工程部部长聂训明同志率黄强同志赴威家镇，拜访常务副镇长邹伯韬同志，就分园西出口道路一事，进行沟通协商。

4月12日，党委书记吴宜亚同志约见威家建筑工程公司总经理曹云超同志，就打通分园西出口和西北出口填土方等事进行沟通。

4月12日，综合管理部部长魏宗贤同志来分园，就种植区苗木经费与江西洪州园林工程有限公司负责人进行合同商讨和苗木价格认定。

4月13日，党委书记吴宜亚同志陪同吴文峰副厅长到九江市旭阳雷迪公司、九江巨石集团以及九江学院考察。

4月13日，副主任鲍海鸥同志在九江宾馆参加全省科技成果和技术市场管理研讨会。

4月13日，省科技厅成果处副处长曹银芬、王萍同志，在副主任鲍海鸥同志的陪同下到分园调研。

4月14日，党委书记吴宜亚同志率副主任鲍海鸥同志赴庐山区供电公司，商谈变压器安装厢式价格。

4月21日，党委书记吴宜亚同志赴萍乡参加全省科技大开放会议。

4月25日，党委书记吴宜亚同志率副主任詹选怀同志前往南昌，与科技部计划司领导沟通项目申报事宜。

4月25日，分园管理用房桩基础进行开挖、人工打桩。

4月27日，省科技厅党组成员、纪检组长杨逸仙同志率厅人事处处长曾昭德等五人来庐山植物园，对班子进行考评。

4月28日，省科技厅党组成员、纪检组长杨逸仙同志率厅人事处处长曾昭德、副处长傅良寿等一行五人，在党委书记吴宜亚同志、副主任鲍海鸥、工程部部长聂训明的陪同下，对鄱阳湖分园进行实地调研。

5月1日，省人大副主任胡振鹏同志陪同美国长生国际责任有限公司副总裁桂华先生来园，商谈杜鹃花科越橘属三个物种的引种推广事宜。党委书记吴宜亚同志、副主任詹选怀、张乐华、鲍海鸥等同志参加会见。

5月3日，党委书记吴宜亚同志主持全园例会，提出“创新发展、科学管理、关注民生”的要求，扑下身子抓项目，要求全体专业技术人员，以项目为抓手，实现创新发展大目标。

5月3日，为纪念五四运动92周年，团组织召开全体青年职工座谈会。党委书记吴宜亚、副书记徐宪、党群工作部部长卫斌同志及全园青年职工参加会议。

5月4日，党委书记吴宜亚同志就分园发展与改善周边环境和威家镇、虞家河乡两乡镇领导进行沟通，希望分园各项工作得到乡镇村的支持与协作。

5月5日，副主任雷荣海同志、综合管理部魏宗贤部长带领园林公司人员到分园现场勘查草坪布置。

5月6日，党委书记吴宜亚同志参加质监、地勘、设计、监理、施工等单位在鄱阳湖分园管理用房工地召开的桩基础基坑验收现场会。

5月6日，综合管理部部长魏宗贤同志带领园林公司到分园，现场勘定布置草坪园区。

5月8日，副主任鲍海鸥同志率杜有新、高浦新二位博士，前往江西师大生命科学学院商谈项目文本的编写。

5月9日，党委书记吴宜亚同志主持召开全园中层以上干部工作会议，专题研究节能减排工作。会议认为，停用一台变压器以节约能源消耗，并拨付专项经费用于电缆改造。会议要求后勤科切实抓好节能减排工作，查缺补漏，最大限度降低水、电、油、气等能源消耗，严禁公车私用，鼓励多部门、多人员拼车公务。

5月9日下午，团组织围绕“弘扬三老精神，推进二次创业”举行演讲比赛。

评出一等奖1名、二等奖2名、三等奖3名。

5月10日，中科院院士、中科院昆明植物研究所孙汉董研究员，在党委书记吴宜亚同志陪同下，对庐山植物园鄱阳湖分园项目进行指导。

5月10日，党委副书记徐宪同志率离退休科科长吴欣同志及离休干部到鄱阳湖分园看变化。

5月11日，党委书记吴宜亚同志率吴欣、王岚同志前往中国科学院沈阳生态所进行植物引种。

5月11日，分园管理用房浇筑桩基础已完成。

5月16日，挖掘机进场，对分园沼泽地进行清淤工作。

5月17日，就申报科技部项目，副主任鲍海鸥率杜有新、高浦新二位博士前往江西师大生命科学学院，与对方专家教授一起完成项目报告。

5月20日，分园250V箱式变压器安装到位，并通过安全检测。

5月25日，鄱阳湖分园创新大楼基础梁一次性浇筑完工。

5月25日，王海厅长陪同原省人大常委共10人来园视察，党委书记吴宜亚同志参加。

5月26日，党委书记吴宜亚同志赴九江市林业局，争取林业项目支持。

5月26日，副主任鲍海鸥同志就分园一期规划方案报批，前往九江市规划局进行沟通。

5月27日，副主任鲍海鸥同志前往省科技厅，就申报科技部项目向左喜明副厅长汇报。

5月28日，党委书记吴宜亚同志陪同国家科技部农村司侯立宏处长在九江市调研。

5月31日，党委书记吴宜亚同志率副主任鲍海鸥同志前往省科技厅，就申报科技部项目进行工作汇报。

6月1日，党委书记吴宜亚同志率副主任鲍海鸥同志前往市、区相关单位进行走访，争取项目支持。

6月2日，副主任鲍海鸥同志拜访九江市规划局陈智局长，争取分园一期规划方案早日批复。

6月3日，党委书记吴宜亚同志率副主任鲍海鸥同志赴国家科技部，就申报国家项目进行汇报。

6月6日，副主任鲍海鸥率综合管理部魏宗贤部长、工程部聂训明部长赴台湾植物园，进行学术交流。

6月8日，党委书记吴宜亚同志赴井冈山参加厅党组中心组学习。

6月13日，党委书记吴宜亚同志就林区道路项目进行部署。

6月14日，党委书记吴宜亚同志拜访庐山区钟好立区长，就分园基建经费进行沟通。

6月14日，黄强同志赴九江市质量检测中心，报送管理用房桩基础相关手续材料。

6月14日，副主任张乐华同志前往省科技厅，恳请省厅致函国家科技部计划司，要求将分园项目列入国家项目库。

6月15日，党委书记吴宜亚同志赴庐山区财政局，就分园基建经费进行沟通。

6月15日，唐山同志赴庐山区质量检测站，报送管理用房桩基础相关手续材料。

6月16日，党委书记吴宜亚同志赴庐山区交通局，就农村道路建设进行沟通。

6月16日，鄱阳湖分园管理用房桩基础进行小应变检测。

6月17日，科技创新大楼二层楼面开始浇筑。

6月17日，党委书记吴宜亚同志参加九江市重点项目工程调度会，并就鄱阳湖分园项目进展情况进行汇报。

6月18日，中共莱芜市委书记于建成一行10人来庐山植物园参观考察，党委书记吴宜亚、副主任詹选怀、张乐华陪同。

6月21日，科技创新大楼三层支架进行搭建。

6月22日，管理用房开始进行钻芯检测。

6月29日，庐山植物园庆祝建党90周年暨“创先争优”表彰大会在学术报告厅隆重举行。全体在职职工、党员及部分退休党员参加会议。

6月29日，副主任鲍海鸥同志就申报科技部支撑项目前往省科技厅，向左喜明副厅长、赵金城副厅长汇报。

6月30日，上海辰山植物园植物科学研究中心副主任马金双博士来我园参观考察。党委书记吴宜亚同志、副主任詹选怀、张乐华同志陪同，并就两园植物科学研究合作交流达成意向。

6月30日，唐山同志赴国家电网庐山区分公司办理分园变压器通电相关事宜。

7月1日，分园变压器正式通电使用。

7月2日，上海辰山植物园植物科学研究中心副主任马金双博士来分园参观考察。党委书记吴宜亚同志和综合管理部胡宗刚同志陪同。

7月3日，管理用房桩基础进行静载检测。

7月5日，党委书记吴宜亚同志就分园征地事宜与虞家河乡党委书记陈典勤进行沟通。

7月8日，针对我园绩效工资改革方案一事，召集班子成员及中层以上干部、职工代表分别进行讨论。

7月12日，庐山区政协主席刘建同志来庐山植物园鄱阳湖分园，对市重点项目进行督导。

7月12日，鄱阳湖分园管理用房进行场地平整，进行下一步施工。

7月13日，副主任鲍海鸥拜访九江市规划局副局长王文明，争取分园一期规划方案尽快批复。

7月13日，黄强同志赴九江市行政服务中心，报送分园一期规划方案文本。

7月13日，黄强同志赴庐山区交通局，办理园区道路验收相关手续。

7月14日，党委书记吴宜亚同志、副主任鲍海鸥同志前往九江市政府，参加中心城区重点城建项目调度会。

7月14日，科技创新大楼三层楼面浇筑完成。

7月14日，黄强同志赴庐山区财政局国库支付中心，咨询双控账号相关事宜。

7月15日，黄强同志赴南昌对外工程公司办理工程签证等相关事宜。

7月17日，分园管理用房完成桩基础检测，并完成1号楼基础放线。

7月19日，副主任鲍海鸥同志前往九江市规划局，就分园规划报批与王文明副局长、用地管理科进行沟通。

7月19日，分园科技创新大楼基础梁建设质量通过质监、地勘、设计、监理、施工等单位验收，一致认为达到设计规范，质量优良。

7月20日，党委书记吴宜亚同志就国家科技部项目进行汇报与沟通。

7月21日，副主任鲍海鸥同志率工程部部长聂训明同志，前往虞家河乡，就分园征地工作进行沟通。

7月22日，庐山区政协主席刘建同志来鄱阳湖分园，对市重点项目进行督导。

7月22日，副主任鲍海鸥同志赴九江市规划局，拜访陈智局长，就分园一期详细规划进行沟通。

7月23日，党委书记吴宜亚同志就科普宣传工作进行部署。

7月24日，副主任鲍海鸥同志参加九江市城建重点项目报建程序、规费缴纳与减免会议，会议听取了鄱阳湖分园报建工作。

7月24日—29日，应美国霍伊特树木园（Hoyt Arboretum）邀请，以我园副主任詹选怀研究员为团长的东亚—北美间断分布植物资源考察团赴美国波特兰市考察，与美国霍伊特树木园、世界林业研究中心等13个系统的专家学者进行广泛深入的学术交流。

7月25日，党委书记吴宜亚同志就申报创新基金进行部署。

7月26日，党委书记吴宜亚同志就森林防火工作进行部署。

7月27日，鄱阳湖分园"科学家之家"的场地开始平整。

7月27日，黄强同志赴庐山区林业局办理林区道路建设相关事宜。

7月28日，王晓鸿副厅长率厅"节能减排"与"综合治理"工作领导小组来我园检查工作，党委书记吴宜亚同志作工作汇报。

7月28日，江西省林业厅副厅长肖河、郭家，副巡视员毛赣华等70余人来我园指导科普工作，肖河副厅长一行参观了我园主要展区，并瞻仰了"三老墓"。党委书记吴宜亚同志介绍我园概况、发展历史、科普教育、鄱阳湖分园建设等工作。

7月29日，南昌对外工程总公司董事长凌斌一行10人来鄱阳湖分园，就科技创新大楼及管理用房建设进行调研，副主任鲍海鸥同志、工程部部长聂训明同志陪同。

7月29日，中国科学院植物研究所杰出青年科学家桑涛博士、中国科学院武汉植物园首席研究员李建强博士到鄱阳湖分园实地考察，对分园的科学定位、科学研究提出建议。

7月31日，省科技厅副厅长吴文峰同志在党委书记吴宜亚同志陪同下，来鄱阳湖分园实地调研。

8月1日，中国工程院院士、北京工商大学副校长孙宝国院士来园考察，党委书记吴宜亚同志介绍了我园发展和鄱阳湖分园建设情况。孙院士对我园工作给予高度评价，并对鄱阳湖分园建设提出了建设性意见，副主任詹选怀、张乐华陪同。

8月1日，园领导与军转同志共庆"八一"建军节，党委书记吴宜亚同志向全园军转同志致以节日的问候。

8月2日，黄强同志赴庐山区交通局参加"村村通"公路验收会议。

8月4日，科研管理部高浦新部长、对外联络科许世荷科长来鄱阳湖分园调研。

8月10日，省科技厅副厅长左喜明同志率计划处处长贺志胜同志、条财处处长朱卫国同志来鄱阳湖分园调研，党委书记吴宜亚同志、副主任鲍海鸥同志、党群工作部部长卫斌陪同。

8月10日，鄱阳湖分园管理用房基础梁进行混凝土浇筑。

8月12日，副主任鲍海鸥同志率工程部部长聂训明同志前往虞家河乡，拜访虞家河乡党委书记陈典勤同志，就征地、拆迁工作进行沟通。

8月15日，党委书记吴宜亚同志在中层干部会上，传达贯彻左喜明副厅长讲话精神。

8月15日—20日，党委书记吴宜亚同志率副主任鲍海鸥同志前往陕西秦岭植物园学习考察，并建立植物种质资源交换关系。

8月18日，“科学家之家”正式定桩放线。

8月19日，庐山植物园召集房屋建筑商、质检站、监理、勘探、设计对科技创新大楼主体工程及管理用房桩基础进行验收。

8月22日，鄱阳湖分园“科学家之家”场地平整完成。

8月23日—25日，党委书记吴宜亚同志赴井冈山，参加厅系统上半年工作总结会。

8月23日，副主任鲍海鸥同志率工程部部长聂训明、党群工作部部长卫斌，就分园1.5公里“村村通”余下的700余米道路进行现场勘探并确定走向。

8月27日，中国国民党名誉主席吴伯雄率领中国国民党大陆访问团，在庐山管理局党委书记郑翔同志陪同下来我园参观，副主任詹选怀参加。

8月29日，党委书记吴宜亚同志率副主任詹选怀、鲍海鸥同志到鄱阳湖分园，就科技创新大楼、管理用房、“科学家之家”现场办公。

8月30日，党委书记吴宜亚同志率副主任鲍海鸥同志赴九江市规划局拜访陈智局长，就分园一期详细规划进行再沟通。

8月30日，党委书记吴宜亚同志率副主任鲍海鸥同志到南湖公园翠竹院，借鉴九江书画院建筑与环境相融洽的经验。

8月31日，园景园艺中心宋满珍、李晓花同志来分园，就园区规划道路及功能分区进行实地踏勘，着手方案修改。

9月2日，副主任鲍海鸥同志率科研管理部部长高浦新同志前往省科技厅，就高质量、高水准完成国家支撑项目论证会听取左喜明副厅长指示。

9月3日，党委书记吴宜亚同志率副主任鲍海鸥同志、科研管理部部长高浦新同志、标本馆馆长彭焱松同志，前往省科技厅参加由左喜明副厅长主持的国家支撑项目专家论证会准备工作协调会。省山江湖、江西师范大学的专家一起参会。王海厅长作重要讲话并提出要求。

9月3日—6日，副主任鲍海鸥同志率科研管理部部长高浦新博士、植物研究部部长杜有新博士、标本馆馆长彭焱松硕士，与省山江湖、江西师范大学的专家初步完成国家支撑项目可行性研究报告。

9月5日，党委书记吴宜亚同志率副主任张乐华、鲍海鸥及综合管理部部长魏宗贤赴国家科技部，就国家支撑计划项目专家论证会进行前期汇报，争取多方支持。

9月6日，鄱阳湖分园管理用房1号楼一层进行混凝土浇筑，2号楼一层模板进行搭建。

9月7日，副主任鲍海鸥同志在科技部组织的支撑计划项目专家论证会上，向专家作项目开题报告并接受专家提问。高浦新博士、杜有新博士分别作子课题开题报告并接受专家提问。

9月8日—11日，党委书记吴宜亚同志率副主任张乐华、鲍海鸥、综合管理部部长魏宗贤、科研管理部部长高浦新博士、植物研究部部长杜有新博士、标本馆馆长彭焱松硕士，根据专家论证会上的专家意见，加班加点，完成国家支撑项目可行性论证报告和概预算书并报送科技部。

9月13日，黄强同志赴九江市团结设计公司，就“科学家之家”图纸会审进行沟通。

9月14日，鄱阳湖分园“科学家之家”正式定桩放线。

9月18日，鄱阳湖分园管理用房1号楼二层进行混凝土浇筑，2号楼二层模板进行搭建。

9月18日，“科学家之家”基础桩浇筑完成。

9月20日，北京汇源集团董事长朱新礼来分园参观考察，党委书记吴宜亚同志、副主任鲍海鸥同志陪同。

9月22日，党委书记吴宜亚同志率副主任鲍海鸥同志、工程部部长聂训明同志到分园西北出口，实地测算土方量，并与施工方商定价格，签订协议。

9月23日，党委书记吴宜亚同志就庐山植物园门票一事在庐山管理局党委会上作汇报。

9月25日，厅监察室主任徐仁龙同志、厅科技成果处李年华副处长到分园调研，党委书记吴宜亚同志、副主任鲍海鸥同志、工程部部长聂训明同志陪同。

9月26日，庐山区安全生产监督小组来鄱阳湖分园进行安全生产督导。

9月26日，广西南宁药用植物园财务部部长苏桂荣同志一行17人来庐山植物园参观，副主任鲍海鸥同志接待并介绍庐山植物园及鄱阳湖分园建设情况。

9月27日，鄱阳湖分园工程部对分园工地进行安全生产隐患大排查，并将排查情况书面反馈给施工方，要求施工方加强安全生产管理，确保工地安全。

9月29日，党委书记吴宜亚同志前往虞家河乡政府，协商二期土地征收事宜。

9月29日，鄱阳湖分园管理用房1号楼三层进行混凝土浇筑。

9月30日，党委书记吴宜亚同志率副主任鲍海鸥同志冒雨到工地，实地查看填土方区域是否积水，了解园区排水情况。

10月3日，中共中央政治局常委李长春同志来庐山植物园视察，党委书记吴宜亚同志，副主任詹选怀、张乐华、雷荣海陪同接待。

10月4日—7日，党委书记吴宜亚同志、副主任张乐华同志赴北京，向有关部门领导汇报鄱阳湖分园进展情况。

10月9日，庐山区常务副区长周小琳来鄱阳湖分园调研二期征地，党委书记吴宜亚同志陪同。

10月10日，党委书记吴宜亚同志拜访庐山区财政局非税收入管理局局长孙泽沛同志，就分园征地款事宜进行沟通。

10月11日，江苏植物研究所南京中山植物园郭忠仁副所长一行8人来分园参观考察，副主任张乐华、鲍海鸥同志陪同。

10月11日，唐山同志赴九江市庐山区财政局办理征地款代收代支票据。

10月12日，省科技厅副厅长赵金城同志来鄱阳湖分园实地调研，党委书记吴宜亚同志、工程部部长聂训明同志陪同。

10月13日，九江市书画院副院长胡毅同志来分园参观考察，党委书记吴宜亚同志、副主任鲍海鸥同志、工程部部长聂训明同志陪同。

10月14日，鄱阳湖分园管理用房1号楼四层进行混凝土浇筑。

10月15日，广西南宁药用植物园综合部部长韦山青同志一行30人来鄱阳湖分园考察，副主任鲍海鸥同志陪同，并提出合作建设药用植物展示区意向。

10月15日，鄱阳湖分园管理用房2号楼三层进行混凝土浇筑。

10月16日，由江西省农作物品种审定委员会组织专家对庐山植物园选育的猕猴桃新品种“云雾1号”进行现场鉴定，党委书记吴宜亚同志、副主任詹远怀、张乐华、鲍海鸥及项目组成员12人参加会议。

10月17日，党委书记吴宜亚同志就分园穿园而过的通信电缆迁移，与九江市十里电信分局邹鸿云局长进行迁移前沟通。

10月17日，九江市十里电信分局的专业技术人员到分园实地考察通信电缆迁移方案，副主任鲍海鸥同志、工程部部长聂训明同志陪同。

10月17日，九江市交通局副局长刘赛喜同志来分园，就桥梁建设进行现场考察，党委书记吴宜亚同志、副主任鲍海鸥同志、工程部部长聂训明同志陪同。

10月18日，九江市中心城区城建重点项目督查组苏勇等三人到鄱阳湖分园现场督查，对分园建设进度非常满意。副主任鲍海鸥同志陪同，介绍分园建设情况。

10月20日，九江市委常委、副市长熊永强同志到鄱阳湖分园指导，党委书记吴宜亚同志、副主任鲍海鸥同志陪同。

10月20日，党委书记吴宜亚同志前往威家镇政府，就二期征地事宜进行沟通协商。

10月20日，副主任鲍海鸥同志前往庐山区十里电信局，就园区通信电缆迁移进行沟通协商。

10月20日，副主任鲍海鸥同志率园景园艺中心宋满珍、李晓花同志，就分园植物配置规划进行调研，着手各植物分区规划设计。

10月21日，党委书记吴宜亚同志、副主任鲍海鸥同志前往省科技厅，向厅领导汇报分园建设进展情况。

10月24日，党委书记吴宜亚同志率副主任张乐华、雷荣海赴浙江海宁医院，看望老同志杨涤清。

10月25日，广西南宁药用植物园李向辉同志来我园学习植物墨线图绘制技术，副主任鲍海鸥同志对学习时间、培训老师等进行安排。

10月26日—11月1日，党委书记吴宜亚同志、副主任张乐华研究员应邀出访著名的美国密苏里植物园（Missouri Botanical Garden）、长木植物园Longwood Gardens）和纽约植物园（New York Botanical Garden）。

10月27日，鄱阳湖分园办公室工作人员在副主任鲍海鸥同志指导下，对分园档案资料进行整理。

10月27日，副主任鲍海鸥同志就分园二期道路修建过程中发生的纠纷问题，约请施工方和民生村相关人员到分园办公室进行协调。

10月29日，分园创新大楼、管理用房通过墙体检测。

10月30日，鄱阳湖分园管理用房1号楼五层进行混凝土浇筑。

11月2日，副主任鲍海鸥同志率工程部部长聂训明前往虞家河乡，就二期征地等事宜进行沟通。

11月3日，鄱阳湖分园管理用房2号楼四层进行混凝土浇筑。

11月7日，九江市委常委、政法委书记廖凯波同志率九江市中心城区城建重点项目督查组到鄱阳湖分园现场督导，党委书记吴宜亚同志、副主任鲍海鸥同志陪同。

11月7日，党委书记吴宜亚同志，副主任詹远怀、副书记徐宪、副主任张乐华、鲍海鸥、雷荣海等班子成员前往省科技厅，参加江西省委第三巡视组与江西省科技厅干部见面会。

11月7日，我园组织学习贯彻落实江西省第十三次党代会会议精神，党委书记吴宜亚同志主持会议并讲话。

11月8日，党委书记吴宜亚同志前往民生村，就二期征地事宜进行沟通。

11月8日，副主任鲍海鸥同志前往省科技厅人事处，办理朱群同志商调函。

11月9日，副主任鲍海鸥、雷荣海率张晓波同志前往庐山区林业局、庐山区委组织部进行外调干部考察。

11月10日，鄱阳湖分园管理用房1号楼六层进行混凝土浇筑。

11月11日，副主任鲍海鸥同志率工程部部长聂训明前往庐山区交通局，就分园园区道路修建进行协商。

11月12日，副主任鲍海鸥同志率朱群同志在虞家河乡副乡长屈元洪同志陪同下，前往民生村村委会，就二期道路修建过程中发生的纠纷召开协调会。

11月13日，科学技术部发展计划司副司长叶玉江同志、省科技厅副厅长赵金城同志在党委书记吴宜亚同志、工程部部长聂训明陪同下，对鄱阳湖分园进行实地指导。

11月14日，党委书记吴宜亚同志要求班子成员强化科学管理，尽快拿出科研人员工作方案、鄱阳湖分园植物配置方案、后勤改革工作方案。

11月15日，鄱阳湖分园后续500米道路开工修建。

11月16日，党委书记吴宜亚同志与虞家河乡党委书记陈典勤协商二期征地拆迁事宜。

11月17日，党委书记吴宜亚同志与庐山区政协主席刘建同志协商二期征地拆迁事宜。

11月18日，党委书记吴宜亚同志与庐山区区长钟好立同志协商二期征地拆迁事宜。

11月19日,“科学家之家”二层楼面进行混凝土浇筑。

11月21日,征地拆迁部副部长朱群同志在鄱阳湖植物园办公室约见威家镇常务副镇长邹伯韬同志,就下一步征地工作进行沟通。

11月22日,征地拆迁部副部长朱群同志前往虞家河乡政府,就征地工作进行沟通。

11月23日,党委书记吴宜亚同志率征地拆迁部副部长朱群同志,赴省科技厅汇报征地事宜。

11月24日,九江市副市长赵伟同志来鄱阳湖植物园调研,党委书记吴宜亚同志、副主任鲍海鸥同志陪同。

11月24日,鄱阳湖分园管理用房2号楼六层进行混凝土浇筑。

11月25日—27日,武汉大学生命科学学院何建庆书记、王建波、赵洁、燕小安副院长及院党政办冯丹主任、谢晓芬副主任等一行7人来我园考察交流,江西省科技厅厅长助理李培生同志陪同。

11月28日—30日,江西省委第三巡视组组长陈智祥、副组长李继军等一行8人来我园巡视,听取我园工作汇报。江西省科技厅厅长王海同志、纪检组长杨逸仙同志,以及人事处副处长傅良寿同志等陪同。党委书记吴宜亚、副主任詹选怀、张乐华、鲍海鸥、雷荣海等同志参加。

11月30日,党委书记吴宜亚同志率副主任鲍海鸥同志前往九江市政府,拜见赵伟副市长,就鄱阳湖植物园启动二期征地工作进行汇报。

12月1日,副主任鲍海鸥同志前往九江市委八楼会议室,参加2011年中心城区130项城建项目汇报会。

12月4日,党委书记吴宜亚同志赴工地处理料场纠纷。

12月5日,党委书记吴宜亚同志与庐山文化处处长洪建国同志协商“三老”墓修缮事宜。

12月6日,管理用房2号楼封顶。

12月8日—12月10日,党委书记吴宜亚同志参加中国科学院植物园工作委员会2011年度会议,当选委员。

12月9日,九江市中心城区城建项目督查组现场督导,工程部部长聂训明同志陪同。

12月9日,“科学家之家”三层楼面进行混凝土浇筑。

12月12日,九江市政府副秘书长叶树国同志来鄱阳湖植物园现场指导,党委书记吴宜亚同志、副主任鲍海鸥同志陪同。

12月13日，九江市浔阳区委书记戴晓慧同志来鄱阳湖植物园现场指导，党委书记吴宜亚同志陪同。

12月14日，党委书记吴宜亚同志率征地拆迁部副部长朱群同志前往庐山区政府、区国土局，就分园征地事宜进行沟通。

12月15日，党委书记吴宜亚同志前往虞家河乡，就征地事宜进行沟通。

12月16日，征地拆迁部副部长朱群同志陪同威家镇常务副镇长邹伯韬同志，就征地范围现场踏勘。

12月19日，党委书记吴宜亚同志赴深圳仙湖植物园、东莞植物园、香港嘉道理植物园进行园区共建交流。

12月19日，征地拆迁部副部长朱群同志将征地款预拨至威家镇、虞家河乡。

12月22日，九江市庐山区人大副调研员杨铁毛同志来鄱阳湖植物园调研，副主任鲍海鸥同志、工程部部长聂训明同志陪同。

12月23日，我园组织威家镇、虞家河乡有关人员对鄱阳湖植物园征地范围进行定点，划定边界。

12月26日，威家镇党委书记付建平同志、镇长叶斌同志、常务副镇长邹伯韬同志到鄱阳湖植物园勘探边界，并到工地现场指导工作。征地拆迁部副部长朱群同志陪同。

12月27日，党委书记吴宜亚同志、副主任鲍海鸥同志与威家镇党委书记付建平同志、镇长叶斌同志、常务副镇长邹伯韬同志就鄱阳湖植物园与威家镇交界处规划事宜进行沟通。

12月28日，威家镇召开启动鄱阳湖植物园征地会议，镇长叶斌、常务副镇长邹伯韬部署工作。

12月28日，副主任鲍海鸥同志就鄱阳湖植物园通信线路布局，约请庐山区十里电信局技术人员来园实地勘测。

12月29日，征地拆迁部副部长朱群同志协助威家镇、虞家河乡对鄱阳湖植物园征地范围内农户情况进行了解。

12月31日，鄱阳湖植物园创新大楼三层办公室开始铺设地砖和内墙粉刷。

2012年

1月4日，党委书记吴宜亚同志率副主任鲍海鸥同志前往南昌参加江西省科技工作会议。

1月9日，征地拆迁部副部长朱群同志协助威家镇开始进行鄱阳湖植物园征地工作。

1月10日，庐山植物园召开2011年年终总结大会。江西省科技厅副厅长左喜明同志莅临会议并作重要指示。

1月11日，江西省科技厅副厅长左喜明同志到鄱阳湖植物园现场指导，党委书记吴宜亚同志、副主任鲍海鸥同志等陪同。

1月11日，征地拆迁部副部长朱群同志前往庐山区交通局，就鄱阳湖植物园道路修建补偿款进行沟通。

1月12日，"科学家之家"屋面进行混凝土浇筑。

1月16日—19日，党委书记吴宜亚同志参加中国科学院年度工作会议。会议期间，分别拜访国家科技部、发改委、财政部相关司局，争取国家层面对鄱阳湖植物园建设的支持。

1月17日—18日，副主任鲍海鸥同志拜访九江市规划局、九江市交通局、庐山区委、区政府等相关领导，感谢地方政府和相关单位对鄱阳湖植物园建设的支持与帮助。

1月18日，征迁部副部长朱群同志拜访威家镇、虞家河乡、庐山区国土局、庐山区交通局等相关领导，感谢乡、镇、村和相关单位对鄱阳湖植物园建设的支持与帮助。

1月20日，党委书记吴宜亚同志要求各分管领导，切实做好春节期间值班安排，确保春节期间行车安全，做好防火防盗工作，确保职工过一个欢乐、祥和的春节。

1月29日，我园组织中层以上干部，认真学习贯彻中国科学院工作会议精神，党委书记吴宜亚同志主持会议并讲话。

2月2日，党委书记吴宜亚同志率副主任鲍海鸥同志前往九江市发改委，就争取国家发改委项目进行沟通。

2月3日，唐山同志前往市政府报送鄱阳湖植物园项目情况。

2月7日—2月10日，党委书记吴宜亚同志带领副主任鲍海鸥同志和科研人员、中层干部一行11人奔赴广东，先后考察中国科学院华南植物园、东莞植物园、珠海农科所。

2月12日，党委书记吴宜亚同志与九江市发改委领导沟通项目报送工作。

2月13日，鄱阳湖植物园创新大楼三楼进行内墙粉刷与窗户安装。

2月13日，副主任鲍海鸥同志组织技术人员网上填报国家支撑计划项目预算书，并通过科技部二审。

2月13日，党委书记吴宜亚同志在全园中层干部会议上要求各分管领导、各部门按照政府项目推进模式，做出2012年全年工作计划，严格执行考核和推进程序。

2月14日，党委书记吴宜亚同志率工程部部长聂训明、开发部副部长李彦俐、拆迁部副部长朱群同志一起，前往九江开发区管委会，借鉴九江开发区建筑与环境相融洽的经验。

2月15日，党委书记吴宜亚同志率副主任鲍海鸥同志、工程部部长聂训明同志到创新大楼施工现场办公，督促施工方尽快完成三楼办公室装修工作，确保工作人员按时进楼办公。

2月16日，征地拆迁部副部长朱群同志前往庐山区国土局，协调土地征收工作。

2月16日，鄱阳湖植物园创新大楼开始进行外墙粉刷工作。

2月17日，副主任鲍海鸥同志前往九江市发改委，报告争取国家发改委项目报送事。

2月17日，香港九江联会会长、华泰（远东）集团董事长柯孙培先生参观鄱阳湖植物园，党委书记吴宜亚同志、副主任鲍海鸥同志陪同。

2月18日，党委书记吴宜亚同志检查鄱阳湖植物园项目清淤工作，要求确保安全生产。

2月20日，江西省委巡视督察组组长王树林同志在九江市委组织部副部长叶平同志、庐山区政协主席刘健同志、威家镇党委书记付建平同志、镇长叶斌同志陪同下，来鄱阳湖植物园调研，党委书记吴宜亚同志、副主任鲍海鸥陪同。

2月21日，党委书记吴宜亚同志召开鄱阳湖植物园工作会议，并就建设进度情况进行督办与指导。

2月22日，江西省科技厅人事处副处长傅良寿同志、条财处副处长张晓南同志、人事处王频廷同志，在党委书记吴宜亚同志陪同下，来鄱阳湖植物园调研，副主任鲍海鸥同志、工程部部长聂训明、征地拆迁部部长朱群陪同。

2月23日，副主任鲍海鸥同志前往九江市发改委，就争取国家发改委项目进行沟通。

2月23日，党委书记吴宜亚同志率副主任詹选怀、副书记徐宪、副主任张乐华、鲍海鸥、雷荣海等领导班子成员，前往省科技厅，参加全省科技系统党风廉政建设和反腐败动员大会。

2月24日，党委书记吴宜亚同志率副主任鲍海鸥同志前往九江市发改委，就争取国家项目再次沟通，并得到九江市发改委大力支持，已正式呈文江西省发改委争取项目。

2月24日，征迁部部长朱群同志前往九江市政府，就鄱阳湖植物园二期征地工作向有关领导汇报。

2月26日，鄱阳湖植物园创新大楼进行外墙粉刷。

2月27日，中国电信九江分公司总经理龚晓春同志在九江市十里电信分局局长邹鸿云同志陪同下，来鄱阳湖植物园，就通信电缆迁移进行实地考察，党委书记吴宜亚同志、工程部部长聂训明、开发部副部长李彦俐等陪同。

2月27日—28日，副主任鲍海鸥同志前往江西省发改委，就争取国家项目支持进行汇报，争取省发改委支持。

2月28日，副主任詹选怀、张乐华以及科研管理部部长高浦新博士、植物研究部部长杜有新博士、标本馆馆长彭焱松硕士等一行5人，到鄱阳湖植物园调研，实地查看并规划设计全园各区功能布局。

3月1日—10日，党委书记吴宜亚同志前往北京，就鄱阳湖植物园二期建设分别拜访国家发改委、国家科技部、中国科学院、国家林业总局、国家财政部等相关司、处室领导，争取国家资金支持。

3月2日，征迁部部长朱群同志前往虞家河乡政府，就二期征地工作进行沟通。

3月5日，副主任鲍海鸥同志前往江西省发改委，就争取国家项目支持进行沟通，明确项目争取渠道。

3月5日，副主任鲍海鸥同志在省科技厅条财处处长朱卫国带领下，前往省财政厅，就提高我园绩效工资基本线一事，与财政厅综合处进行沟通，争取支持。

3月6日，九江市委宣传部副部长荣君同志来鄱阳湖植物园调研，副主任鲍海鸥同志、工程部部长聂训明、征迁部部长朱群、开发部副部长李彦俐等陪同。

3月7日，征迁部部长朱群同志实地勘察鄱阳湖植物园四周边界，并规划设计围墙施工方案。

3月8日，征迁部部长朱群同志就鄱阳湖植物园征地范围与庐山区国土局及虞家河乡政府进行沟通。

3月8日，庐山区国土分局地籍科王贵祥同志、庐山区虞家河乡副乡长屈元洪同志在副主任鲍海鸥同志、征迁部部长朱群同志陪同下，到鄱阳湖植物园实地查看近期征地范围。

3月11日，九江市交通运输局党委书记黄强同志、九江职业大学党委书记王原平同志到鄱阳湖植物园调研，党委书记吴宜亚同志、征迁部部长朱群陪同。

3月13日，副主任詹选怀、张乐华以及科研管理部部长高浦新博士、植物研究部部长杜有新博士、标本馆馆长彭焱松来鄱阳湖植物园，商讨鄱阳湖植物园物种配置与设计事宜。

3月13日，党委书记吴宜亚同志带领全园女职工到九江市南山公园、城市展览馆等地参观，庆祝“三八”国际妇女节。

3月13日，党委书记吴宜亚同志来鄱阳湖植物园，督促施工方按工作进度快速推进。

3月14日，征迁部部长朱群前往虞家河乡、威家镇，就二期征地进行沟通。

3月14日，鄱阳湖植物园创新大楼三楼进行门窗安装工作。

3月16日，党委书记吴宜亚同志前往九江市庐山区赛阳镇，考察园林苗木种植情况，为鄱阳湖植物园引种做准备。

3月19日，征迁部部长朱群前往虞家河乡、威家镇，就二期征地进行沟通。

3月20日，党委书记吴宜亚同志召开工作会议，部署鄱阳湖植物园项目推进工作任务和重点。

3月21日，党委书记吴宜亚同志率副主任詹选怀、副主任张乐华、副主任鲍海鸥、科研管理部部长高浦新博士、植物研究部部长杜有新博士来鄱阳湖植物园现场办公，就项目工程进度与施工方进行协调与沟通。

3月21日，征迁部部长朱群同志在虞家河乡、威家镇工作人员陪同下，进行二期征地测量工作。

3月23日，副主任鲍海鸥同志率杜有新博士、高浦新博士、彭焱松硕士前往南昌，参加国家科技部支撑计划项目协作会，省科技厅巡视员左喜明同志、省山江湖办主任戴星照同志、省科技厅社发处处长李文信同志莅临指导。

3月26日—27日，江西省科技厅人事处处长曾昭德同志、厅监察室副主任林涛同志、条财处副处长张晓南同志、人事处王频廷同志等一行9人，来庐山植物园和鄱阳湖植物园，进行年度考评。

3月27日，九江学院党委书记郑翔同志来鄱阳湖植物园指导，党委书记吴宜亚同志、副主任鲍海鸥同志以及征迁部部长朱群、开发部副部长李彦俐陪同。

3月27日—29日，征迁部部长朱群同志在虞家河乡、威家镇工作人员陪同下，进行二期征地测量工作。

3月30日，省科技厅王海厅长主持召开鄱阳湖植物园项目推进现场办公会，省科技厅巡视员左喜明同志、副巡视员黄烈之同志、山江湖办主任戴星照同志、庐山植物园党委书记吴宜亚同志以及副主任詹选怀、张乐华、鲍海鸥等参加。

3月31日，江西省科技厅厅长王海同志参加“长江中游城市集群科技合作框架协议签字仪式”，党委书记吴宜亚同志参加。

3月30日—4月1日，党委书记吴宜亚同志率开发部副部长李彦俐、工程部龙思宇同志奔赴武汉，拜访中国科学院武汉植物园、武汉大学生命科学学院。

3月31日，原省科技厅厅长李国强同志、原省科委副主任常世英同志在江西省科技厅副厅长赵金城同志、省科技馆馆长张青松同志陪同下，来鄱阳湖植物园调研，副主任鲍海鸥同志陪同。

4月5日，庐山植物园创始人之一——陈封怀先生之子、华南植物园研究员陈贻竹先生来庐山植物园和鄱阳湖植物园指导，党委书记吴宜亚同志、副主任詹选怀、张乐华、鲍海鸥同志以及征迁部部长朱群、开发部副部长李彦俐等陪同。

4月6日—9日，党委书记吴宜亚同志来鄱阳湖植物园现场督导，要求施工方按规划方案快速推进。

4月10日，党委书记吴宜亚同志在鄱阳湖植物园召开工作会议，讨论并确定鄱阳湖植物园各区植物布局与配置。

4月12日，征迁部部长朱群同志率高胜同志前往江西省棉花研究所，学习交流农作物栽培技术，并引进部分蔬菜瓜苗。

4月13日，九江市政府副巡视员吴锦萍同志来鄱阳湖植物园调研，党委书记吴宜亚同志、副主任鲍海鸥同志以及开发部副部长李彦俐陪同。

4月14日，庐山植物园创始人之一——秦仁昌先生之孙秦捷同志来鄱阳湖植物园指导，党委书记吴宜亚同志、副主任鲍海鸥同志，以及园主任助理魏宗贤陪同。

4月15日—19日，鄱阳湖植物园开始草皮、植物苗木配置与栽种工作。

4月23日，党委书记吴宜亚同志在鄱阳湖植物园主持召开中层干部会议，讨论研究下一步工作任务和矛盾纠纷解决方案。

4月24日，征迁部部长朱群同志就鄱阳湖植物园征地范围与虞家河乡政府进行沟通。

4月24日，工程部龙思宇同志赴九江市供电公司，就鄱阳湖植物园高压线迁移事宜进行沟通。

4月25日，党委书记吴宜亚同志率工程部龙思宇同志赴九江市供电公司，就鄱阳湖植物园高压线迁移事宜拜访供电公司领导。

4月27日，党委书记吴宜亚同志率副主任鲍海鸥同志赴省委滨江宾馆，参加江西省人民政府与武汉大学战略合作框架协议签字仪式，并与武汉大学签署合作协议。

4月27日，江西省第四届全民健身运动会暨省直机关登山比赛在梅岭举行，潘国甫、宋莉分获男、女甲组一等奖。

4月28日，鄱阳湖植物园“科学家之家”进行外墙装修工作。

5月4日，我园三名同志参加江西省科技厅2012年“五四”表彰会暨青年工作座谈会，荣获先进个人称号。

5月5日，省科技厅条财处副处长徐丽英同志陪同省审计厅领导，来鄱阳湖植物园调研，党委书记吴宜亚同志、副主任鲍海鸥同志以及征迁部部长朱群、开发部副部长李彦俐陪同。

5月5日—6日，中国科学院工委会主任陈进同志和中科院生物局处长娄治平同志、工委会秘书长胡华斌同志，来鄱阳湖植物园和庐山植物园调研，党委书记吴宜亚同志、副主任詹选怀、鲍海鸥同志以及副书记徐宪等陪同。

5月7日，副主任鲍海鸥同志前往九江市政府三楼会议室，参加建设项目协调会。

5月8日，征迁部部长朱群同志前往虞家河乡政府，就二期征地工作进行沟通。

5月9日，副主任鲍海鸥同志率党群工作部部长卫斌同志、征迁部部长朱群同志组织与施工方就“科学家之家”施工方案的调整，进行实地查看和布置。

5月9日—11日，副主任詹选怀同志率标本馆馆长彭焱松同志以及综合部高胜同志奔赴杭州，先后考察杭州天景水生植物园和杭州西溪国家湿地公园，并引进300多种水生、湿生植物物种。

5月11日，党群工作部部长卫斌、团组织负责人张丽同志组织团员青年在鄱阳湖植物园开展“五四”青年节活动。党委书记吴宜亚同志以及离退休科科长吴欣、开发部副部长李彦俐参加。

5月11日，副主任鲍海鸥同志率征迁部部长朱群同志前往虞家河乡，就二期征地过程中地面附属物补偿一事，与副乡长屈元洪同志以及开天村委会同志进行沟通。

5月12日，副主任詹选怀同志率高浦新博士、标本馆馆长彭焱松同志来鄱阳湖植物园，就新引进的水生、湿生植物进行分区配置。

5月16日，九江市交通局副局长刘赛喜同志率交通局计划科科长李静同志来鄱阳湖植物园，就园区桥梁建设现场调研，党委书记吴宜亚同志、副主任鲍海鸥同志、征迁部部长朱群同志陪同。

5月16日—18日，副主任詹选怀同志率高浦新博士、工程部龙思宇同志奔赴杭州天景水生植物园进行引种。

5月17日，副主任鲍海鸥同志率征迁部部长朱群同志前往庐山区国土资源管理局，就二期征地事宜与王贵祥所长进行沟通与协调。

5月21日，省科技厅监察室主任徐仁龙同志来鄱阳湖植物园调研，党委书记吴宜亚同志、副主任鲍海鸥同志陪同。

5月21日—23日，副主任鲍海鸥同志赴省山江湖办，参加国家十二五科技支撑项目农村科技领域备选项目的编写工作。

5月23日，征迁部部长朱群同志率工程部龙思宇前往威家镇政府，就高压线迁移事宜进行沟通。

5月23日—24日，江苏省中国科学院植物研究所副所长郭忠仁同志率文化建设工作组一行11人，来庐山植物园和鄱阳湖植物园考察，党委书记吴宜亚同志、副主任詹选怀、张乐华、鲍海鸥等同志陪同。

5月28日，副主任鲍海鸥同志前往省山江湖办，参与十二五科技支撑备选项目演示稿的讨论，并完成项目答辩PPT稿。

5月29日，党委书记吴宜亚同志率副主任鲍海鸥同志，以及征迁部部长朱群、开发部副部长李彦俐前往虞家河乡，就鄱阳湖植物园二期开天村征地事宜与虞家河乡政府沟通。

5月30日，副主任鲍海鸥同志率征迁部部长朱群同志，与南昌洪利房地产顾问有限公司就二期征地范围内固定资产评估进行协商，请对方依据相关法律提供评估报告。

5月31日，九江市供电公司专业技术人员来鄱阳湖植物园，就高压线迁移事宜进行实地勘察，征迁部部长朱群同志陪同。

5月31日，党委书记吴宜亚同志主持工作会议，就创新大楼、“科学家之家”装修等工作进行布置，雷荣海副主任负责一楼、张乐华副主任负责二楼、詹选怀副主任负责四楼、鲍海鸥副主任负责“科学家之家”。

6月1日，九江市人大巡视员王际民同志来鄱阳湖植物园参观，党委书记吴宜亚同志、副主任鲍海鸥同志陪同。

6月1日，“科学家之家”外墙进行粉刷与装修。

6月5日，江西省天然气有限公司副总经理谌伟模同志来鄱阳湖植物园，就穿过我园的天然气管道保护进行沟通和协调，副主任鲍海鸥同志率征迁部部长朱群同志接待。

6月7日，九江市委常委、宣传部长潘熙宁同志来鄱阳湖植物园调研，受党委书记吴宜亚同志委托，副主任鲍海鸥同志陪同，离退休科科长吴欣、开发部副部长李彦俐参加。

6月12日，征迁部部长朱群同志就鄱阳湖植物园内天然气管道安全问题，与九江深燃天然气有限公司工作人员进行沟通与协调。

6月13日—14日，党委书记吴宜亚同志、副主任詹选怀、党委副书记徐宪、副主任张乐华、鲍海鸥、雷荣海同志前往省科技厅，参加省委组织部民主推荐正厅级领导干部民主测评会。

6月14日，副主任詹选怀、副书记徐宪、副主任张乐华、雷荣海同志来鄱阳湖植物园，确定管理用房的入户门。

6月15日，副主任鲍海鸥同志率征迁部部长朱群同志前往虞家河乡，就二期征地事宜进行沟通与协调。

6月16日，党委书记吴宜亚同志与虞家河乡乡长于成勇同志就二期山体丈量工作进行沟通。

6月17日，党委书记吴宜亚同志就鄱阳湖植物园景观桥建设工作，与市交通局领导进行协商。

6月18日，党委书记吴宜亚同志主持工作会议，要求加快项目推进工作，搞好上半年工作总结，狠抓干部作风建设，少说多干、低调实干。副主任詹选怀、张乐华、鲍海鸥以及分园工作同志参会。

6月19日，党委书记吴宜亚同志与市消防支队防火处卜卫华处长协商创新大楼消防验收工作。

6月20日，党委书记吴宜亚同志主持工作会议，讨论确定创新大楼一楼、二楼、四楼的装修材料。

6月21日，副主任鲍海鸥同志前往九江市城市规划展示馆，参加九江市投资项目审批代办签约仪式。

6月25日，征迁部部长朱群同志前往虞家河乡，就鄱阳湖植物园二期开天村征地事宜与虞家河乡政府进行沟通。

6月28日—7月3日，党委书记吴宜亚同志前往北京，就鄱阳湖植物园二期建设分别拜访国家科技部、国务院办公厅等相关领导，争取国家资金支持。

6月30日—7月1日，副主任鲍海鸥同志前往南昌，参加国家科技支撑计划备选项目视频答辩。

7月 2日，九江市长途线务局专业技术人员来鄱阳湖植物园，抢修园区内光纤线路，征迁部部长朱群同志现场督导。

7月4日，九江市委组织部于晓东同志率市委项目督查组一行，来鄱阳湖植物园督查项目进展情况，党委书记吴宜亚同志、副主任鲍海鸥同志陪同。

7月6日，庆祝建党 91 周年暨“七一”表彰先进党支部、优秀党务工作者、优秀党员大会在庐山植物园召开，党委书记吴宜亚同志作重要讲话。会议期间，特邀九江市委党校副校长刘安炉同志和市检察院处长王东曙同志给全体党员干部职工上党课、作廉政情况报告。

7月8日，第二届鄱阳湖流域生态学与生物多样性学术交流会在庐山植物园召开，九江学院党委书记郑翔、副校长陶春元、江西省科技厅成果处处长郝旭昊、庐山植物园党委书记吴宜亚等领导出席。

7月10日，鄱阳湖植物园管理用房防盗门安装。

7月12日，副主任鲍海鸥同志前往省科技厅，就科技部计划司在我园召开会议事宜，向省科技厅计划处报告，并协助落实会议各项准备工作。

7月15日，庐山植物园举办“二次创业展宏图——绿色的风”文艺晚会，出席晚会的领导有：国家科技部发展计划司副司长叶玉江同志、评估统计处处长刘树梅同志、国家统计局社科文司科技处关晓静同志、国防科工局信息中心林丽同志、科技部战略院统计所所长宋卫国同志、省科技厅巡视员左喜明同志、副厅长赵金城同志，党委书记吴宜亚同志和副主任詹选怀、张乐华、鲍海鸥、雷荣海同志等参加。

7月17日，江西省山江湖开发治理委员会办公室副主任鄢帮有同志来鄱阳湖植物园调研，征迁部部长朱群同志陪同。

7月18日，江西省科技厅节能办和综治办工作组一行来庐山植物园检查指导，党委书记吴宜亚同志和副主任詹选怀、张乐华、雷荣海同志等陪同。

7月18日—19日，征迁部部长朱群同志前往虞家河乡和威家镇镇政府，就二期征地工作进行沟通。

7月 31日，庆祝中国人民解放军85周年座谈会在庐山植物园召开，党委书记吴宜亚同志出席并讲话，副书记徐宪主持座谈会。

8月1日，鄱阳湖植物园创新大楼前开始铺设水泥场地。

8月2日，在威家镇与虞家河乡、村配合下，二期征山工作全面启动，征迁部部长朱群同志现场督查。

8月3日，修水县委书记黄斌同志在党委书记吴宜亚同志陪同下，来鄱阳湖植物园参观，副主任鲍海鸥同志陪同。

8月3日—5日，征迁部部长朱群同志在虞家河乡和威家镇政府工作人员陪同下，进行二期山地测量工作。

8月5日—6日，江西省科技厅厅长王海同志、巡视员左喜明同志来庐山植物园调研，党委书记吴宜亚同志和副主任詹选怀、张乐华、雷荣海同志等陪同。

8月10日，副主任鲍海鸥同志前往江西农业大学，参加由江西农业大学主持的十二五国家科技支撑计划项目启动会。

8月10日，全园组织干部、职工开展各展区景点卫生大扫除活动。

8月15日，江西知名专家游览庐山植物园，党委书记吴宜亚同志和副主任詹选怀、张乐华、鲍海鸥、雷荣海同志等陪同。

8月14日，征迁部部长朱群同志在虞家河乡政府相关工作人员的陪同下，与二期房屋拆迁户进行沟通与协商。

8月16日，庐山植物园举办“江西科技明星—金园之秋”文艺晚会。省科技厅厅长王海同志、副巡视员黄烈之同志等出席。党委书记吴宜亚同志和副主任詹选怀、张乐华、鲍海鸥、雷荣海同志等参加。

8月17日，中国农业大学、武汉大学等5名博士来园应聘，党委书记吴宜亚同志高兴地介绍园情。

8月20日，党委书记吴宜亚同志主持召开鄱阳湖植物园工作会议，强调要强化创新大楼内部环境装修、征地拆迁工作，部署新的工作任务，并向四位应聘博士介绍我园基本情况。

8月20日，党委书记吴宜亚同志率副主任鲍海鸥同志及来园感受工作环境的四名博士，前往星子县归宗寺遗址，对现存的古樟进行实地考察，提出抢救性建议，报省委常委、宣传部长姚亚平同志。

8月24日，省科技厅计财处副处长刘清梅同志来鄱阳湖植物园指导，党委书记吴宜亚同志、副主任鲍海鸥同志、征迁部部长朱群同志陪同。

8月30日—9月4日，副主任鲍海鸥同志率征迁部部长朱群、开发部副部长李彦俐同志，前往中国科学院昆明植物研究所、西双版纳植物园进行学习考察。

9月6日，江西省中国科学院庐山植物园2012年公开招聘博士现场面试会在鄱阳湖植物园举行。省科技厅人事处处长曾昭德同志、副处长傅良寿同志、监察室正处级纪检员林涛同志出席，并监督全部过程。党委书记吴宜亚同志、副主任詹选怀、副书记徐宪、副主任张乐华、鲍海鸥、雷荣海、主任助理魏宗贤等参加。

9月7日，党委书记吴宜亚同志就鄱阳湖植物园创新大楼一楼大厅装修材料

图 2-54　2012 年 9 月 1 日，江西省委副书记尚勇（前）来鄱阳湖植物园视察，后为吴宜亚。

进行沟通，副主任鲍海鸥同志、党群工作部部长卫斌、征迁部部长朱群、开发部副部长李彦俐、离退休科科长吴欣等参加。

9月7日，党委书记吴宜亚同志召集副主任鲍海鸥同志、征迁部部长朱群同志开会，研究布置近期工作。重点突出征迁工作的复核、地面附属物的清点、启动迁坟工作、博士用房保障、规划调整的报批、一楼大厅装修、水电入户等工作。

9月7日，我园工作人员对鄱阳湖植物园内各功能区进行清除杂草作业。

9月8日，党委书记吴宜亚同志与虞家河乡党委书记陈典勤同志沟通征地后期工作。

9月11日，党委书记吴宜亚同志参加全山领导干部会议。

9月11日，副主任鲍海鸥同志召集鄱阳湖植物园全体人员开会，就9月7日布置的近期工作一一落实到人，并要求各负其责，认真完成。

9月12日—13日，英国科瑞赛斯城堡植物园和福瑞泽城堡植物园Toby Loveday与Damon Powell来鄱阳湖植物园考察，党委书记吴宜亚同志、副主任鲍海鸥同志以及征迁部部长朱群陪同。

9月14日，副主任鲍海鸥同志、党群工作部部长卫斌同志就一楼大厅装修方案，与规划设计单位进行沟通。

9月14日，离退休科科长吴欣同志就电力入户，与相关施工方进行联系。

9月15日，党委书记吴宜亚同志与九江市供电局沟通高压线迁移事宜。

9月16日，九江市副市长赵伟同志就鄱阳湖植物园建设事宜与党委书记吴宜亚同志进行沟通。

9月17日，党委书记吴宜亚同志在工作例会上，要求中层以上干部要增强责任意识、团队意识，谋事、干事、成事。

9月18日—19日，江西省中国科学院庐山植物园2012年公开招聘硕士笔试、面试在鄱阳湖植物园举行。省科技厅人事处处长曾昭德同志、副处长傅良寿同志、监察室正处级纪检员林涛同志出席，监督全过程。党委书记吴宜亚同志、副主任鲍海鸥、主任助理魏宗贤等参加。

9月20日，党委书记吴宜亚同志率副主任鲍海鸥同志前往省科技厅，向左喜明巡视员汇报鄱阳湖植物园项目建设推进情况。

9月21日，党委书记吴宜亚同志率副主任鲍海鸥同志前往国家科技部，就争取国家支持进行前期项目沟通。

9月23日—27日，党委书记吴宜亚同志与中科院华南植物园主任黄宏文、南京植物园主任庄娱乐代表中国植物园出席俄罗斯国际植物园(东亚)网络会议。

9月27日，副主任鲍海鸥同志主持召开鄱阳湖植物园工作会议，部署安排中秋、国庆节值班事宜，征迁部部长朱群同志、离退休科科长吴欣同志以及开发部副部长李彦俐同志等参加。

9月28日—10月3日，副书记徐宪同志前往新疆维吾尔自治区，参加新疆吐鲁番植物园建园40周年园庆活动。

9月30日—10月11日，征迁部部长朱群同志在虞家河乡开天村与威家镇威家村领导的陪同下，进行界碑地埋。

10月10日，党委书记吴宜亚同志率副书记徐宪同志、副主任鲍海鸥同志、党群工作部部长卫斌同志，陪同我园副高以上老科技工作者前往九江学院，举行赠书活动。九江学院党委书记郑翔同志热情接待。

10月10日，我园副高以上老科技工作者到鄱阳湖植物园参观，对取得的成绩感到欣慰，一致认为，鄱阳湖植物园的建设圆了几代植物园人的梦想。

10月11日，征迁部部长朱群同志前往虞家河乡、威家镇政府，就落实二期土地征收、迁坟事宜进行协商与沟通。

10月15日，党委书记吴宜亚同志主持召开中层以上领导干部会议，就鄱阳湖植物园管理用房分配方案进行讨论，并确定最终分配方案。

10月15日，征迁部部长朱群同志在虞家河乡政府工作人员和拆迁公司的陪同下，上户协商房屋拆迁事宜，并签订拆迁协议。

10月17日，党委书记吴宜亚同志与拆迁户进行搬迁前沟通。

10月18日，党委书记吴宜亚同志就鄱阳湖植物园管理用房的入户电网，与供电公司技术人员进行沟通。

10月19日，党委书记吴宜亚同志就鄱阳湖植物园供电线路，与九江市供电公司进行沟通。

10月22日，党委书记吴宜亚同志主持召开鄱阳湖植物园现场办公会，副主任詹选怀、张乐华、鲍海鸥出席，党群工作部部长卫斌、征迁部部长朱群、开发部部长李彦俐等参加，水电安装与室内装修项目责任人也应邀参加。

10月23日，副主任鲍海鸥同志就鄱阳湖植物园创新大楼一楼装修和“科学家之家”室内装修设计工作，向施工方交代装修要求。

10月24日，九江市委组织部于晓东同志率市委项目督查组一行，来鄱阳湖植物园督查项目进展情况。受党委书记吴宜亚同志委托，征迁部部长朱群同志陪同。

10月25日，九江市林业局野保站站长张育慧同志来鄱阳湖植物园，查看野生植物保护情况，副主任鲍海鸥同志、征迁部部长朱群等陪同。

10月26日，庐山区威家镇党委副书记黄刚同志来鄱阳湖植物园，协调党报党刊征订工作。征迁部部长朱群同志陪同。

10月27日，党委书记吴宜亚同志就鄱阳湖植物园用电情况与九江市供电公司进行沟通。

10月31日，副主任鲍海鸥同志前往九江市政府一号会议室，参加九江市创建省级生态园林城市调度会。

10月31日—11月1日，征迁部部长朱群同志就鄱阳湖植物园区内排水系统问题，现场指导施工人员按要求进行安装。

11月1日，九江旭阳雷迪副总裁翟志华同志来园，洽谈创新大楼太阳能发电及路灯方案，党委书记吴宜亚同志、副主任鲍海鸥同志陪同。

11月2日，庐山区虞家河乡副乡长屈元洪同志来鄱阳湖植物园，协调二期征地事宜。党委书记吴宜亚同志以及征迁部部长朱群同志陪同。

11月2日，党委书记吴宜亚同志召集副主任张乐华同志以及标本馆馆长彭焱松同志，现场查看装修情况并提出意见。

11月2日—3日，省科技馆馆长张青松同志来庐山植物园调研，副主任张乐华、雷荣海陪同。

11月5日，九江市委常委、农工部部长董金寿同志来鄱阳湖植物园督查项目进展工作，副主任鲍海鸥同志以及征迁部部长朱群同志陪同。

11月5日，副主任鲍海鸥同志就鄱阳湖植物园管理用房前后场地平整工作，与施工单位实地查看与沟通，征迁部部长朱群同志陪同。

11月6日，鄱阳湖植物园管理用房前后场地平整全面铺开。

11月8日，庐山区政府办领导来鄱阳湖植物园参观，副主任鲍海鸥同志以及征迁部部长朱群同志陪同。

11月9日，党委书记吴宜亚同志就征地工作经费与相关部门进行沟通。

11月13日，党委书记吴宜亚同志深入拆迁现场察看。

11月14日，党委书记吴宜亚同志布置鄱阳湖植物园监控系统工作。

11月16日，鄱阳湖植物园创新大楼一楼大厅墙面装修全面启动。

11月20日，党委书记吴宜亚同志要求各部门认真组织学习党的十八大会议精神。

11月20日，副主任鲍海鸥同志组织鄱阳湖植物园干部职工认真学习党的十八大会议精神，征迁部部长朱群、开发部部长李彦俐、离退休科科长吴欣等参加。

11月22日，庐山区林业局饶新明局长来鄱阳湖植物园参观，副主任雷荣海同志以及征迁部部长朱群同志陪同。

11月29日，党委书记吴宜亚同志就创新大楼三楼走廊设计，与施工方进行协商，副主任鲍海鸥同志以及征迁部部长朱群同志参加。

12月1日，党委书记吴宜亚同志率副主任鲍海鸥同志前往南昌京西宾馆，就江西省重大科技专项《鄱阳湖流域水生植物资源保育与利用研究》进行专家论证。

12月4日，2012年公开招聘的博士生钟爱文同志来鄱阳湖植物园报到。

12月5日，九江市委组织部于晓东同志率市委项目督查组一行，来鄱阳湖植物园督查项目进展情况，副主任鲍海鸥同志、开发部部长李彦俐同志以及综合管理部高胜陪同。

12月6日，党委书记吴宜亚同志就园区内自来水管道铺设工作，与九江市东方自来水公司负责人桂金德同志协商，副主任鲍海鸥同志、征迁部部长朱群同志以及综合管理部高胜同志参加。

12月6日，党委书记吴宜亚同志就园区内景观亭设计事宜与施工方协商，副主任鲍海鸥同志、征迁部部长朱群同志以及综合管理部高胜同志参加。

12月7日—10日，我园工会举行冬季体育健身比赛活动。

12月8日，副主任鲍海鸥同志前往九江市政府，参加九江市创建省级生态园林城市迎检动员会。

12月9日，中国科学院植物园工作委员会2012年年会在深圳仙湖植物园召开，党委书记吴宜亚同志率高浦新博士出席。

12月10日，鄱阳湖植物园园区用电电网铺设正式启动。

12月12日，省科技厅黄良玉同志率公共机构节能领导小组来我园调研，党委书记吴宜亚同志、副主任詹选怀、副书记徐宪、副主任张乐华、鲍海鸥、雷荣海等陪同。

12月13日，党政班子领导参加省科技厅领导干部会议。

12月13日，党委书记吴宜亚同志前往虞家河乡政府，就二期土地征迁款项进行最后确定。

12月13日，副主任鲍海鸥同志前往九江市远洲大酒店议政厅，参加九江市创建省级生态园林城市工作汇报会。

12月13日，鄱阳湖植物园三楼吊顶完工。

12月14日，副主任鲍海鸥同志前往九江市远洲大酒店议政厅，参加九江市创建省级生态园林城市工作交流会。

12月14日，鄱阳湖植物园主电线路铺设完成。

12月17日，鄱阳湖植物园创新大楼一楼大厅吊顶安装开始。

12月17日，党政班子领导就《鄱阳湖植物园总体规划》进行审议，并组织学习中央经济工作会议精神。

12月19日，党委书记吴宜亚同志参加庐山管理局整体下迁仪式，并参加庐山管理局党委中心组学习。

12月20日—21日，全园干部职工进行2012年度工作考核。

12月24日，党委书记吴宜亚同志就鄱阳湖植物园创新大楼一楼大厅装修进度及存在的主要问题与施工方进行沟通，副主任鲍海鸥同志以及征迁部部长朱群同志参加。

12月24日，征迁部部长朱群同志和高胜同志布置我园2012年公开招聘工作人员面试现场。

12月25日，江西省中国科学院庐山植物园2012年公开招聘本科生面试现场在鄱阳湖植物园举行。省科技厅人事处处长曾昭德同志、副处长傅良寿同志、

图 2-55　鄱阳湖植物园景观之一。

监察室正处级纪检员林涛同志出席，监督全过程。党委书记吴宜亚同志、副主任鲍海鸥、主任助理魏宗贤等参加。

12月25日—26日，鄱阳湖植物园引进部分景观绿化苗木。

12月26日，党委书记吴宜亚同志参加市委宣讲团“学习贯彻党的十八大精神宣讲报告会”。

12月27日—28日，鄱阳湖植物园中式、欧式景观亭相继破土动工。

12月28日，党委书记吴宜亚同志就鄱阳湖植物园创新大楼网络线路工程问题与施工方进行沟通，副主任鲍海鸥同志以及征迁部部长朱群、开发部部长李彦俐同志参加。

2013年

1月6日，副主任鲍海鸥同志现场查看创新大楼一楼大厅装修情况，并向施工方提出修改意见。

1月7日，副主任鲍海鸥同志宣布撤销征迁部，成立综合管理部，朱群同志任综合管理部部长，下设秘书组、保卫组和园林组。

1月8日,鄱阳湖植物园团支部成立。

1月9日,庐山区威家镇常务副镇长邹伯韬同志来鄱阳湖植物园协调工作,综合管理部部长朱群同志陪同。

1月10日,党委书记吴宜亚同志率副主任鲍海鸥以及综合管理部部长朱群同志前往九江市供电公司,就鄱阳湖植物园内高压线路迁移问题进行沟通。

1月10日,综合管理部部长朱群同志带领职工对创新大楼三楼办公区进行卫生大扫除,强调公共卫生一定要保持干净整洁,并落实到责任人。

1月11日,党委书记吴宜亚同志率副主任詹选怀、张乐华、鲍海鸥等同志前往省科技厅,向厅党组织汇报鄱阳湖植物园总体规划方案,并得到厅党组充分肯定和批复。

1月12日,鄱阳湖植物园创新大楼电信网络线路铺设启动。

1月14日,鄱阳湖植物园创新大楼一楼大厅地面砖铺设启动。

1月15日,庐山区威家镇常务副镇长邹伯韬同志以及村领导来鄱阳湖植物园协调工作,综合管理部部长朱群、开发部部长李彦俐陪同。

1月15日,党委书记吴宜亚同志参加省科技厅党风廉政建设会议。

1月16日,党委书记吴宜亚同志布置春节期间党风廉政工作。

1月20日,鄱阳湖植物园创新大楼楼梯扶手安装工作启动。

1月20日—24日,党委书记吴宜亚同志前往北京,分别拜访国家科技部、财政部、发改委相关领导,就国家支撑项目争取支持。

1月22日,鄱阳湖植物园职工食堂启用。

1月23日,副主任鲍海鸥同志率综合管理部部长朱群同志实地查看创新大楼一楼大厅装修情况,并提出部分修改意见。

1月23日,主任助理魏宗贤同志实地查看鄱阳湖植物园管理用房门窗安装质量情况。

1月25日,副主任鲍海鸥同志前往省科技厅,参加国家科技部社会发展(地方)视频会议。

1月30日,我园召开学习贯彻党的十八大精神报告会,并通过考试评选11名优胜者。

1月31日,九江市副市长赵伟同志在九江市建设规划局副局长郭军同志陪同下来鄱阳湖植物园调研。党委书记吴宜亚同志、副主任鲍海鸥同志以及鄱阳湖植物园综合管理部部长朱群、开发部部长李彦俐陪同。

2月1日,党委书记吴宜亚同志要求各分管领导切实做好春节期间值班安排，严格执行中央“八项规定”，严禁公车私用，做好防火防盗工作，确保职工过一个欢乐、祥和的春节。

2月2日，庐山植物园召开2013年度工作会议，江西省科技厅巡视员左喜明同志莅临会议并作重要讲话。

2月6日，综合管理部部长朱群同志拜访威家镇、虞家河乡等相关领导，对鄱阳湖植物园建设进行沟通。

2月7日，副主任鲍海鸥同志前往庐山管理局相关部门走访，就旅游环境整治等问题进行沟通。

2月16日，党委书记吴宜亚同志在全园中层干部会议上，要求各分管领导、各部门按照政府项目推进模式，对2013年全年工作进行细化分解。

2月17日，党委书记吴宜亚同志就鄱阳湖植物园监控系统安装工程与九江博康科技有限公司负责人进行沟通，副主任鲍海鸥同志参加。

2月18日，党委书记吴宜亚同志参加庐山管理局党委中心组学习。

2月21日，副主任鲍海鸥同志召开鄱阳湖植物园工作会议，强调2013年大家要积极向上，踏实工作，并要求严于律己、勤俭节约，严格执行考勤制度。

2月23日，党委书记吴宜亚同志率副主任詹选怀、张乐华，主任助理聂训明以及科研管理部部长高浦新博士，来鄱阳湖植物园现场指导，对园区各景点规划提出建议。

2月25日，我园党委学习贯彻中纪委和省纪委会议精神。

2月25日，江西省中国科学院庐山植物园2012年公开招聘的两名专业技术人员来鄱阳湖植物园报到。

3月2日，鄱阳湖植物园创新大楼门前走廊地面麻石铺设启动。

3月5日，庐山区委副书记严赤心、区政协主席刘建同志来鄱阳湖植物园调研，党委书记吴宜亚同志，副主任詹选怀、张乐华，主任助理魏宗贤以及科研管理部部长高浦新博士陪同。

3月6日，中科国益环保工程有限公司赵卫华经理一行3人来鄱阳湖植物园指导建设污水处理系统，党委书记吴宜亚同志、综合管理部部长朱群同志陪同。

3月6日，党委书记吴宜亚同志就鄱阳湖植物园围墙栅栏工程，向江西建星护栏有限公司负责人询问设计方案、报价、用材等问题。

3月7日—8日，党委书记吴宜亚同志率副主任詹选怀、张乐华和主任助理魏宗贤等班子成员实地察看各功能区建设情况，大家献言献策，科学规划，扎实推进。

3月8日，鄱阳湖植物园湖面清淤工程启动。

3月9日—10日，鄱阳湖植物园内排水渠道、美式和中式亭建设加快推进。

3月11日，鄱阳湖植物园项目推进工作会议在科技创新大楼三楼会议室召开，由党委书记吴宜亚同志主持。

3月11日，鄱阳湖植物园阳台地面砖铺设启动。

3月11日—12日，综合管理部部长朱群同志分别前往威家镇和虞家河乡政府，就鄱阳湖植物园内迁坟事宜进行沟通。

3月12日，副主任詹选怀同志率科研管理部部长高浦新博士、标本馆馆长彭焱松同志到责任区现场指导，要求施工方按规划方案施工。

3月14日，鄱阳湖植物园大门前功能区土方开挖。

3月15日，综合管理部部长朱群同志前往庐山管理局，参加党风廉政建设会议。

3月15日，鄱阳湖植物园排水管道建设全面展开。

3月17日，庐山管理局局长彭敏、副局长陈吉田同志来鄱阳湖植物园调研，党委书记吴宜亚同志陪同。

3月20日，党委书记吴宜亚同志与前来鄱阳湖植物园的庐山区威家镇、村领导人员协调迁坟事宜。

3月21日—22日，副主任张乐华同志率杜有新博士到责任区现场指导，要求施工人员按照规划部署栽种景观乔木。

3月22日，鄱阳湖植物园创新大楼门前走廊地面麻石铺设完工。

3月22日，九江电视台摄像组来鄱阳湖植物园拍摄影像资料，开发部部长李彦俐同志陪同。

3月24日，鄱阳湖植物园创新大楼后面场地规划平整、造景作业。

3月25日，鄱阳湖植物园“科学家之家”门前景观区清淤和排水管道安装工作启动。

3月26日，副主任詹选怀同志率科研管理部高浦新博士、标本馆馆长彭焱松同志到责任区现场查看水生、湿生植物生长情况。

3月27日—28日，党委书记吴宜亚同志前往省科技厅，参加厅党组中心组(扩大)学习会。

3月28日，鄱阳湖植物园湖面沿岸草皮铺设工作启动。

3月28日—29日，主任助理魏宗贤同志到责任区现场指导挖土机作业，并按规划要求进行科学布局。

3月29日—30日，鄱阳湖植物园管理用房前后场地进行平整作业。

3月30日，副主任詹选怀、雷荣海同志参加庐山管理局组织的森林防火会议。

4月1日，九江市交通运输局局长黄强同志来鄱阳湖植物园指导工作，党委书记吴宜亚同志、综合管理部部长朱群同志陪同。

4月1日，我园召开清明节期间森林防火会议。

4月1日，综合管理部部长朱群同志布置安排清明节期间鄱阳湖植物园值班工作，强调要确保园区防火安全。

4月2日，省科技厅考核组一行7人来我园进行2012年度厅属单位领导班子建设与职工满意度民主测评。

4月2日，副主任张乐华同志率杜有新博士来鄱阳湖植物园责任区现场，指导施工人员对新引进树种进行科学栽种。

4月3日，党委书记吴宜亚同志就园区安装光纤宽带网络事宜，与九江电信公司负责人进行沟通，副主任鲍海鸥同志、综合管理部部长朱群、开发部部长李彦俐参加。

4月4日，庐山植物园创始人之一——陈封怀先生之子、华南植物园研究员陈贻竹先生来庐山植物园指导，党委书记吴宜亚同志，副主任詹选怀、张乐华、鲍海鸥、雷荣海同志以及主任助理魏宗贤等陪同。

4月7日，党委书记吴宜亚同志率新聘硕士、博士生来到各个水生、湿生植物种植区，现场听取意见。

4月7日，副主任詹选怀同志率主任助理魏宗贤、科研管理部高浦新博士、标本馆馆长彭焱松同志到责任区，现场指导施工人员栽种树苗。

4月8日，党委书记吴宜亚同志在每周例会上强调，鄱阳湖植物园建设要进行科学布局、责任到人，苗木引进要提前预算，同时要加大国际合作项目申报力度，争取赢得更多项目支持。

4月9日，党委书记吴宜亚同志就山顶蓄水工程报价，与南昌市第五建筑安装公司负责人进行沟通，副主任詹选怀同志、综合管理部部长朱群、离退休科科长吴欣参加。

4月10日，党委书记吴宜亚同志率科研管理部高浦新博士前往省科技厅，就争取申报科研课题项目与科技厅相关部门沟通。

4月12日，党委书记吴宜亚同志就鄱阳湖植物园内用电情况，与姑塘镇供电所进行沟通，综合管理部部长朱群同志参加。

4月14日，鄱阳湖植物园创新大楼门前植物配置完成。

4月15日，党委书记吴宜亚同志与中科院庐山疗养院院长张纪文商谈中科院项目合作事宜。

4月15日，综合管理部部长朱群同志前往威家镇政府，就鄱阳湖植物园内迁坟工作进行沟通。

4月16日，主任助理魏宗贤同志与党群工作部部长卫斌同志前往星子县苗木场，洽谈景观苗木。

4月17日，党委书记吴宜亚同志赴姑塘镇商谈湖区景观石事宜。

4月20日，副主任鲍海鸥同志组织高浦新博士、杜有新博士填报国家支撑计划2012年财务决算。

4月22日，党委书记吴宜亚同志在工作例会上听取各部门负责人近期工作汇报后，强调要高度重视国家支撑项目、国际合作项目的申报工作，并科学使用好各项科研经费。

4月22日，省科技厅效能办胡星卫同志来鄱阳湖植物园参观，党委书记吴宜亚同志陪同。

4月24日，副主任詹选怀同志率科研管理部部长高浦新博士、标本馆馆长彭焱松同志到责任区，调查水生、湿生植物生长状况。

4月26日，党委书记吴宜亚同志率副主任张乐华同志前往国家科技部，就申报国际合作项目进行沟通。

4月26日，党委书记吴宜亚同志率副主任詹选怀、副书记徐宪、副主任鲍海鸥、雷荣海同志前往省科技厅，参加省科技厅干部大会。

4月26日—27日，党群工作部部长卫斌同志来责任区，现场指导施工人员按规划栽种苗木。

4月27日，科技部国际科技合作项目协调会在中科院植物研究所召开，党委书记吴宜亚同志率副主任张乐华研究员出席。

5月2日，党委书记吴宜亚在工作例会上布置近期重点工作，要求大家弦要绷紧，要有新的形象，近期工作要与长期工作相结合。同时通报了到北京进行项目沟通的情况。

5月3日，庐山管理局纪念五四运动94周年暨表彰大会在庐山新城三楼会议室召开。我园王书胜、高胜同志分别被评为2012年度全山“优秀团干”和“优秀团员”称号。

5月4日—5日，鄱阳湖植物园管理用房单身宿舍门窗安装完成。

5月7日，省科技厅节能减排工作小组来我园检查节能减排工作。

5月9日，鄱阳湖植物园科普馆平台项目启动会在三楼会议室召开。副主任鲍海鸥同志、主任助理魏宗贤以及各部门主要负责人参加会议，党委书记吴宜亚同志作重要讲话。

5月9日，我园纪念五四运动94周年暨五四青年节表彰大会在鄱阳湖植物园三楼会议室隆重举行，党委书记吴宜亚同志、副主任鲍海鸥同志出席会议。

5月10日，党委书记吴宜亚同志前往南昌，参加省科技厅党组中心组（扩大）会议。

5月12日，鄱阳湖植物园管理用房前道路以及创新大楼后的排水系统一并开工。

5月14日，江西省人力资源与社会保障厅专业技术人员管理处副处长崔伟同志带领“赣鄱英才555工程”专项办公室考察组一行，在省科技厅人事处处长曾昭德同志陪同下莅临我园考察，党委书记吴宜亚同志和副主任詹选怀、张乐华陪同。

5月16日，江西省政协副主席、九江市委书记钟利贵来庐山调研，党委书记吴宜亚同志出席汇报会。

5月17日，党委书记吴宜亚同志参加科技厅厅属单位工作汇报会。

5月20日，江西省知识产权局一行7人来我园指导知识产权工作，党委书记吴宜亚同志陪同。

5月21日—22日，副主任詹选怀同志率科研管理部部长高浦新博士、标本馆馆长彭焱松同志到责任区，栽种水生、湿生植物。

5月24日，党委书记吴宜亚同志率副主任鲍海鸥同志、综合管理部部长朱群同志来鄱阳湖植物园“科学家之家”，督查室内装修进展情况。

5月27日，鄱阳湖植物园创新大楼、管理用房、“科学家之家”房屋基建验收工作启动。

5月28日，党委书记吴宜亚同志就鄱阳湖植物园建筑工程扫尾工作，与施工方协调。

5月29日，原省科技厅厅长李国强同志来鄱阳湖植物园调研，党委书记吴宜亚同志和副主任张乐华、鲍海鸥同志以及综合管理部部长朱群同志陪同。

5月30日，鄱阳湖植物园管理用房前场地草皮铺设工作启动。

5月31日，鄱阳湖植物园山顶蓄水工程开工建设。

6月3日，副主任鲍海鸥同志前往市政府参加中心城区建设项目推进会，就

图 2-56　科学家之家。

鄱阳湖植物园建设存在的问题，请市政府予以协调。

6月3日，党委书记吴宜亚同志来鄱阳湖植物园各施工现场督查工作。

6月4日，副主任鲍海鸥同志就鄱阳湖植物园规划修订稿报批，前往市行政服务中心，与市投资项目审批代办服务中心代办二组联系。

6月5日，党委书记吴宜亚同志率班子成员前往南昌，参加党风廉政建设教育。

6月6日—7日，中国植物园联盟建设启动大会在北京召开，党委书记吴宜亚作为首届理事会理事出席大会。

6月8日，副主任鲍海鸥同志前往市规划局，报批鄱阳湖植物园规划修订稿。

6月9日，副主任詹选怀、鲍海鸥和园主任助理魏宗贤、科研管理部部长高浦新等9人，参加九江市生物学会第八届会员代表大会。副主任鲍海鸥同志当选为副理事长，高浦新博士当选为副秘书长，魏宗贤当选为理事，钟爱文博士作了学术报告。

6月13日，鄱阳湖植物园管理用房前的道路水泥铺设启动。

6月14日，省科技厅人事处处长曾昭德同志率厅老领导一行36人来我园指导，党委书记吴宜亚同志和副主任詹选怀、鲍海鸥、雷荣海等陪同。

6月15日，鄱阳湖植物园管理用房前排水沟开工建设。

6月16日，党委书记吴宜亚同志、副主任鲍海鸥同志在九江学院参加陈寅恪学术研讨会。

6月17日，陈氏后裔共30人拜谒“三老墓”和陈寅恪夫妇墓，党委书记吴宜亚、副书记徐宪和副主任詹选怀、鲍海鸥、雷荣海等参加。

6月18日，党委书记吴宜亚同志与民生村协调余土运送事项。

6月20日，庐山区政协委员一行19人来鄱阳湖植物园指导，党委书记吴宜亚同志、副主任鲍海鸥同志陪同。

6月20日，副主任鲍海鸥同志前往九江市委，参加九江市城建项目推进会议。

6月21日，鄱阳湖植物园山顶蓄水工程基建工作启动。

6月25日，我园龙晶、王书胜同志参加厅“我的中国梦”演讲比赛，分别荣获二、三等奖。

6月26日，党委书记吴宜亚同志与虞家河乡党委书记陈典勤同志，就最后一栋土坯房拆迁和迁坟事宜进行沟通。

6月28日，我园党委组织召开纪念建党92周年暨七一表彰大会，党委书记吴宜亚同志讲话。

7月1日，党委书记吴宜亚同志前往南昌，参加厅属单位清理“吃空饷”会议。

7月1日，副主任鲍海鸥同志参加庐山管理局庆祝建党92周年暨总结表彰大会。

7月2日，综合管理部部长朱群同志前往虞家河乡，拜访于成勇乡长，就拆迁、迁坟事宜进行沟通。

7月3日，党委书记吴宜亚同志参加省科技厅党组中心组理论学习。

7月3日，副主任鲍海鸥同志前往市行政服务中心，就规划报批事宜与有关部门沟通。

7月10日，综合管理部部长朱群同志部署鄱阳湖植物园杂草清除和卫生管理工作。

7月12日，省科技厅厅长洪三国同志在厅巡视员左喜明、人事处处长曾昭德等陪同下，来庐山植物园和鄱阳湖植物园调研，党委书记吴宜亚同志、副书记徐宪同志和副主任詹选怀、张乐华、鲍海鸥、雷荣海同志，以及综合管理部部长朱群、开发部部长李彦俐等陪同。

7月16日，党委书记吴宜亚同志、副主任詹选怀、副书记徐宪同志和副主任张乐华、鲍海鸥、雷荣海同志前往省科技厅，参加省科技厅群众路线思想教育动员大会。

7月17日，党委书记吴宜亚同志就项目推进工作中的预算执行情况进行分析，副主任鲍海鸥以及朱群、潘国甫、宋莉、高胜等参加。

7月18日，党委书记吴宜亚同志就虞家河乡民生村填土工程与村委会领导进行商谈。

7月19日—20日，党委书记吴宜亚同志参加省科技厅党组中心组（扩大）党的群众路线教育实践活动专题学习会。

7月21日，党委书记吴宜亚同志率副主任詹选怀、副书记徐宪和副主任张乐华、鲍海鸥、雷荣海前往省委滨江宾馆，参加全省科技奖励大会。

7月22日，我园党委组织召开党的群众路线教育实践活动动员大会，党委书记吴宜亚同志作重要讲话。

7月23日，省科技厅副厅长卢福财同志率厅检查组一行10人来我园检查综合治理和节能减排工作，受吴宜亚书记委托，副主任詹选怀、副书记徐宪、副主任雷荣海同志陪同。

7月23日，省科技厅副厅长卢福财同志来鄱阳湖植物园调研，受吴宜亚书记委托，副主任鲍海鸥同志陪同。

7月26日，党委书记吴宜亚同志前往庐山管理局，参加旅游工作会议。

8月1日，我园申报的国际科技合作项目“欧洲优良高山杜鹃品种引进及产业化技术的联合研发”顺利通过专家评审。

8月4日—7日，省科技厅监察室副主任林涛率检查组一行5人，来我园检查年中绩效情况，副主任雷荣海同志陪同。

8月6日，副主任鲍海鸥同志前往南昌，参加省科技厅预算执行推进会议。

8月6日，副主任鲍海鸥同志为海峡两岸三地大学生夏令营同学进行科普讲座。

8月7日—14日，党委书记吴宜亚同志率副主任张乐华出访比利时、英国，考察植物园。

8月13日，省科技厅高新处领导一行3人来我园调研，副主任詹选怀同志陪同。

8月15日—16日，省知识产权局局长熊绍员同志来我园考察，党委书记吴宜亚同志陪同。

8月21日，我园申报专业技术职称人员按申报要求进行资料整理工作。

8月21日—25日，副主任詹选怀、鲍海鸥以及科研管理部部长高浦新等前往宁夏银川，参加2013年中国植物园学术年会。

8月27日，我园召开党的群众路线教育实践活动座谈会，党委书记吴宜亚同志讲话。

8月27日—28日，鄱阳湖植物园组织干部、职工开展清理园区杂草活动。

8月29日，省科技厅党组书记郭学勤同志来鄱阳湖植物园调研，党委书记吴宜亚同志、副主任詹选怀、张乐华、鲍海鸥以及主任助理魏宗贤、聂训明等同志陪同。

8月30日，省科技厅成果处处长郝旭昊同志来鄱阳湖植物园调研，党委书记吴宜亚同志、副主任鲍海鸥同志陪同。

9月3日，党委书记吴宜亚同志就鄱阳湖植物园山顶蓄水工程扫尾工作与施工方进行沟通，副主任鲍海鸥同志以及综合管理部部长朱群参加。

9月4日，副主任鲍海鸥同志前往江西农业大学，参加国家支撑计划中期检查汇报会。

9月6日，党委书记吴宜亚同志率副主任詹选怀、副书记徐宪和副主任张乐华、鲍海鸥、雷荣海前往省科技厅，参加全厅领导干部大会。

9月6日，鄱阳湖植物园创新大楼二楼、四楼走廊吊顶安装工程启动。

9月9日，党委书记吴宜亚同志在例会上强调，以更高标准推动群众路线教育实践活动更扎实、更深入，切实做好民主生活会准备工作。

9月10日，庐山管理局党委副书记李亚东同志来我园指导，党委书记吴宜亚同志、副主任鲍海鸥以及综合管理部部长朱群陪同。

9月10日，副主任詹选怀、鲍海鸥同志率部分科研人员前往湖北黄梅县龙感湖，进行野外调查及珍稀水生植物引种。

9月11日，党委书记吴宜亚同志前往南昌，参加省科技厅干部选拔竞争演讲会。

9月11日，庐山区广播电视网络公司张桂芳总经理来鄱阳湖植物园，勘查有线电视网络线路设置，副主任鲍海鸥同志以及综合管理部部长朱群同志陪同。

9月12日，党委书记吴宜亚同志就景观亭工程尾款与施工方进行协商，副主任鲍海鸥同志、综合管理部部长朱群同志参加。

9月14日—15日，标本馆馆长彭焱松同志前往上海，参加在辰山植物园举行的第三届全国生物多样性信息学研讨会。

9月16日，党委书记吴宜亚同志分别与班子成员开展群众路线教育谈心活动。

9月18日，党委书记吴宜亚同志参加省科技厅党组（扩大）专题学习讨论会。

9月23日，党委书记吴宜亚同志就科普馆分步实施与简艺装饰设计工程有限公司负责人进行沟通。

9月25日，党委书记吴宜亚同志就鄱阳湖植物园新增自来水入户工程与九江市东方自来水有限公司负责人进行沟通，综合管理部部长朱群同志参加。

9月26日，党委书记吴宜亚同志率主任助理魏宗贤、党群工作部部长卫斌、综合管理部部长朱群同志前往星子县，考察园林铺路条石市场。

9月26日，党委书记吴宜亚同志就鄱阳湖植物园内安装有限电视网络与区网络公司负责人进行沟通，综合管理部部长朱群同志参加。

9月29日，综合管理部部长朱群同志部署鄱阳湖植物园国庆节期间值班事宜。

9月30日，鄱阳湖植物园创新大楼周边下水道工程启动。

9月30日，鄱阳湖植物园绿化喷淋系统工程启动。

10月3日，鄱阳湖植物园西北大门前排水系统工程启动。

10月4日，综合管理部部长朱群同志现场协调道路水管施工纠纷。

10月8日，党委书记吴宜亚同志前往南昌，参加省科技厅事业单位分类工作会议。

10月8日，副主任雷荣海同志参加庐山森林防火动员大会。

10月8日，鄱阳湖植物园水生植物岸边草皮进行草种补种工作。

10月9日，党委书记吴宜亚同志就鄱阳湖植物园创新大楼大门质材、价格及安装工作与施工方进行沟通，副主任鲍海鸥同志以及综合管理部部长朱群参加。

10月10日，鄱阳湖植物园围墙基础开始施工，综合管理部部长朱群带领技术监管人员现场指导。

10月10日—11日，副主任鲍海鸥同志率部分科研人员前往湖北黄梅，进行野外调查及珍稀水生植物引种。

10月11日，综合管理部部长朱群陪同虞家河乡屈元洪副乡长、民生村干部前往九江与拆迁户户主商谈拆迁事宜。

10月11日，一幅以荷花为主题的景观大型油画由朱玉善正式启动创作，另外一幅描绘庐山植物园温室的风景油画已完成并悬挂于科技创新大楼大厅。

10月12日，综合管理部部长朱群到威家派出所，协调鄱阳湖植物园工作人员办理暂住证事宜。

10月14日，党委书记吴宜亚同志参加省科技厅厅属单位和厅机关各处室领导干部专题民主生活会动员会。

10月15日，赛维LDK公司专业技术人员来我园考察太阳能发电场所位置情况，综合管理部部长朱群同志陪同。

10月15日，综合管理部部长朱群到庐山区审计局协调项目审计事宜。

10月16日，党委书记吴宜亚同志就鄱阳湖植物园太阳能发电项目与赛维LDK公司技术人员进行沟通与协商，副主任鲍海鸥以及综合管理部部长朱群参加。

10月18日，党委书记吴宜亚同志率部分专业技术人员实地查看鄱阳湖植物园创新大楼二楼实验室设计布局情况。

10月18日，西北大门排水工程完工。

10月19日，科技创新大楼大门安装完毕。

10月20日，鄱阳湖植物园管理用房后水泥路面铺设完成。

10月21日，鄱阳湖植物园创新大楼大门安装完成。

10月22日—26日，江西省科技厅郭学勤书记赴新疆阿克陶县，考察科技援疆项目实施情况，党委书记吴宜亚同志随同。

10月22日，省科技厅副厅长赵金城同志来鄱阳湖植物园调研，受党委书记吴宜亚同志委托，副主任鲍海鸥同志以及综合管理部部长朱群陪同。

10月22日，副主任鲍海鸥同志就鄱阳湖植物园整体安装排水管道工程事宜，与庐山区城建工程公司负责人进行沟通与协商，综合管理部部长朱群陪同。

10月25日，庐山区威家镇常务副镇长邹伯韬同志带领威家镇派出所部分同志来鄱阳湖植物园，就我园新聘人员暂住证办理、园区治安管理工作进行沟通，副主任鲍海鸥以及综合管理部部长朱群陪同。

10月29日—11月2日，副主任鲍海鸥同志率植物研究室主任杜有新研究员、开发部部长李彦俐、园艺中心副主任虞志军等一行9人，奔赴江西省武夷山国家级自然保护区，进行天目木兰、小花木兰等国家级重点野生保护植物调查、采样以及该区植物标本采集。

10月29日—11月1日，高浦新、高胜同志参加入党积极分子集中培训班。

11月4日—5日，党委书记吴宜亚同志率副主任张乐华同志前往西安，参加中国科学院植物园2013年工作会议暨中国科学院植物园2013年学术论坛。

11月4日—6日，综合管理部部长朱群同志就鄱阳湖植物园40KWp光伏并网发电项目实施方案，进行资料整理和报批工作。

11月6日，党委书记吴宜亚同志巡查鄱阳湖植物园各功能区建设进展情况，综合管理部部长朱群陪同。

11月7日，开发部部长李彦俐同志就鄱阳湖植物园科普馆设计方案与相关负责人进行沟通。

11月6日—8日，国家科技部生物多样性调研组专家来我园，进行国家科技支撑项目现场中期检查，项目负责人鲍海鸥副主任向专家组汇报项目实施进展，党委书记吴宜亚参加。

11月9日，省科技厅监察室主任徐仁龙同志陪同巡视组来我园巡视，党委书记吴宜亚同志、副主任鲍海鸥同志等陪同。

11月13日，我园以“弘扬三老精神，推进二次创业”为主题，召开党的群众路线教育民主生活会，省科技厅郭学勤书记、左喜明巡视员分别作重要讲话。

11月19日，我园党委认真学习贯彻党的十八届三中全会精神。

11月19日，党委书记吴宜亚同志在每周例会上强调，要深入贯彻落实十八大三中全会精神，把民主生活会中的21条意见落实到实处。

11月20日，我园高胜、王书胜、龙晶3人参加庐山管理局举办的“学党章、见行动，共铸中国梦”知识竞赛活动。

11月21日—22日，省科技厅巡视员左喜明同志来鄱阳湖植物园调研，党委书记吴宜亚同志、副主任鲍海鸥、课题负责人杜有新博士、高浦新博士以及鄱阳湖植物园综合管理部部长朱群陪同。

11月27日—28日，我园举行职工冬季健身比赛。

11月28日，鄱阳湖植物园综合管理部部长朱群同志就我园最后一栋农民房拆迁工作，与虞家河乡政府进行沟通。

11月28日，猕猴桃课题组将200株猕猴桃假植在鄱阳湖植物园圃地中。

11月29日，开发部部长李彦俐同志就鄱阳湖植物园科普馆设计与建筑施工方进行沟通。

12月1日，党委书记吴宜亚和副主任鲍海鸥、雷荣海参加庐山管理局组织的普法考试。

12月5日，党委书记吴宜亚同志就鄱阳湖植物园排水沟系统、水泥道路建设等建设费用情况与施工方进行沟通，副主任鲍海鸥、综合管理部部长朱群参加。

12月5日，鄱阳湖植物园边界围墙栅栏工程启动。

12月6日，鄱阳湖植物园管理用房有线电视网络工程启动。

12月13日—14日，省科技厅召开厅党组中心组专题学习十八届三中全会精神会议，党委书记吴宜亚同志参加。

12月13日，副主任鲍海鸥同志前往九江市委，参加2013年第七次市委四套班子项目调度会。

12月13日，我园进行2013年职工年终工作考核。

12月16日，鄱阳湖植物园科普馆基础装修项目招标在江西省机电设备招标有限公司九江分公司举行。省科技厅监察室主任徐仁龙同志，副主任詹选怀、鲍海鸥，主任助理、纪委委员聂训明，开发部部长李彦俐以及综合管理部部长朱群参加并监督全过程。

12月18日，省科技厅节能减排工作组组长黄良玉一行来我园检查，党委书记吴宜亚、副主任鲍海鸥、主任助理魏宗贤以及综合管理部部长朱群陪同。

12月20日，我园干部职工40余人赴江西省蚕桑茶叶研究所参观学习。

12月24日，庐山区委、区政府领导在九江市委常委、庐山区委书记汪泽宇同志带领下，来鄱阳湖植物园视察，党委书记吴宜亚同志和副主任詹选怀、张乐华、鲍海鸥，主任助理魏宗贤以及综合管理部部长朱群陪同。

12月25日，副主任詹选怀率标本馆馆长彭焱松到责任区，调研水生、湿生植物生长状况以及标本馆装修情况。

12月25日，鄱阳湖植物园西北规划区填土工程启动。

12月26日，党委书记吴宜亚同志率副主任鲍海鸥、党群工作部部长卫斌以及综合管理部部长朱群来鄱阳湖植物园西北大门查看，就规划设计工作征求意见。

12月27日，鄱阳湖植物园创新大楼科普馆装修项目启动。

12月30日，党委书记吴宜亚同志前往南昌，参加省科技厅召开的党组（扩大）中心组学习会，传达学习省委十三届八次全会精神。

12月31日，党群工作部部长卫斌、综合管理部部长朱群就鄱阳湖植物园“科学家之家”、管理用房前后场地园林规划设计工作进行实地部署。

2014年

1月5日，九江市市长钟志生同志在九江市委常委、庐山管理局党委书记杨健，庐山管理局局长彭敏陪同下，来庐山植物园和鄱阳湖植物园调研。党委书记吴宜亚同志和副主任张乐华、鲍海鸥、雷荣海同志，综合管理部部长朱群以及园景园艺中心副主任高胜陪同。

1月9日—10日，中国科学院2014年度工作会议在北京召开，党委书记吴宜亚同志参加。

1月14日，鄱阳湖植物园阶梯教室装修及围墙建设工程招标会在江西省机电设备招标有限公司举行。

1月15日，我园在鄱阳湖植物园三楼会议室举办党的十八届三中全会精神学习讲座，邀请九江市委党校副校长刘安炉同志主讲，党委书记吴宜亚讲话。

1月16日，鄱阳湖植物园管理用房周边草皮铺设启动。

1月17日，江西省科技创新升级工作会议在南昌滨江宾馆隆重召开，党委书记吴宜亚同志、副主任詹选怀、副书记徐宪、副主任张乐华、鲍海鸥、雷荣海同志参加。

1月20日，我园召开森林防火安全会议，党委书记吴宜亚同志讲话。

1月22日，党委书记吴宜亚同志就鄱阳湖植物园园区绿化工程款情况与施工方负责人进行沟通。

1月22日，鄱阳湖植物园综合管理部部长朱群前往省科技厅，办理专业技术人员职称晋升材料手续。

1月24日，党委书记吴宜亚同志在副书记徐宪、党群工作部部长卫斌陪同下，走访慰问丁占山、秦治平、殷淑莲、肖金华、胡群昌等部分离退休老干部 。

1月27日，庐山植物园2014年度工作会议在学术报告厅隆重召开，省科技厅厅长洪三国、巡视员左喜明同志出席会议并讲话。

1月29日，鄱阳湖植物园综合管理部部长朱群部署春节期间值班工作。

2月7日—8日，鄱阳湖植物园综合管理部部长朱群分别前往威家镇、虞家河乡政府，就迁坟工作进行沟通。

2月10日，我园在鄱阳湖植物园三楼会议室召开项目推进工作会议，副主任詹选怀、副书记徐宪、副主任张乐华、鲍海鸥、主任助理魏宗贤、聂训明以及中层以上干部等18人参加，党委书记吴宜亚同志主持会议并讲话。

2月11日，党委书记吴宜亚同志、副主任詹选怀、副书记徐宪、副主任张乐华和鲍海鸥、雷荣海前往省科技厅，参加厅群众路线教育实践活动总结大会。

2月11日，我园组织各部门职工进行园区景点积雪大清除活动。

2月17日，党委书记吴宜亚同志就园区绿化苗木款结算问题，与施工方进行沟通，副主任张乐华同志参加。

2月20日，党委书记吴宜亚同志率班子成员前往省科技厅，参加厅2014年党风廉政建设和反腐败工作会议。

2月20日，2014年全山领导干部大会在庐山新城一号楼举行，副主任詹选怀同志参加。

2月24日，我园在学术报告厅召开领导班子和领导干部年度考核测评大会，省科技厅人事处处长曾昭德、监察室主任徐仁龙等考核组一行7人到会指导。

2月24日，园景园艺中心二楼会议室召开工作会议，副主任鲍海鸥同志讲话。

2月25日，庐山管理局召开全山党的群众路线教育实践活动动员大会，副主任雷荣海同志参加。

2月25日，副主任雷荣海同志前往庐山管理局，参加全山政法工作会议。

3月4日，科研管理部部长高浦新博士率科研人员在鄱阳湖植物园责任区种植湿生植物。

3月5日，党委书记吴宜亚同志就鄱阳湖植物园风力发电、太阳能路灯、监控系统等项目与杭州博众建设工程技术有限公司负责人进行沟通，副主任鲍海鸥、综合管理部部长朱群参加。

3月6日，九江市科技局、人社局等领导对我园入选“九江市双百双千人才”詹选怀同志进行考察，党委书记吴宜亚同志、副主任鲍海鸥同志、主任助理魏宗贤以及标本馆馆长彭焱松、植物研究部部长等参加。

3月7日，鄱阳湖植物园创新大楼阶梯教室装修启动。

3月10日，鄱阳湖植物园创新大楼五楼室内装修启动。

3月11日，全园36名女职工来鄱阳湖植物园开展“看新貌、树新风”活动，还进行“绑腿跑”比赛活动。

3月11日，国家电网九江分公司专业技术人员就高压线路和入户改造工程来鄱阳湖植物园进行勘查，综合管理部部长朱群、园景园艺中心副主任高胜以及保卫科龙思宇参加。

3月12日，原江西省科技厅厅长李国强同志率“杨惟义院士研究会”专家一行8人来鄱阳湖植物园，就《杨惟义院士年谱》一书，聘请我园胡宗刚同志执笔，并就研究工作与我园专业技术人员研讨，党委书记吴宜亚同志、副主任鲍海鸥同志陪同。

3月12日，由我园承担的中国国际科技合作项目“欧洲优良高山杜鹃品种引进及产业化技术的联合研发”正式立项启动，开始组织实施。

3月13日，党委书记吴宜亚同志就鄱阳湖植物园区植物配置情况，率副主任鲍海鸥、主任助理魏宗贤、党群工作部部长卫斌、综合管理部部长朱群及专业技术人员，现场研究园区建设和植物配置工作。

3月13日，副主任鲍海鸥同志率主任助理魏宗贤同志，就鄱阳湖植物园区建设和植物配置事宜，前往九江市赛阳苗木基地，实地考察苗木情况。

3月16日，鄱阳湖植物园管理用房后洼地填土工作启动。

3月17日，鄱阳湖植物园创新大楼右侧山坡草皮铺设工作启动。

3月18日，副主任詹选怀率科研管理部部长高浦新博士及专业技术人员来鄱阳湖植物园水生、湿生植物种植区，就该区域植物配置设计进行研究和部署。

3月18日，副主任鲍海鸥同志率主任助理魏宗贤同志、党群工作部部长卫斌同志前往九江市周边苗木生产基地，调查和落实鄱阳湖植物园区植物配置所需苗木种类。

3月19日，党委书记吴宜亚同志与虞家河乡政府领导沟通拆迁情况。

3月20日，副主任詹选怀率科研管理部部长高浦新博士到责任区，现场指导施工人员作业。

3月21日，党委书记吴宜亚同志前往南昌，参加2013年度省科技厅领导班子和领导干部年度考核测评会议。

3月22日—23日，党群工作部部长卫斌来鄱阳湖植物园责任区，现场指导施工人员进行苗木栽种。

3月26日，党委书记吴宜亚同志率主任助理魏宗贤、党群工作部部长卫斌、园景园艺中心副主任高胜及专业技术人员，就鄱阳湖植物园区植物配置和西北大门主体设计情况，赴现场办公。

3月27日，党委书记吴宜亚同志前往庐山区虞家河乡苗木生产基地，实地考察苗木种植和生产情况。

3月30日，综合管理部部长朱群前往威家镇、虞家河乡政府，就鄱阳湖植物园内迁坟事宜进行协商。

3月30日，鄱阳湖植物园喷灌系统工程启动。

4月1日，鄱阳湖植物园区监控系统线路铺设启动。

4月2日，副主任詹选怀同志率标本馆馆长彭焱松同志到鄱阳湖植物园责任区，现场调查水生、湿生植物生长情况。

4月2日，副主任张乐华同志到鄱阳湖植物园责任区，现场指导栽种200余棵杜鹃花品种。

4月3日，副主任鲍海鸥同志到鄱阳湖植物园责任区，现场指导栽种珍稀苗木。

4月3日，鄱阳湖植物园创新大楼右侧山坡草皮铺设完成。

4月6日—8日，中科院华南植物园陈贻竹研究员来我园考察，党委书记吴宜亚陪同，副主任詹选怀、张乐华、鲍海鸥、雷荣海以及主任助理魏宗贤分别陪同。

4月9日，党委书记吴宜亚同志就鄱阳湖植物园湖水资源利用与九江市水产研究所负责人进行沟通。

4月10日，九江市委常委、管理局党委书记杨健在庐山新城以《树立正确"三观"，增强六种意识，践行群众路线》为题，给全山党员领导干部讲党课，副主任鲍海鸥参加。

4月11日，庐山管理局召开2014年度全山党风廉政建设工作会议，副书记徐宪参加。

4月14日，通往鄱阳湖植物园西北大门的威家中路开始测量放线。

4月15日，园景园艺中心副主任高胜到鄱阳湖植物园西北区，现场指导工人栽种苗木。

4月16日，党委书记吴宜亚同志率副主任詹选怀、综合管理部部长朱群、园景园艺中心副主任高胜及专业技术人员，就鄱阳湖植物园西北园区植物配置与大门设计情况，赴现场指导工作。

4月16日，副主任詹选怀率综合管理部部长朱群、财务科潘国浦到虞家河乡，就征迁经费进行核对。

4月18日，江西省知识产权局局长熊绍员同志在九江市科技局局长李文豪同志陪同下，来鄱阳湖植物园调研，党委书记吴宜亚同志、副主任詹选怀同志陪同。

4月22日，党委书记吴宜亚同志主持召开鄱阳湖植物园工作推进会议，副主任詹选怀、党群工作部部长卫斌、综合管理部部长朱群、开发部部长李彦俐、园景园艺中心副主任高胜以及负责园区园林绿化工程的同志参加。

4月23日，鄱阳湖植物园湖边沿岸进行栽种景观苗木。

4月25日，我园离退休老干部11人来鄱阳湖植物园参观，党委书记吴宜亚同志、主任助理魏宗贤同志陪同。

4月27日，副主任詹选怀率科研管理部部长高浦新博士到鄱阳湖植物园责任区，现场指导工人栽种水生植物。

4月29日，党委书记吴宜亚同志就鄱阳湖植物园区植物配置情况，率副主任詹选怀、综合管理部部长朱群，以及园景园艺中心副主任高胜，现场深入研究园区建设和植物配置工作。

4月30日，为庆祝“五一”劳动节，弘扬劳模精神，彰显劳动价值，党委书记吴宜亚同志带领副主任詹选怀、主任助理魏宗贤、鄱阳湖植物园综合管理部部长朱群、党群工作部部长卫斌、开发部部长李彦俐等干部、职工一行30人来鄱阳湖植物园，进行拔除园区杂草工作。

5月4日，庐山区副区长胡定文在鄱阳湖植物园创新大楼三楼会议室主持鄱阳湖植物园项目现场调度会，副主任詹选怀、鲍海鸥，以及虞家河乡政府、威家镇政府主要负责人和民生村、开天村、威家村支书等参加，庐山区政协主席刘建、党委书记吴宜亚同志出席。

5月4日，我园纪念五四运动95周年座谈会在鄱阳湖植物园三楼会议室举行，党委书记吴宜亚同志、副主任詹选怀、副主任鲍海鸥、中层以上干部及团员青年33人参加。

5月5日，党委书记吴宜亚同志、副主任詹选怀、副书记徐宪和副主任张乐华、鲍海鸥、雷荣海前往省科技厅，参加厅创新模式学习报告会。

5月6日，副主任詹选怀同志率高浦新博士到其责任区，现场指导栽种珍稀濒危植物苗木。

5月7日，鄱阳湖植物园水生植物区进行杂草清除作业。

5月8日，副主任詹选怀召开鄱阳湖植物园工作会议，部署当前主要工作任务。综合管理部部长朱群、园景园艺中心副主任高胜以及部分专业技术人员参加。

5月9日，鄱阳湖植物园阶梯教室室内装修完成。

5月10日，鄱阳湖植物园门前池塘布置水生植物品种并进行注水。

5月11日，鄱阳湖植物园景观亭周边草皮铺设完成。

5月12日，副省长谢茹在省科技厅厅长洪三国、巡视员左喜明和九江市委常委、庐山区委书记汪泽宇等陪同下，来鄱阳湖植物园调研。党委书记吴宜亚，副主任詹选怀、张乐华、鲍海鸥、雷荣海，以及胡宗刚研究馆员、科研管理部部长高浦新博士、党群工作部部长卫斌、综合管理部部长朱群、开发部部长李彦俐及园景园艺中心副主任高胜等参加座谈会。

5月13日，党委书记吴宜亚同志前往省科技厅，参加厅党政联席会。

5月13日—15日，省科技厅审计组一行开始对我园进行项目经费审计工作。

图 2-57　鄱阳湖植物园景观之一。

5月13日，鄱阳湖植物园管理用房后草皮铺设启动。

5月15日，党委书记吴宜亚同志就鄱阳湖植物园放养的野生鱼安全问题，与九江市水产研究所专业技术人员进行沟通，综合管理部部长朱群、园景园艺中心副主任高胜以及保卫科相关人员参加。

5月16日，党委书记吴宜亚同志就后续工程付款一事，与相关部门进行经费核算，副主任鲍海鸥、综合管理部部长朱群、财务科潘国浦及园景园艺中心副主任高胜等同志参加。

下篇
庐山植物园回忆

回忆庐山森林植物园[①]

熊耀国

庐山植物园原名庐山森林植物园，是秦仁昌先生定的名，抗战胜利后，陈封怀先生摘去森林二字。[②]

一、自然环境

在牯岭之东，紧靠芦林，有一条向东延伸的山岭，其南有一条天然摆设给游人看风景的山梁，叫含鄱岭，鄱阳湖就像含在口边，因而得名。坐在岭上，水色山光，落霞孤鹜，夕阳朝日，一览无遗。至若雨霁虹来，松阴月影，云海无边之时，秋月醉人之夜，更是美不胜收，令人遐想无已。庐山最高的汉阳峰就在其西，秋高气爽时，站在峰顶，用望远镜可见汉阳。峰体雄伟，像是慈祥的释迦牟尼端坐正中，接受万方朝拜。雄伟壮丽，气势磅礴的五老峰，就在其东缘，但在山上平看过去，五老峰只是五个小丘陵，毫无值得一看之处；同是一山，如从白鹿洞向上45°看去，则有天壤之别，被从法国回来的油画家冯刚百先生叹为观止，赞不绝口。他说：

图 3-1　熊耀国。

① 1998年熊耀国开始撰写《回忆录》，惜未完稿，也未刊行。此篇从其《回忆录》中摘录，发表时作过必要之删节。熊耀国（1912—2004），江西省武宁县石门楼乡人。1934年进入庐山森林植物园工作，抗战期间，在武宁教书，胜利后重回庐山植物园，1957年调入中科院南京植物研究所。以采集江西、湖北、湖南三省交界地区植物标本而享誉植物学界。

② 编者按：此说并不确切。

"走遍欧洲，没有见过这样伟大而美丽的风景！"所以看庐山风景，要从多方面看，呆在一两个地方看是不能"识真面目"的。对人的观察也是这样，"路遥知马力，事久见人心。"不要随便下结论。在含鄱岭西端，有一座庄严秀丽的太乙峰，其中腰部已由私人集资建设成村，取名太乙村。李一平先生老友熊素村教授在此建有小别墅，我和几个同学每周来听半天数学课。抗战期间，此村与庐山植物园同毁。胜利后，太乙村重修作旅游景点，便道进村，偶成一律：

太乙峰腰太乙村，汉阳五老峙如门。
落霞孤鹜飞无定，春水云天貌不分。
人去楼倾香尚在，星移日换景犹存。
朝晖淡抹重修面，醉不知身在此村。

在缩颈龟形的五老峰西麓，有一条向北延伸的山洼，名七里冲，乃是通往三叠泉必经之地，也是以银杏为主，营造风景和经济混交林的好地方。

二、三逸林场遗迹

早在清统治时期，庐山这个世界著名的风景区，也是避暑要地，帝国主义以租借之名，争相抢占一方；军阀割据时期，又趁大权在握之时，抢占好地作为永久休养生产的园林。其中张伯烈等三人，看中了含鄱口这块土肥水足而又广阔优美的宝地，以隐逸之士自居，地称三逸乡而刻于石，园则称林场。为便于记载，我暂为取名"三逸林场"。后来军阀溃败，人员逃亡，此地及一切财产便无条件被新政府收归国有，划归庐山林场管业。

庐山森林植物园开办后，此地由江西省政府正式划归植物园永远所有。为避免公有土地和财产发生纠纷，庐山林场也划归植物园领导，行政会议、业务学习，林场人员都要来植物园参加。当时划归植物园永久使用的土地面积共计一万亩，包括含鄱口、五老峰、七里冲、大月山一带在内。在进植物园大门，就可见一个大石，上刻"三逸乡"三个大字，这就是"三逸"留下的第一个纪念品。由大门直向东行，到达一所西式别墅，路是"三逸"所修，别墅完好无损，其前有牌坊状宇门，上刻"亚农山馆"四个大字。亚农，乃张伯烈别号，显然是他的私宅。在月轮峰东腰，有一片瘦弱要死的马尾松林，乃是"三逸"所造，说明"三逸"不识造林树种的适生海拔高度。大路两旁少数来自日本的冷杉、花柏、扁柏之类，皆林场接收后所植，非"三逸"遗物也。由东苗圃上行，在避风向阳的山窝中，有十多个野猪窝群聚成“村”，说明多年无人来访。

三、秦仁昌先生及左景馨师母

秦先生是世界著名的植物学家，他对于植物分类、分布、生理、病理、繁殖、栽培、应用等方面，皆有广泛深入的知识。对于蕨类植物，更是他研究的重点，常被国外名牌大学邀请出去讲学。他毕业于南京东南大学，他的成功是依靠勤奋得来的，因而他对勤奋二字深有体会。他和李一平先生在东南大学同学，早就听说李先生在庐山讲学，并以吃苦耐劳做到生活自给，希望由此作出榜样，从侧面教育当时依赖剥削劳动人民过寄生生活。他对李先生这种教育方法深受感动，所以一到庐山，就马不停蹄首先到“交芦精舍”找李先生，要挑选几个学生给他培养成植物园的骨干力量。李先生当即指定我和杨钟毅两人，并嘱我在多方面帮助杨。

图 3-2　秦仁昌与夫人左景馨。

秦先生深知植物园是一个多学科的综合体，他从百里挑一来创办这样一个对国内外都是有影响的植物园，任务的重大，工作的艰巨，可想而知。他知道担子上了肩，只能成功、不能失败。他更知道要办好这件事，和唱戏一样，光靠个“梅兰芳”不行，必须组成一个出色、整齐、可靠的班子，加上一套全面的规划设计和人事管理制度。

秦先生身高接近两米，大学同学曾给他取个外号“喜马拉雅”。体格强壮、精力旺盛，工作夜以继日而不知疲惫。身体素质好，乃是学术事业成功之本，故其成绩非一般体弱者可比。不足之处现在可以盖棺论定，在经济上似乎对己偏厚，对人偏薄。

师母左景馨，听说是清代名将左宗棠的后代，沉默寡欢，不常出门。最初全园只有一幢西式楼房“亚农山馆”，全体职员都在中间大厅办公，她和秦先生在西侧房间作息。后来“山馆”西上侧盖了幢小别墅，由他们夫妇住居，其家务从来不用女工，只从场地调男士去干。师母出身于贵族家庭，可能从小就娇生惯养，从繁华的城市来到偏僻单调的山间，心情常不好。

四、陈封怀先生及张梦庄师母

陈先生是我国著名的植物学家，因姓陈的名人较多，为避免混淆，人多称他陈封老。曾祖陈佑民为光绪皇帝师，因积极帮助皇帝变政，被慈禧赐死；祖父陈散原是著名诗人；父亲陈师曾是著名画家；叔父陈寅恪是著名历史教授。陈先生自幼受家教熏陶，对文学及诗、书、画，皆有扎实的基础，后留学英国，在爱丁堡皇家植物园专攻植物分类、花卉园艺、庭院设计等多年，直至庐山植物园开办后一年回园，担任技师。

陈先生博学多才，聪明过人，他一面指导工作，一面进行分类研究，在菊科、报春花科、毛茛科等十多个科方面，皆下过扎实的工夫。他平易近人，重感情，知疾苦，对基层工作人员亲如一家，诚恳耐心，诲人不倦。

师母张梦庄，湖南长沙人，清华大学英语系毕业，多才多艺，乐于助人，在校时爱运动，曾是篮球队员。球类运动剧烈，运动过量，亦易伤身。师母年轻时，注意不够，中年后肺部多病。她母亲黄国厚，当时七十多岁，住在一起。早年留学日本，学教育，回国后任长沙女子师范校长，杨开慧是她早期的学生。她那种温文尔雅、虚怀若谷的风范，难以尽言。

师母平时想人之所想，急人之所急，对身边的青年学生及职员工作体贴入微，亲如家人。她知道庐山是偏僻幽静之地，担心大家不耐寂寞，主动要求大家利用假日参加打桥牌，学英语，既能增长知识，又可调剂生活。在危难时刻，她有沉着稳重的应变措施，化险为夷。

1949年一个深夜，我和邹垣住在种子室。突然土匪破门而入，用一条绳子把我们两人绑在一起，步枪搁在窗台上，说：“不要怕。我们是来检查的。”陈先生一家三人住在西上侧宿舍，我们最担心的是陈先生家。他家因常有名人和外国人来访，摆设得比较讲究，像是富贵之家。我们两人，匪徒一眼就能知道是穷光蛋，没有搜身。哥哥送我的一支白金水笔，放在前室桌子上，因踩破了笔管，用布条扎着，匪徒

图 3-3　陈封怀与夫人张梦庄。

拿起看一眼就甩在地上走了。大约过了半小时，寂静无声了，慌忙解开绳子，跑到陈家，只见二老坐在客厅，贻竹还只有七八岁，睡在内室未醒。师母说："这些人都是山下农民，并不是惯匪。八年抗战，加上土豪劣绅的压迫剥削，穷得喘不过气来，才临时起意为匪的。我早就作了准备，万一他们来了，无非是要钱，我特地放六十块大洋在书架上，他们一进门，我就指给他们看，说："这是今天领到的工资，你们生活困难，都拿去吧。" 带头的像一个首领，听我说完，就把钱放进口袋，眼含泪水吩咐同伙："不要吓唬小孩，不要乱翻东西。" 她说："六十块大洋在农民眼里，是个大数字，可以买三十担谷，三百斤猪肉，内心满足了，所以内室都没有进，就走了。如果不给他们点好处，就要伤害人身，后果不堪设想。"

1936年，师母见我一身农民打扮，工作又比别人辛苦，要我把衣服交老女工何妈洗，我说："用不着，自己洗惯了，还是自己洗。" 此后每周何妈要来收几次衣服去洗，不给，师母就亲自来收。现在回想起来，仍然泪流不已。

师母不是政治家，政治嗅觉却非常灵敏。1957年，共产党整风，大鸣大放，一开始她就告诫我说："年年搞政治运动，哪个运动不被坏人用来陷害好人？" 秦桧到处都有，冤假错案层出不穷，要我少说话，最好不说话。

五、工作人员和相互关系

秦仁昌：主任，月工资400元(银元，下同)，主持全园工作，写研究论文，还要抽时间去国内外大学讲学。

陈封怀，技师，300元，主持园景设计布置，指导学生学习，写研究论文。他对秦先生渊博的学识和工作精神，常表敬佩之意，而在经费开支方面厚己薄人的做法，则常流露不满之意。其宽厚助人之德远甚于秦。

图3-4　1983年陈封怀(中)、熊耀国(右)、王秋圃(左)重回庐山植物园合影。

雷震，技士，160元，江西早期农专毕业，在庐山林场从事造林多年，时主持开辟苗圃、造林，指导工人工作，管理工人生活，处理有关土地产权及遗留事务。

汪菊渊，技士，120元，南京金陵大学园艺系毕业，乐观、诚恳、谦和，与人相处亲切如一家。负责管理温室、温床和外来名贵植物的栽培繁殖。

井中人（化名），某农校毕业，技佐，40元。负责管理苗圃，他原是在深井中长大的，不了解自己，更不了解别人，摆着高人一等的架子，却又无技可佐。秦先生对此人已有所了解，听汇报则更加清楚，大约过了一个月，再没有见过这个大架子的人。

四个练习生，只我一个高中生。秦先生规定我每周背诵一篇高中英文课文，他把课本放在一边，眼望别处，读完了，他说："背得好，读音也大致不错。"月工资15元，两年后四人一律升为技术员，月工资30元。

杨钟毅，陕西人，考察学家杨钟健的弟弟。他和我一样，是从"交芦精舍"调来，一身农民打扮，乃是李先生有意要从侧面教育当时靠农民养而看不起农民的"寄生虫"。他忠诚老实，勤奋工作，是"交芦精舍"学生中的模范人物之一。

冯国楣，沉默寡言，他和刘雨时都是秦先生从南京带来。他们二人穿得和公子少爷一般，我和杨则一身农民打扮。平时他们在一起有说有笑，一见我们就像断了气的人一样，我们只有把他们看作"行尸走肉"，不值一顾。和学识修养不同层次的人在一起，中间往往分出非常明显的"楚河汉界"，这是由于长期以来不正常的社会风气所形成，近年又因风气更加不正常而形成更加糟糕的现象，不足怪也。1984年，庐山植物园成立50周年纪念，冯来了，我很想借此机会把封冻了50年的"极地"关系试图"解冻"，想不到仍然冰封依旧，看来解冻之念今生只好作罢。

刘雨时，流气十足。如果说冯有不足之处，也是刘的影响造成。在逃难前夕，陈先生把多年积蓄装在一只箱里，托刘带到南昌，认为十分可靠。过了一段时间，来信说箱子丢了，搞得陈先生去云南的路费完全靠朋友借，朋友又各有困难，搞得大家苦不堪言。直到抗战胜利恢复建园时，他来信说"曾在国民党空军工作，现想回庐山植物园从事旧业"。陈先生问我怎么办，我说"不回信"。从此不知下落。

在庐园50周年纪念会时，有一件百思不得其解的事：汪菊渊先生相见时仇气十足。后来和陈先生闲谈中得知汪被调走的原因，是由于播在温床里的一批国外来的十分珍贵的裸子植物种子，一年未发芽就被挖掉了，他当时忽略了裸子植物种子的发芽力保存期有两年。秦先生认为这是不可原谅的过失。当时，我和杨、冯都出差在外，此事只有刘知道。他一方面向秦汇报，邀功求赏，另一方面又在汪面前嫁祸于我，他却两头讨好。如果不是这样，汪对我的仇从何来？

其他工作人员：会计、花匠、工头各一人，月薪14元；普通工人最多时60余人，最少时20多人，一律12元。

六、井然有序的工作情况

作息时间：干部、学生，工作8小时；场地工人，工作12小时，雨天披蓑衣、戴斗笠干。在工房东边松柏岭上，挂了座铜钟，由炊事员打钟报时，东起五老峰、西至芦林，皆可听到。秦先生每天早饭后出门，手拿拐杖到全园巡视一遍，风雨无阻。每周六上午全体干部、学生到办公室开会，实际就是上技术课，庐山林场全体干部都要参加。讲话的内容包括理论到实践，植物研究到边缘学科，当前工作到发展远景，目前存在问题和今后应注意的事项，全面周到而又简明扼要。

场地工人由雷先生全权指挥，由工头监督管理，主要任务是开辟苗圃、修筑道路、修沟砌磡，采种造林等等。

温室、温床的管理，珍贵种子的处理，播种繁殖，由汪先生率领冯、刘及花匠进行登记交换、采收、管理。

去外采集主要由我和杨负责。一般人采标本有三不去，即不通车的地方不去，没有招待的地方不去，生活物品缺乏的地方不去。我们则反其道而行之。通过多年采集，我得到的经验是：越是偏僻险峻、生活艰苦的地方，越能采到珍稀的标本。因此，几乎每次回来都有新种或新分布，秦先生一拿到手上，啊啊！久久不能放下。他知道这些标本来之不易，经受了多少艰苦，其艰苦程度乃是无法想象的。

一次，在山高林深之处找到个小茅棚，只有一个铺位，住有两夫妇带两个小孩，养了一头猪，白天用绳子系在外面，晚上牵进来，预防虎狼。我们三人，割点茅草垫地，就和猪挤在一起睡。没有人住的地方就找山洞、废墓穴，或可藏身避雨之处。但身边一定要烧堆火。据长期采药的老人说，任何野兽都怕火，见了火就不敢近前。有时猴子寻伴，大吼大叫，深夜被惊醒。有好山洞的地方，一住就是十几天，到处能采得充足的野菜充饥。山高、风寒，可以拾些干柴过夜。

1947年，在修水白沙岭，鹿多为害，无法制服。我说："我是打靶高手，快去借枪。"立即有人去乡公所借了枪来，走出去就打倒一头大鹿，接近40斤重，大家吃得喜笑颜开。

在外地工作，头件大事就是密切联系群众，要多帮助群众解决问题。在偏僻的山区群众，最苦的事是缺医少药，我发挥多年的临床经验，用针灸和中草药替他们治病，常能满足多、快、好、省的要求，也能得到他们的帮助。比如在自然保护区，规章制度很严，有本地人一句话，就可以通行无阻；生活上可以得到很多方便，安全上可以得到保障。

庐山森林植物园丽江工作站始末记[①]

冯国楣

一、庐山森林植物园搬迁云南经过

1938年间，由于蒋介石不抗日而败退，战争即将在江西境内爆发。庐山沦陷前夕，秦仁昌主任已把其夫人左景馨送往湖南长沙左家（左宗棠老家），而植物园内秦氏也安排了陈封怀、刘雨时、冯国楣等人留守庐园，并预存了6个月的粮食、食盐、腌肉等食物，同时将园内的标本、图书以及丹麦国请秦主任鉴定的蕨类蜡叶标本一起，送到庐山美国学校内寄存，准备战后取回。

图3-5 冯国楣在庐山森林植物园。

当秦主任知道庐山将很快被日兵侵占前夕，由庐园工人抬轿送至山下，至陈诚（游击战时的司令）住处。陈诚告诉他，庐山已划为游击战区，庐山森林植物园员工不能留守，均应下山避难。当时秦氏即写信给陈封怀，要大家从速离开，庐园工人回来后，将秦氏的信交给陈封怀。当时大家商量，决定离山到南昌，离园的有陈封怀夫妇、刘雨时、冯国楣、冯瑞清、刘□□等，由含鄱口下山，从星子县沿公路向南昌方向步行。途中有军车回南昌，几经交涉才同意带我们到南昌。在南昌，我们均要到了难民证。第

① 此文作于1998年，未刊，此据手稿复印件整理。冯国楣（1917—2007），江苏省宜兴人，1934年庐山森林植物园成立时来园工作。抗战期间，随植物园西迁至云南丽江。抗战之后，入云南农林植物研究所。1950年后曾任昆明植物园主任，为中国著名植物采集家。

二天陈封怀夫妇就转往吉安而去，我与刘雨时、冯瑞清、刘□□（庐园工人，星子县人）则在火车站乘坐运牲口的空车皮往长沙去。殊不知火车经萍乡至湖南醴陵途中的老关（小火车站）站时，我们的空车皮先到，从长沙来的一列军用火车后来，在老关相撞，结果是两车头撞到车站上，幸好我们均未受伤。当时车站用不到六小时把车修好，我们仍乘空车皮到长沙。

在长沙住到左家，其时左景烈有病在家。在长沙时又遇上了敌机轰炸，我们就躲在门口的防空洞内，系用沙袋堆集的简陋的防空洞，左家的门窗玻璃破碎了几块，其他没有什么破坏。第二天，我们去查看了离住处仅百余公尺的炸弹坑，约有一公尺左右的直径，并未伤人。以后我们每天一早均出城至田坝里，有水车可躲避，至太阳快落山时再回到家中。在八月份算购到从长沙至贵阳的公共汽车票。到贵阳后，又等汽车票至昆明，又等了很久，才坐上汽车，总算于九月十七日夜间抵达昆明，找到了文庙街文庙（即孔子大成殿），其时已有蔡希陶、邱炳云等云南生物调查团的同事在此。后来秦主任由广西转往越南河内也到了昆明，陈封怀夫妇、雷震夫妇也先后自江西经广西到了昆明。

因为昆明亦不安全，敌机曾飞来昆明轰炸，秦主任建议大家搬往北郊黑龙潭公园，借住黑龙潭。其时云南农林植物研究所还未建立，均借住公园内。由于来黑龙潭的人员增多，公园也无法容纳多人，秦主任动员陈封怀夫妇等到滇西北的丽江去开展工作，适陈氏身体有病，秦主任就亲自往丽江去，陈氏留昆明。随秦氏到丽江去的有雷震夫妇、冯国楣、冯瑞清、刘某某等，在昆明雇汽车（包车）走了五天，算到达大理县的下关。在下关又雇骡马走了六天，才到达丽江县城。在丽江，租关门口张姓家住下，同时秦氏与县政府联系，由丽江县建设局调用几间房屋，即成立了庐山森林植物园丽江工作站，以开展高山植物的调查研究。

二、庐山森林植物园丽江工作站的工作情况

1. 丽江县境内各地调查采集标本：如五大喇嘛寺的文峰寺（在文笔山）、护国寺、玉峰寺、普济寺、指云寺（拉是坝）和石鼓、红岩、格子、茨科、诸葛里、武侯坡、巨甸、鲁甸等地，以及从江边葡萄湾坐木船过金沙江至下桥头（中甸境内的冲江河），经雅仓谷、核桃园、虎跳石至恩诺（均在中甸哈巴雪山的金沙江边），再渡船过江，到了大县等地，均采集过植物标本，而玉龙雪山上的文海、仙踪岩、蚂蝗坝、黑雪山、白雪山、干海子、白水河、黑水河、三大湾、长松坪、鸣因等山，均曾多次采集过植物标本，尤以三大湾的常绿和落叶林最为繁丰，现在已看不到这类森林了。

同时过去曾在英国爱丁堡皇家植物园傅礼士（G. Forrest）工作过的赵致光（丽江县雪松村人），为工作站采集标本和挖掘百合类鳞茎，暂时种在苗圃内，以便战后运回庐山森林植物园种植。

2. 1939年早春，由冯国楣带队往鹤庆马耳山采集植物标本，曾在金沙江岸的朵美、姜营等地采集标本，其时虽是过新年时节，而朵美已如夏季，正在采收甘蔗以制糖，我们还到金沙江内游泳以消暑热。在马耳山工作时住在荷叶村，当时治安极差，各地土匪较多，村民也在躲避土匪抢劫，而我们仅有压标本用的草纸，因此每天均入山采集标本。可惜马耳山很少森林，故标本收获不大，后来从松桂经鹤庆才回到丽江。至5月，我又带队到中甸调查植物。当时中甸还不用法币，主要用四川银圆，一个银圆抵7角法币，不是通用的银圆，因此到中甸去之前，先要将法币在丽江商号（铺面）换成四川银圆，不然到中甸后就无法工作。早在去年底，云南静生生物调查团的俞德浚同邱炳云从四川木里经过丽江时见了面，俞氏谈到中甸工作时认识中甸有刘营官、陈营官，小中甸有中甸民团总指挥汪学丁，哈巴雪山的哈巴村有回族杨姓的可住在他家，有房屋可烘烤标本。因此我们到中甸先后均见到了他们，工作时确有帮助。在中甸时到了仙人洞雪山、石膏雪山，小中甸找到民团总指挥，但由于送礼不足，表面上客气，实际上他下面的火头（即乡保长），很不乐意让我们采标本，事实上中甸的县长在当时仅管着金沙江边的乡保长，对高山上的藏族是管不着的。后来我们到安南厂、北地、哈巴等地工作，都比较顺当。我在中甸时，因当年夏季雨水大，直到秋季我才到靠近木里的俄亚（当时丽江的商人在挖金矿），由木里土司的介绍才让我们住在村中群众家，后来我们才回到丽江。

图3-6 1941年冯国楣在丽江玉龙雪山。

另一队由刘瑛（亦静生生物调查所的）带队，往大理苍山采集植物标本，采集号均用秦仁昌的名义，采得标本也不多。

1940年由我带队从维西顺澜沧江，先到小维西、康普、叶枝、换夫坪工作后，转到德钦县的茨中，上卡瓦卡工作，后又过怒山到怒江边，过藤溜索（系用高山剑竹编的绳索，并用木制溜板，架在溜索上穿上滑行而过的一种交通工具，木溜板上牛皮条，绑在人身上或牲口身上，由高处向低处滑行，是古老原始的交通工具）即到对岸。我们就到了菖蒲桶，在丙中洛、尼瓦陇等地工作，后又往茨开（现在的贡山县县城）后面的黑普山（即高黎贡山）工作。有一天夜间，我们正在帐篷中闲聊，当地向导由于经常在山间活动，夜间就来讲：有老虎（孟加拉虎）经过，要我们小心。当时我们在帐篷门口烧起一堆大火，并将辣椒丢入火堆中燃烧，发出辣味，以防老虎来冲帐篷。第二天早上去水沟边就发现了老虎的脚印，大家才吃惊起来。从贡山工作至年底才返回丽江，秦主任把蕨类植物标本初步鉴定，说有20多个新奇种类云。

3. 由于工作站的经费系庚子赔款的利息，国民党时成立的中华文化教育基金董事会每年资助文化科研单位一定的经费，庐山森林植物园丽江工作站就有这笔经费。到1944年经费就无着而停办，所以工作站也就撤销了。至于所采标本则仍放置在丽江建设局内，直到1946年冯国楣回到昆明农林植物研究所后，俞德浚任副所长时，派冯国楣至丽江建设局把标本陆续交汽车公司的客车托运回昆明，同时俞德浚在滇西北存放在大理中学的标本也先后运回昆明黑龙潭农林植物研究所内，也就是现在的中国科学院昆明植物研究所标本馆。由于两地存放的标本保管无人，致部分标本受虫害鼠咬有一定的损失。

1998年3月23日

山中无老虎的岁月

——回忆在庐山植物园工作的十年

胡启明[①]

庐山植物园创建于1934年8月，我出生于1935年初，几乎同龄。更难得的是我15岁那年，有机会到这所有名的植物园工作，10年后才离开。植物园是抚育我成长的地方，我始终怀有感激之情。

1950年10月，陈封老从南昌"江西省农林科学研究所"回庐山工作。我经父亲的老师杨惟义先生介绍，随陈封老上山。记得当时陈封老还邀请了南昌大学的陈植和张明善教授同行。陈植先生是日本留学生，风度也十足像日本人。在上山的路上，他一本正经地问我："你研究什么？"我那时候还完全是个孩子，什么也不懂，甚至连"研究"一词的含义也不完全理解。

图3-7　胡启明（2013年）。

上山初期，住在吼虎岭174号一所德国人留下的房子里。那时园里的业务干部除了陈封老，只有熊耀国、王秋圃、邹垣、王名金四人。熊耀国和王名金在标本室工作，标本室设在吼虎

① 胡启明，江西新建人，1935年2月生。1950年南昌豫章中学肄业，入庐山植物园当练习生。1960年离开，至中国科学院华南植物研究所工作，长期从事高等植物分类工作，对报春花科、菊科、小檗科、紫金牛科均有深入研究。2009年作为《中国植物志》编研十位代表之一，获国家自然科学一等奖。

岭的另一栋房子里，王秋圃和邹垣先生则负责园子里的工作。这四人都是我植物学知识的启蒙老师，称我为“小胡”，各方面都对我特别关照。

最初我在标本室工作了一段时间，学习标本的装订和管理。曾随王名金先生在庐山周围采集，也曾随熊耀国先生赴永修、武宁等地采集，开始认识植物。我学到的第一个植物拉丁属名是马鞭草科的紫珠属（*Callicarpa*），我一听发音就联想起农村的“犁”和“耙”，使用这两种农具就是“驾犁驾耙”，一下就记住了，终生不忘。

不久陈封老又让我去园里随王秋圃、邹垣先生工作。那时植物园还处于恢复阶段，一些老园区长满了杂树和野草，要逐一开垦，重新布置，从开辟苗圃、采收种子、繁殖苗木、规划布置园景、管理温室，什么都要干。王秋圃先生是位很有艺术修养的学者，现在的岩石园、草花园、松柏区他都亲自动手参与布置，哪里应立一块石头，哪里应种一棵树，都要反复推敲，直到满意为止。有时累得直不起腰来，就在大石头上躺一下，休息片刻。工作之余，他会用浓重的浙江口音吟诵“西塞山前白鹭飞，桃花流水鳜鱼肥……”等田园诗篇，完全陶醉在诗情画意之中。我后来热爱古诗词也是受到他的影响，至今还保存有一本他送给我的《唐诗三百首》。

邹垣先生对庐山的植物很熟悉，他还要负责各类种子的采收和交换。

陈封老每天在标本室工作8小时以上，忙于标本的鉴定和文献整理，使标本室规范化。标本室距园子有7—8里的山路，他每周都会来园里一次，领着我们在园内转一圈，对工作做一些具体的指点。在标本室那边，他指导王名金发表了*The study of Celastraceae from Lushan and its vicinity*一文。在园里，他安排邹垣做样方，研究植物群落的演替，可惜这项工作没有坚持下来。那时候黄龙三宝树以下是一片茂密的落叶阔叶林，林下有许多兰科植物，包括稀有的独叶兰（*Changnienia amoena* Chien），可现在已变成了一片竹林，丰富的林下植物都消失了。五老峰北坡原来是一片草坡，有少数灌丛，现在长满了松树，变化很大。如果掌握有这些变化的数据，那是非常宝贵的，说明陈封老很有远见。

那时候物质条件很差，生活很单调，每逢周六王秋圃先生回家，更加寂寞。我们最大的享受是去牯岭街买上一斤花生，晚上把王名金先生邀过来聚会。特别是在冬夜，窗外下着冷雨或飘着雪花，我们在屋内，生起火炉，在煤油灯下，围炉而坐，剥着花生，谈天说地，那种感觉真好，颇有“巴山夜雨”的意境，我至今还很怀念。谈论中也常提及前途和学习，给我很多启发，开始知道要努力学习。

工人以老技工罗亨炳、高花匠为首，下面还有李启和、涂宜刚、萧礼全、薛仁宝、胡金水、胡金保、桂少初等一批老工人，个个都勤奋工作，视陈封老为亲人。

总之，在陈封老的主持下，庐山植物园就像一个和睦的大家庭，可谓“政通人和，百废俱兴”，在短短的两年时间内，建起了标本室，经装订、鉴定的标本就达四万余号；抗日战争前的园区全部得到恢复，并扩建了大苗圃和新茶园；岩石园、草花园、松柏区、温室区布置焕然一新，工作效力极高。那时不知有后来各地普遍出现的所园矛盾、科研与建园的矛盾、干部与工人的矛盾等问题。

但是这样的日子没有维持多久。1953年秋，科学院决定调陈封老去南京主持建立中山植物园，同时调走的还有王秋圃、王名金以及新参加工作的汤国枝、李华等人，只把熊耀国、邹垣和我留下。能去大城市、大单位工作，谁都羡慕，可自己没份。“不才明主弃”，我当时很是失落了一阵子。

陈封老走后，为了加强领导，1954年北京植物所派徐海亭同志来园任办公室主任，但我们都称他为“徐秘书”，是位参加过抗美援朝战争的干部，业务工作则由熊耀国先生负责。但没过多久，熊耀国和邹垣二位都在“运动”中相继“落马”，不能工作。“山中无老虎，猴子称大王”，突然间我成了园内最熟悉业务的人。有一段时间，园内事无巨细均由我出面处理。院里任务下来了，由我带队赴

图 3-8　1952 年庐山植物园部分职工合影。右 1 萧礼全、右 2 陈封怀；左 2 陈贻竹、左 3 胡启明、左 4 王秋圃。

神农架考察；外宾来了，由我接待；大学生来实习，由我领着参观讲解；《江西经济植物志》由我负责主编；重要的报告、规划多出自我手，成了大忙人。我出外采集，园里有事也要打电报把我催回来，就连当时轰轰烈烈、人人都得参加的大炼钢铁，也因“工作需要”，没能安排我下去，这在当时恐怕是极少有的。

我虽然颇受重用，但心里明白，这不过是赶鸭子上架，自己水平有限，力不从心。一次出差，与一位北京所的青年同志交谈，我说：“你们多好呀！身边那么多老先生，有什么问题随时可以请教。”可他却说：“有什么好，我们已工作了好几年，还把我们当作小孩子，抱在手上，不让下地，干什么都不行。哪像你这样，独当一面，想干什么就干什么。”他的回答使我大为惊讶，也使我想起陈封老曾说过：一个地方不会绝对好，也不可能绝对不好，问题在于自己能否扬长避短，尽量利用优点，克服缺点。回想这几年的摸、爬、滚、打，自己还是“剽学”到了一些东西。

陈封老虽然远离庐山，但对留在山上人员的学习提高仍然十分关心，每逢南京举办学习班，必定通知山上有关人员前往参加，有一年是请南京大学耿伯介先生讲授植物分类学，他讲学的水平很高，助理研究员都参加。一次期中考试，有道题，问的是植物拉丁属名和种名的词尾，许多人把所能想起的学名字尾统统写上，写了一大串还写不完。我嫌其太烦，只写了“属名为名词词尾，种名用形容词词尾”几个字。没想到，第二天上课受到耿教授表扬，说：这道题，你们这么多人，只有一个人答对了，并让我起立“示众”。这件事传到了陈封老耳里，近年读胡宗刚先生《庐山植物园最初三十年》，才知道陈封老曾将此事写信告知我叔祖父胡先骕。这虽是小事一桩，但可见二位老人对我成长的关心，有一小点进步都高兴。

凭良心说，徐秘书待我不薄。他上山后对我很信任，支持我大胆工作，培养我入团，并让我与他同住一寝室。不久他又把女儿从山东莱阳老家接来读书，十四五岁的大姑娘也与我们同住一室。当时许多人都看好我会成为“东床驸马”，可我那时的思想真清澈得像庐山的泉水一样，“思无邪”，根本就不会从那方面去想。少男少女共处一室数月之久，能相安无事，没擦出火花，说出来有些人可能不信，但这的确是真的。回想起来，我那时年轻气盛，真有点不识抬举，辜负了党的培养，与领导渐行渐远，终于铸成大错，栽了跟头。事情的起因是，徐秘书从自己的老家山东招收了10几名青年工人来，其中还有他的亲戚。这都不要紧，问题是这些人来后不适应南方生活，不安心，纪律散漫，而且影响其他人。那时我管理园里的日常工作，对此很有意见，于是在一次鸣放会上发言，认为招收普通工人，庐山当地合条件者甚众，没必要求之于千里之外，找来了又不安心工作，把园里的优良作风都破坏了，批评领导用亲信，搞宗派。顺便说一句，这件事胡宗刚先生在《庐山植物园最初三十年》一书中，根据档案摘录了我当时的一段发言，但那是经过别人加工整理的，其实我没有那么大义凛然，也没有那么嚣张，只不过提点意见而已。但后果是很严重的，为此我失去了团籍，险些成了右派，从此风光不再，只能夹着尾巴做人。工作还要做，但没有名分。《江西经济植物志》我是主编，但出席全国经济植物工作会议的是别人。

在来庐山之前，温成胜主任本已接到科学院的调令，前往青岛负责科学院疗养所工作，但陈封老硬是把他拉上了庐山，希望他能重振庐园。温主任是抗日战争时期的老革命，为人豪爽，和蔼可亲，经常给我们讲战争中的故事。有两件事我印象特别深刻，他在山西参加革命，开始当班长，班里的战士都是经过战斗的老兵。后来分来一名学生，大家称他为"知识分子"，有点文化，但胆小，枪一响，会尿湿裤子，大家都看不起他，想把他弄走，免得拉全班的后腿，评不上先进。一次，上级要求选派一人去学习，于是大家一致同意推举此人。到了解放战争，他已是团级干部，大军匆匆南下，在某火车站月台上，见到一位穿呢军大衣的首长向他走来，并先伸手向他敬礼。他吓了一跳，定睛一看，就是当年被他送走的"知识分子"，现在成了他的上级。原来那次选拔就是培养高级干部的。

图 3-9　胡启明在庐山植物园工作。

另一个故事是在抗美援朝战场，那时他在战地医院。一次，护送一批伤员向后方撤离，因为白天有敌机轰炸，只能夜晚赶路。途中有些伤员实在太疲惫了，要求休息，甚至躺下不走，怎么做工作都不行，但如果耽误时间，天亮后敌机一来就意味着死亡。于是他说：好！你们谁不愿走，我成全你们，统统枪毙，免得当俘虏。这样大家又打起精神上路，终于在天亮前到达目的地，无一人掉队！事后这些伤病员都对他十分感激。

转业后，他任中科院植物研究所华东工作站主任兼书记，负责中山植物园筹建。他尊重知识分子，敢于承担责任。建园征地时，有数农户须搬迁，但思想工作未做好，有一人上吊身亡。本当处置具体工作人员，但他不同意处理下级，自己主动承担责任，甘愿受降级处分。从高干那一级降下来，虽然只有一级，但各方面的待遇相差很远。陈封老十分钦佩他的品德，他也很称赞陈封老的为人，二人成为至交。他是出于友情才来到庐山的，但上山后终因孤掌难鸣，又遇三年困难时期，难有作为。后来他去了科学院庐山疗养所，做他原来较熟习的工作。他付出的代价实在太大，如果当年他去了青岛，他的晚年、子女的学习和发展肯定会比在庐山好许多。陈封老亦常为此事感到内疚，对不起这位朴实的老朋友。

随后刘昌标同志来山任副所长，他是参加过二万五千里长征的老红军，依旧保持着勤劳、朴素的作风。我相信他也一定参加过延安时期的大生产运动，他热衷于搞生产，似乎也很熟行，这正好在三年困难时期发挥作用。“大跃进”开始，全国上下轰轰烈烈，大搞试验田，粮食亩产万斤。山上不种水稻，但产名茶，于是有人提出搞茶叶高产。园内现在的大茶园是解放后开辟的，原来在松柏区上面还有一片小茶园，面积约有2亩，是解放前留下的，生长最好，因此被选定作试验地。当时的高产指标记不清了，最重要的高产措施是把整片茶园用茅草棚盖起来，内面安装火炉，遇上寒流则生火加温。结果由于整个冬天见不到阳光，棚内阴冷，温度比外面还低，到开春揭开草棚，茶树已死得所剩无几，好好的一片老茶园就这样给毁了！后来粮食紧张，各地都用粮食代用品加工成所谓的“高级点心”，高价出售，回收货币，植物园也把一座小温室变成了生产“高级饼”的车间。还有搞“小秋收”，全所职工上山采茅栗、挖党参（实为羊乳）上交。最后发展到在园内种蔬菜、番薯，养猪、养羊、养家禽。但这也不能全怪他，据说当时上级下达了“职工工资和粮食实行全年有八个月自给”的指示。我曾写信将这些情况告知在北京的叔祖父，现在想来很不应该，那时他也自身难保，无端给他增添许多烦恼。

1960年春，一个雾失楼台的日子，我黯然离开了庐山。

淡淡的人生　深深的追求

——怀念父亲陈封怀

陈贻竹[1]

每次回庐山植物园，总要去我曾经居住过的那幢背靠山的房子看看。她现在依然是远离喧嚣，远离游人，孤零零的在那里。我每每望着这房子和房子下面的那块小平地，还有一直竖立着、刻有“春色满园”4个大字的石门，仿佛又回到了当年在这里的童年生活：我和哥哥常在这块平地的一棵中国梧桐树上荡秋千，这是王秋圃先生花了不少力气特地为我们做的；我们也常去梧桐树旁边那排简易的工人宿舍（他们的家都安在牯岭镇）里找老罗（罗亨炳），要和他一起上山采毛栗、尖栗；我还在“春色满园”门外那几株香椿树和核桃树上摘过香椿芽、核桃；那个时候可能少有荤食，我一条心爱的狗在这房子的厨房门口被杀了并吃了，让我伤心不已……然而，最让我难忘的还是那个令人惊吓的星期六晚上。1949年父亲刚从上海中华教育文化基金董事会领取最后一批经费回家的当晚，就是在这幢房子里遭到一群土匪的抢劫。很久以后，我曾想过，我家怎么会住在这里？没有电灯，没有电话，吃饭都困难，只有煤油灯，只有靠两条腿才能和外界沟通的地方？

我们回忆过去和缅怀许许多多的先辈在如此艰苦的环境下创业和维业，是为了什么？是为了提醒我们，现在的一切是来之不易的？还是告诉我们不谋私利，对事业的坚持是要付出许许多多的？当我们在“遥望着先生们长长的背

---

① 陈贻竹，江西修水人，1941年生，陈封怀幼子。中山大学毕业，中国科学院华南植物园研究员，从事植物化学研究。

影”[①]的时候，我们会想起什么？当我写下后面这些追忆的时候，我领悟到了：在我父亲淡淡一生的背后，有着许多长者对事业的执着和对信念深深的追求。

图3-10　陈贻竹（2013年）。

父亲1900年出生于一读书世家，小学和中学辗转在南京和上海之间，21岁入大学。1925年，因闹学潮，他从金陵大学转学到东南大学，胡先骕和陈焕镛两位先生当时正在这里教授植物分类学和树木学。也许，就是这段机缘决定了父亲今后的人生道路。大学毕业后，父亲曾在东北沈阳一家私立中学教书，半年后转入清华大学做助教。1928年以范源廉（字静生）的名字命名的静生生物调查所在北京成立，1930（或1931）年父亲成为静生的一员。当时胡先骕任静生所植物部主任，秉志任所长，[②]父亲得以转入其中，除了因为新建立的静生所需要罗致人才，还有胡先生的指引也是情理之中的事。期间，他曾参与清华、南开和东北大学组织的考察队，去东北镜泊湖进行植被调查和采集标本，这为他今后从事野外工作打下了很好的基础。自此，父亲就与静生结下了不解之缘。秉志先生曾在给任鸿隽（字叔永）的信中说，静生是“小规模之事业”，[③]然而正是这“小规模”，奠基了中国的生物科学和植物园事业，培养和造就了一代人才，如杨惟义、李良庆、周宗璜、唐燿、唐进、汪发缵、俞德浚、王启无、蔡希陶、张肇骞、秦仁昌、郑万钧、严梦忆、王宗清，等等，还有我父亲。

1934年父亲考取公费留学（审查人是北京大学理学院院长张景钺），在胡先骕的安排下去了英国爱丁堡植物园。在此之前，秦仁昌从丹麦回国（1932）并在静生所负责标本馆的工作（他的前任是唐进）。1932年以前，胡先骕就有“使静生所有个实验场地，建立植物园是一种与研究所相互结合的好方式”，“今日世界

① 王培元、钟华：《遥望着先生们长长的背影》，《科学时报》，2007年3月29日。

②③ 胡宗刚：《静生生物调查所史稿》，济南：山东教育出版社2005年。

各国盛倡之植物生产科学，莫不胚胎于植物园”[①]的思想。他曾策划在北京西山建植物园并派秦仁昌去主持，但不知何故一直没有实现。是不是正如胡先生在一次静生会议上所说的“华北情势终难乐观，拟先在庐山筹建分所，以作将来迁徙基础”的缘故？[②]同年，他与江西农业院院长董时进和萧纯锦等人协商，在庐山建立植物园。经过他艰辛的努力和协商并亲自上山筹措，庐山森林植物园于1934年8月成立，秦仁昌任主任。胡先生后又安排父亲出国学习，“以加强庐园建园的后备力量”。看来，胡先生对庐山植物园今后的发展已是胸有成竹了！

1936年父亲离开爱丁堡，在回国的途中，参观了包括邱园在内的几乎所有欧洲著名的植物园，在那里看标本、交流、吸收和领悟西方庭园建设的文化与美学内涵。这年夏天，父亲受命到庐山植物园任技师。1937年卢沟桥事变，次年日寇逼近江西，形势紧迫之下，父亲并没有应九姑婆陈新午（时任国民政府交通部长俞大维夫人）的电话之约，去九江乘船撤到重庆避难，而是和庐园最后一批职工步行逃离庐山到南昌，并几经周折抵达昆明。此时先期离开庐山的秦仁昌已在云南建立了庐山森林植物园丽江工作站。但是由于逃难路上颠簸劳累，父亲临行丽江前忽染伤寒而被迫留在昆明，后参加了云南（昆明）农林植物研究所的工作。当时昆明时局动荡，物价飞涨，研究所经费也很艰难，父亲靠时有时无的工薪难以维持一家四口生活，因此在这段时间出外“打工”是常有的事。父亲有首短诗，描绘了当时的情景：“战争避乱到云南，寄居古刹黑龙潭。一树唐梅来共赏，竟忘逃难在他乡。”诗后注释道：“破庙门前一树唐梅，春日仍开花数朵，我与梦庄共欣赏并绘一幅唐梅，赠送陈衡哲女士，由胡步曾师题诗一首。”

1942年，忽接成都金陵大学园艺系教授的聘书，很是高兴，可是却因旅费无着落而无法成行。正在举步维艰之时，时任国立中正大学校长的胡先骕先生来信，邀父亲去江西泰和中正大学教书，还寄来路费（银圆二百多）。于是，这年父亲举家东迁。在这战火纷飞、交通十分不便的年代，一路的艰辛是可想而知的。当时母亲患病，经常吐血，襁褓中的我被人挑在箩筐里。1944年日寇入侵赣南，我家随学校迁至江西宁都。1945年抗战胜利，父亲“复员”（当时对抗日胜利后恢复工作的习惯称谓）回到南昌中正大学（学校已从宁都迁回）继续执教。1946年，父亲接到已回北京静生所主持工作的胡先生来信，要求父亲设法恢复庐山森林植物园，说：“秦仁昌无法回来，你可主持植物园。”他在给父亲的信中，还有

---

① 汪国权：“创建名园，盛德流芳”（书信交往），2005年.

② 胡宗刚：《不该遗忘的胡先骕》，武汉：长江文艺出版社 2005年。

明确的任务和方向，要求“一方面保管现有的植物，一方面继续收集植物，同时继续同国外联系，要同国外几家著名的植物园交换植物种类……你要注意华东地区植物种类和分布情况，担任起调查采集（的任务），尽量作些繁殖栽培工作，把那些植物种类搞到庐山来……国外植物研究机构很重视庐山植物园……”信中，他还着重指出：“静生所是全国性的，但有重点，西南是重点，那里我已配备人员去担任了。你只管庐山一带，如江西、湖南、浙江等省的调查和栽培工作。”在政局如此动荡的情况下，胡先生仍是以事业为先。父亲于是也马不停蹄地立即招来“旧部”雷震、熊耀国、王秋圃、王名金、邹垣和刘松泉等上庐山，开展工作。

1946—1949年是庐山植物园最艰苦的时期。八年抗战无人管理的植物园已是一片荒凉凄惨的景象，所有的建筑已成破壁残垣，引种的植物大部分丧失，草木种类死亡殆尽，仅保存一些不易死的大乔木，成林的经济乔木种类已被砍伐。在毫无经费来源的情况下，仅靠父亲中正大学教书的薪水和“开辟苗圃进行生产”来维持，收拾残局已非易事，恢复谈何容易。对当时的状况，父亲后来有一段描述：“房屋十分简陋，基本没有一所正式的办公室，有些房屋是用茅草盖顶，没有温室，只有几个播种的温床，劳动力少，草比人深，一片荒凉。”1948年秋，胡先骕曾带女儿上山小住了几日，虽看到庐园破坏殆尽，但他仍很乐观，坚持要做下去，并说设法去筹措经费。不久胡先生来信，要父亲去上海找任叔永取钱，很可能这就是他设法筹措来的补助款。也正是静生给庐山园的这最后一笔经费，惹来了文章开头所说的“土匪抢劫”。幸好，由于母亲的机智，这笔钱给保住了。我记得，那天夜里，一群土匪砸门闯了进来，先将父亲和外婆捆绑在椅子上，嚷着：“不要点灯！我们是搜枪的！”一个头头模样的人还说：“不要动小孩子。”后来，就翻箱倒柜要钱财了。我和哥哥睡在床上不敢动，母亲则和他们周旋，说这里有几块“大头”，那里还有一些（母亲事先放好的，因为没有抢到钱，土匪很可能会行凶的），还带着土匪到下面的工人宿舍，说看他们能不能再凑几个钱（其实母亲知道，星期六晚工人早回家了），以此来拖延时间。父亲从上海带回的箱子打都没打开就被土匪整个拎走了，里面有爸爸从上海给我哥俩买的、见都没见着的玩具和他心爱的Leica相机。胡先生给的款项白天已被母亲有预见地藏在房屋背后依山的一块大石头缝里。凌晨，解放军来了，一位军官模样的人（我仿佛记得妈妈说他是广东人）就站在“春色满园”门口，说这地方太偏僻，不安全，要我家搬到牯岭镇去。

吼虎岭174号的新居原是德国人的房子，这是幢两层的别墅，楼下后来就成了庐园职工的饭堂，煮饭的是原来给德国人做西餐的和蔼的潘师傅夫妇俩。楼上除住人外，还是母亲教授英文的教室。我们刚搬来这里，天天晚上闹土匪，整个牯岭镇“土匪来了”叫喊声、稀落的枪声和脸盆什物敲打声震耳欲聋，甚是恐怖。有天晚上，一个炸弹之类的东西在房顶上方爆炸，将厕所天花板上的一块石灰层给震塌了下来，“叭”一声大响，砸在地板上。妈妈大吃一惊：是不是有人跳进来了！一到天黑，我就会害怕地依偎在母亲的怀里。如此折腾了大约一个星期，直到解放军一次成功的剿匪行动后才平静下来。庐山吃的粮食都是山下星子县的农民走含鄱口那条路挑上来的，回去时候身上有些银两，土匪就在半路劫抢。有一农民挣脱捆绑的绳子爬上山，向解放军报告了。当解放军将一群受伤的土匪抬回牯岭时，人们都去看，其中有的我们还认识，就是附近看房子的！这就是为什么来我家抢劫的土匪，有几个是蒙住脸不说话和不让点灯的缘故。

1949年庐山解放，江西省接管庐山植物园并将父亲调到江西农科所（在南昌郊区莲塘）去任职，但还兼顾庐园。在莲塘将近一年的时间里，父亲两头跑，我曾跟随农科所军代表（解放初期，每个单位几乎都派驻了军代表）的警卫员李勇两次步行上山看望父亲。1949年底到1951年暑期，在大约两年的时间里，我分别在3个地方读小学（庐山小学、莲塘小学、南昌第一中心小学），1951年下半年再回到庐山小学，由此可见父亲及全家在这段时间的奔波和劳累。1950年中国科学院接管了庐山森林植物园并更名“庐山植物园”，父亲重回庐山，结束了长达15年始终围绕着植物园事业，但却居无定所的工作和生活。我现在想，当时父母亲可能松了一口气：这下子可好了，总算安定了！然而，他们没有想到的新的一轮“迁徙”又开始了！

1951—1953年间，按父亲的说法，“庐山植物园要做的事太多”，而且这段时间父亲还要承受在北京读初中的我哥哥（当时庐山没有中学，他小学毕业后送去北京读书）病逝的巨大悲痛的精神压力。中科院和北京植物所离庐山很远，限于交通和信息交流的困难，彼此很少联系，并且也没有得到什么具体指示，庐山植物园只能是“自力更生”罢了。或许在这种有固定经费支持，而又没有太多干扰的情况下，建园和其他业务还真有了些作为：“和多所大专院校联系和合作，如上海复旦大学、武汉大学、华中农学院、江西大学等，学生实习……和游人很多。”“庐山云雾茶的引种和发展，以及多种植物的收集和栽培”等，都取得了不少成绩。父亲在“茶园图”的画上题有诗一首：“匡庐云雾绕天空，名茶育出此山中。陆羽未尝其风味，红袍原在月轮峰。”表达了当时比较欢快的心情。

由于参观游览的人多了，庐山管理局局长沈坚很高兴，主动掏钱在植物园边界含鄱岭建了一座便于观看鄱阳湖景色的休憩室（就是现在著名的景点“含

图 3-11　陈封怀在庐山植物园温室中工作。

鄱口”)，同时还在植物园内建了两个小亭子，一个是现在三老墓旁边小山上的“叠翠亭”，该名来自父亲题书挂匾“山岩叠翠”，另一个是在通往庐园办公楼路边的多角亭(“文革”期间被拆)。我相信，庐山植物园的园林景观布局也就是在这段时间内奠定了基本框架，其中不乏值得称道的经典之作。这些“作品”包含了中西文化的意念，将山、水、树、石、草、建筑和谐地组合在一起，表现出源于自然、但又超越自然之美。或许可以毫不夸张地说，其中有些看似不经意之笔，恰是设计者背后深厚文化功底的体现，不像现时不少园林设计上出现的那些“垃圾”景点，这恰恰反映了设计者不成熟的文化意识和对“美”认识的扭曲。

1952年5月，杭州市筹划杭州植物园，科学院要求庐山植物园协助，1953年父亲到杭州工作数月。同年，科学院和华东分院在苏联专家的建议下，又决定在长江流域发展一个植物园，利用在南京的北京植物所华东工作站的人员和设备作为建园的基础，在中山门外明孝陵旁建立植物园，隶属北京植物所。1953年，时任北京植物所副所长的吴征镒先生为此事专程来庐山植物园，商量筹办南京中山植物园事，并请父亲去南京。于是，次年冬季庐山刚开始冰雪封山的时候(庐山已修有公路)，父亲带着全家艰难下山，沿长江向东行，再次踏上又一个十年动荡之路。

在南京中山植物园的4年(1954—1957)，父亲是协助园主任裴鉴先生，同时仍兼任着庐山植物园的工作。1956年，科学院武汉分院和华中农学院、武汉大学生物系及武汉市园林管理局等，向科学院武汉分院建议筹建武汉植物园，并成立了建园小组且向北京提出方案。1958年经科学院批准，武汉植物园正式成立。同年，武汉分院向华东分院南京办事处和南京中山植物园党组织领导协商，"借用"父亲参加武汉植物园建园工作，于是这一年我们又沿着长江折向西行。就这样，我也随父母亲到了"热都"武汉，在那里熬过了"大跃进"和紧接着的三年"困难"时期。

不久，这股建植物园的风又再次吹起，很是强劲，把父亲"刮过"了南岭，父亲的迁移之路终于到此终止，因为前面是辽阔的大海！

大约是1961年，陈焕镛先生到武汉，在武汉办事处约见父亲和王力全（科学院武汉办事处主任？），大意是华南植物所将要大发展，可能要父亲去广州。陈焕老对父亲说："你去搞华南园，我计划调北京植物所的简焯坡（？）来华南搞形态、分类，提高分类学的质量。"其意是想扩大分类室和标本馆，同时把植物园的计划纳入植物分类室，并扩大分类室的学科范围。不久，王力全对父亲说："分院（当时已成立中南局，所以分院实际上是科学院中南分院）将要调你去华南所，你要做好思想准备。"调父亲来广州是谁的意思，现在可能已无从考证了，当时有一说法：蔡承祖（分院党委书记）和陶铸（中南局第一书记）要办植物园。我想，印证这种说法的理由是，蔡承祖是知识分子出身的干部，还在清华读过书，有（科学）文化；而陶铸是因为现在华南园有他的雕像。但我猜测还是陈焕镛的成分大些，然后蔡书记批示"同意"，陶铸支持"照办"。

我家于1962年迁至广州，刚到广州时，被安排在羊城宾馆（现在的东方宾馆）住了一段时间。那时候"形势"好像比较紧张，刘文华（植物园总支书记，从武汉植物园调来，是军队出身的干部）都是带"家伙""上岗"的，在宾馆我看见他带着枪，说是保护高级知识分子。此后，父亲和陈焕镛先生开始有较多的接触。除了工作之外，还经常一起聊天，一同出差，还请吃饭，送过画（陈焕老70寿辰），去中科院总部开会，父亲总会去他在北京的家拜访，等等。显然，他们的关系非常密切和融洽。父亲的很多想法也就是在和陈焕老的接触与交流中产生的，如干部的培养，标本馆的扩大（是陈焕老的最爱），一改在南京和武汉的做法，将华南园做成大规模的展览形式的植物园，如温室和大草坪、花卉等。陈焕老还有一个愿望，要办一个高水平的杂志，用拉丁文和英文的图谱……

1963年上半年，父亲和肖培根先生参加由蔡希陶任团长的西非访问团，下半年由总院派去朝鲜平壤植物园，参加朝鲜植物园的建设和资源调查。1964年和1965年是"四清"运动和"文革"的前夕，当时研究单位工作都是走出去"为工农兵服务"和"自我改造"。从这段时期开始，我已经很难在父亲留下的文字中找

图 3-12 陈封怀画作。

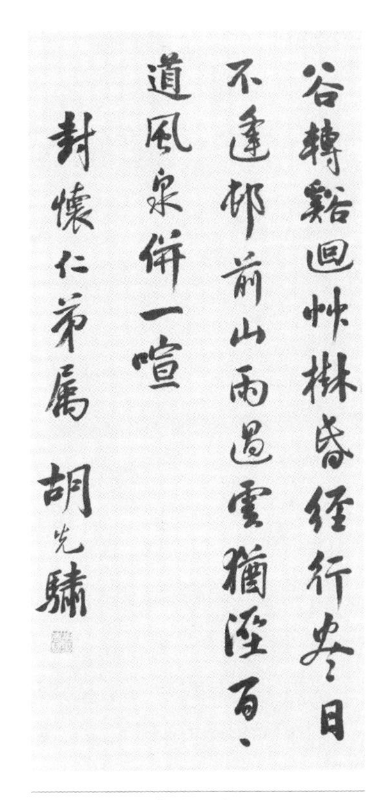

图 3-13 胡先骕书法。

到他与胡先骕、陈焕镛先生交往的记载和书信往来，也看不到他们对父亲事业的嘱托和他们的追求，“历史”在这里似乎戛然而止了！现在，我们只能从胡先骕那篇在陈毅的干预下才得以发表（1962）的《水杉歌》长韵，还有胡先生送给父亲的一首诗“谷转溪回草树昏，径行尽日不逢村。前山雨过云犹湿，百道风泉并一喧”中，听到这位科学家兼诗人对大自然的深爱和对科学深深追求的最后声音。

历史记载过去，但总是为了现在和未来。我们忘不了过去，因为我们每天都在做不忘记过去的事，就像写文章总要去翻读前人的文献尤其是大师的文字那样。

逝者已去，来者永记！

本文承胡启明、夏汉平、魏平、陈流求、陈美延和汪国权诸先生修改和指正，特此感谢！

2014年5月

胡先骕与庐山植物园内的“三老墓”

胡德焜[①]

一、庐山之缘

先父胡先骕一生与庐山有着不解之缘，可以说其一生事业始自庐山，也终于庐山。首次赴美留学归来，第一份工作就在庐山。虽然工作环境不利于胸中抱负的施展，但庐山的自然、人文环境却深深打动了他。在庐山留下的众多诗句，抒发了他对庐山的山川草木、花鸟鱼虫和寺院古迹的深情。

二次赴美，就读哈佛大学。该校所属的阿诺德树木园（Arnolde Arboretum）是他经常参观、学习和研究之所。其诗作《阿诺德森林院放歌》题注曰：“阿诺德森林院卉木之盛，为北美之冠。花事绵亘春夏，游屐极众。日徘徊众香国中，欣玩不已，继以咏歌，亦示吾国宜效法也。”创办与之比肩的中国现代植物园愿景由此而生。

1931年，应《庐山志》编委会之邀，为撰写《庐山志》的植物部分，赴庐山系统考察、研究了当地植物，写就《庐山之植物社会》（《庐山志》卷8），在庐山创办现代植物园的腹稿遂成。

1932年，胡先骕正式接任静生生物调查所所长，翌年即将筹建庐山植物园事提上日程。他对庐山植物园组建的方方面面都倾注了大量心血，如静生所与江西省农业院合作机制的建立，争取社会各界支持，制定合作办法、建园计划、园委会组织、预算方案，主持人选定及骨干团队的配备，充实标本、设备，扩建房舍，乃至园址的勘察与界定，经费的落实等等。1934年，庐山植物园正式成立。在第一任主任秦仁昌主持下，取得了优异成绩，短短2—3年，已为中外所瞩望。

① 胡德焜，北京大学数学科学学院教授，胡先骕幼子。

1937年，试办3年期满，双方商定，决定永久合办。

庐山植物园是“三窟”之一（“三窟”是胡先骕对静生所、庐山植物园、云南农林植物研究所的戏称），研究设施的“三窟”式布局，为拓展研究地域、统筹安排研究项目和人员，乃至应对战争带来的不测，都起到了重要作用。在胡先骕心目中，庐山植物园不仅是现代植物园，还是整个事业链条中的重要一环，是永久性的研究基地。庐山植物园建成后，他虽然不在第一线操办，但很多次上山考察并出谋划策，即使在体制发生重大变化后，仍然对庐山植物园给予尽可能的关心、支持和帮助。1965年他生病就医时，偶遇中科院副院长竺可桢，又向他提出了关于庐山植物园的建议。

胡先骕与庐山的不解之缘，是他希望身后归葬庐山植物园的缘由。

二、收官之劫

20世纪50年代初以来，家父经历了不少磨难。几经风雨之后，似乎在一定程度上适应了环境。1956—1965年，他度过了相对平静的10年。在青岛遗传学会议后，境遇和心情都有改善。这10年间，还做成了几件事：一是总结一生诗歌创作，整理、印刷了《忏庵诗稿》；二是探索用诗歌表现科学技术，发表了《水杉歌》；三是推进新分类系统学研究，发表了论文《生物的大类群，一个新的分类系统》(英文)。这些事是他认为在有生之年应当完成的，此后他心中再没有太多牵挂，与文友品诗、唱和、交流，以及进行有关植物志的研究、编写，逐渐成为生活的两个中心内容。1959年，他冠心病发，后又多次复发，身体每况愈下。父亲有时不免思索起身后之事，一次他说：“希望能葬于庐山，地方都看好了，秦、陈两位很支持，他们也愿意离世后归葬庐山。”这是我知道的关于“三老墓”源起的最早信息。

安度晚年，为一生平静收官的进程，被骤然而至的“文革”冲得落花流水。大字报、抄家、审问、勒令检查交代，一波又一波。诗友交流被阻断，医院不敢收留住院，家中一片狼藉，生活一塌糊涂。我们很担心父亲能否承受得了，不料他很平静地对我们说：“在这个位置上，难免会遇到这类事。”真正“触及灵魂”的，是被勒令停止植物志的研究和编写，交出全部稿件和资料。失去了仅剩的寄托，他无奈地叹道：“我现在成了废人了，什么都做不了了！”促使他最后发病的直接原因是，强制他离家，集中到单位居住，接受批斗。重病缠身、生活都难自理的父亲，突然要陷入弥漫着敌意的环境，觉得不知所措：批斗会不会搞什么新花样？饮食怎么办？服药怎么办？失眠怎么办……他陷入极度的迷茫和焦虑，就在预定强制离家的前一天，1968年7月16日，父亲睡下后就再也没有醒来。

三、归葬之途

先父谢世时，骨灰归葬庐山绝无可能，就连一般公墓也不会接纳，只能存放在家中。1976年“文革”结束，一年多后，以蔡希陶事迹为题材的报告文学《生命之树常绿》刊出。该文记述了些许先父与蔡希陶共事的往事，自“文革”以来，这是首次以正面的笔触提及胡先骕。我们由此切身感受到社会气氛的回暖，业已渺茫的期望遂被唤醒。1979年，中科院植物所为胡先骕平反并补开了追悼会，凭平反证明，先父的骨灰得以存放进八宝山公墓。

追悼会后，我们向植物所副所长俞德浚先生转述了父亲希望葬于庐山的遗言。俞所长很快致信庐山植物园慕宗山主任，称：“据胡先骕先生子女相告，胡老曾有遗嘱，希望骨灰能葬在庐山植物园，在其墓地种植他所命名的新种树木，如水杉、称（秤）锤树、木瓜红等作为纪念。”“胡老为庐山园创始人，想许多同志必定愿意促其实现……不知您园意见如何，特来函相商。”

庐山植物园主任慕宗山鉴于胡先骕在中国植物学领域卓越贡献，非常赞同将胡先骕骨灰安葬在庐山植物园。为办成此时，1982年，特请全国政协常委、著

图3-14　1979年，胡先骕追悼会在北京八宝山举行。

名农学家吴觉农致函全国政协刘澜涛秘书长转呈全国政协主席邓小平，要求将胡先骕骨灰迁葬庐山植物园。全国政协办公厅将庐山植物园所请转至胡先骕生前所在单位中科院植物所，请其酌处。其函这样写道："胡先骕同志不是政协全国委员会委员，我们无权批复。应由胡先骕同志生前供给所在单位批准，并办理迁送骨灰事宜。" 中科院植物所的意见是："我们认为胡系庐山植物园创始人，对我国植物学也有不少贡献，值得纪念。但具体安排，应由该园请示江西省科委办理，本所无其他意见。" 于是，庐山植物园向其主管部门江西省科委请示，获得批准。至此，各方意见基本一致，庐山植物园即可开始实施。其时，庐山植物园正在筹备1984年建园50周年纪念活动，拟将骨灰安放仪式作为纪念活动的一项。而俞德浚认为，胡先骕在世门生均已年迈，若延迟一年，就可能有几位故去，遂决定安葬仪式在1983年举行。

庐山植物园第一任主任秦仁昌为著名蕨类植物学家，第二任主任陈封怀为著名植物园专家，在国内外均享有盛誉，并对庐山植物园建设、发展作出巨大贡献。二位主任与先父曾有同葬庐山之约，设计墓园时他们仍健在，再次表示了去世后愿安葬于庐山植物园的愿望。故在设计墓园时，预留了两个墓穴。

墓园由庐山植物园园林专家罗少安负责设计，选址时陈封怀也到了现场，

图3-15　胡先骕骨灰安葬后，陈封怀（坐右）、俞德浚（坐左）与胡先骕亲友合影。

图 3-16　三老墓。

不知最后选定的位置是否就是先父曾经看好的地方。骨灰安放后来还是延至1984年,年初墓园开始动工,经费在庐山植物园修缮费中开支。当年7月10日,举行胡先骕骨灰安葬仪式,我们家属、亲友数十人参加。陈封怀先生、俞德浚先生不顾年老体衰,亲临墓地,出席安葬仪式。

1986年7月18日和1993年4月13日,秦仁昌、陈封怀先后去世,他们生前所在单位中科院植物所、中科院华南植物所分别与庐山植物园联系骨灰安葬之事,于1993年9月20日一并安葬。至此“三老墓”遂告建成。

进入新世纪,为丰富墓园内容,庐山植物园先后请南京大学卞孝萱先生、云南民族大学马曜先生、北京林业大学陈俊愉先生分别为胡先骕、秦仁昌、陈封怀撰写纪念碑文,于2004年刻石立碑,并将胡献雅所书胡先骕《水杉歌》一并刻石,供人参观瞻仰。

“三老墓”的建成,实现了三老魂归庐山之遗愿,他们在天之灵若有知,一定会无比快慰的。后人到“三老墓”缅怀、纪念三老时,定会受到启迪,并将三老精神传承下去,发扬光大。在写作此文时,我愿再次向努力促成“三老墓”实现的有关部门和领导,向热心“三老墓”设计、施工、维护的专家、技术人员和职工们,表示深深的谢意。

四、未解之惑

1979年科学院植物所为胡先骕公开平反、补开追悼会之后,仍有几件与胡先骕有关而令人疑惑的事，至今尚没有听到合理的说法。

第一，墓碑落款之惑。父亲墓碑落款是“庐山植物园立”，而秦老墓碑落款是“中国科学院植物研究所、庐山植物园立”。胡、秦生前所在单位都是中国科学院植物研究所，为什么父亲墓碑落款没有单位？当然，这可能不算什么问题。但是单位不落款，似乎有点不合常理，是不是和当时的环境、气氛有关？

第二，植物志之惑。父亲晚年撰写的中国植物志稿《桦木科与榛科》已交稿，但1979年出版该卷时，却没有采用，也没有一个说法。据说，该科署名作者对父亲的稿件进行了改写，交稿时仍有父亲的名字，出版时名字莫名其妙地消失了。果真如此，岂不怪哉！

第三，植物学历史之惑。1983年中国植物学会成立80周年之际，在学会年会上，理事长在报告中国植物学发展历程时，将参加学会发起，并曾任学会会长的中国现代植物学奠基人之一的胡先骕“遗忘了”，岂非咄咄怪事。

关于第二、第三惑，不久就受到学者们的质疑和批评，好像到现在尚未有清楚的交代。

这几件事发生在20世纪70年代末、80年代初，那时“文革”结束不很久，秩序和思想方面仍存然在一定程度的混乱，出现一些怪事也不足为奇，今天我也无意要把这些困惑搞得一清二楚。和那时相比，人们的认识已经发生了巨大变化，今天许多个人和单位缅怀、纪念“三老”，就证明了这种变化。父亲胡先骕早已走入历史，然而他仍然存在人们的记忆中。希望并相信，人们记忆中的胡先骕，会越来越接近真实。

2014年6月20日

景寅山记

李国强[①]

3月12日,《江西晨报》刊登了记者采写的两篇通讯:《江西厅官李国强卸任后回归学术"故乡"》、《意气书生割不断的庐山情结》。第二天,接到复旦学长、南昌大学沈重教授的电话,说:"看了晨报,总的印象不错,但你对庐山的贡献,主要还不是《历代名人与庐山》、《毛泽东与庐山》两本书,而是安葬陈寅恪先生,这件事功德无量,可惜没有提及。"

学长的抬爱,再次开启我记忆的闸门,今年是先生归葬庐山的第10个年头了,往事历历在目。

先生1969年10月7日没于"文革"的凄风苦雨中,2003年6月16日归葬于庐山植物园。一条归葬路走了整整34年,让人感叹唏嘘。

我涉入这件事,是1994年春主持江西省社科院、江西省社联工作的时候。当时,省社联正在和有关单位筹备召开陈宝箴、陈三立学术研讨会,期间,我同研讨会主要筹备者、省诗词学会秘书长胡迎建接待台湾淡江大学教授、陈氏后裔陈伯虞,了解到陈家想把庐山陈三立故居松门别墅改建成纪念馆,修复南昌西山陈宝箴陵墓,将陈寅恪骨灰安葬在陈宝箴墓侧,并承担相应的费用。在我看来,这三件事,合情合理,件件应该办。

我还获悉,先生生前遗愿是葬于杭州西湖杨梅岭先君陈三立墓侧。"文革"结束后,先生家人先奔杭州,陈情有关部门,但以"风景区不能建墓"拒绝。前后

---

① 李国强,江西庐山人,1946年生。复旦大学历史系毕业。1972年调入江西省教育厅,从事高教管理工作,任高教处副处长、教育科学研究所所长、副厅长等职。1988年调江西省社科联,任副主席,1994年任主席、省社科院院长。1999年任省科技厅厅长。

10余年,西湖断桥难渡,这才有欲葬南昌西山之议。

这年春夏,江西兴起赣文化研究热潮。8月17日,我向时任省长的吴官正汇报深入开展赣文化研究事,在汇报结束时,反映了陈伯虞教授的三点意见。吴官正当即表示要我写个报告给他。当天,我就请胡迎建草拟《关于修复陈宝箴陵墓、陈三立庐山故居的报告》,第二天审定并以省社联名义签发。报告说:

> 陈宝箴、陈三立、陈寅恪一家三代,为著名爱国者,在中国近代史、近代文学史上具有重要地位,在海内外均有重大影响。省内一批学者曾联名于去年报告省文物局,建议在西山修复陈宝箴陵墓,在陈三立故居设陈列室,以增加江西旅游文化景点。今年9月,我会将会同省诗词学会、省政协学习文史委等单位,共同举办陈宝箴、陈三立学术研讨会。这有利于增强江西对境外赣胞的凝聚力,对促进江西对外开放,繁荣学术文化,推进精神文明建设大有好处。此数项内容,得到陈氏后裔的大力支持,并希望能将陈寅恪骨灰盒从广州迁葬于西山。特别是台湾淡江大学电脑教授陈伯虞先生,已3次赴赣,慨允负担修复墓地费用,承担庐山松门别墅中3户迁出的部分费用,现二处均蒙省文物局、庐山文物处同意,作文物保护单位。但新建县文化局提出,墓地要陈氏后裔以一亩50万元购买,松门别墅的住户迁出问题,庐山管理局至今未下决心。特恳盼省长百忙中过问,敦促地方政府从全省大局出发,采取得力措施,尽快解决这两个问题。

4天后,8月22日,吴官正在报告上批示:“请张才会文化厅、社联、南昌、庐山等单位负责同志协商解决好。我想新建不会提这个要求吧?庐山老姚很有思想,说清楚了问题也就好办了。”

吴官正批得很艺术。“张才”即省政府副秘书长朱张才,“老姚”是庐山风景名胜区管理局党委书记姚洪瑞。朱张才拿着“尚方宝剑”,积极联系协调,有一次还约我同上庐山催办。然而,道理是说清楚了,事情却一件也不好办。建陈三立纪念馆要报批,据说上面控制很严;迁出松门别墅内的居民要钱,当时已经协调到省文物局、九江市政府和庐山三家分担,但就是一家都不得到位。南昌西山陈宝箴墓,毁于当年兴修水库时,墓地夷为菜地,现墓主后人主动出资修复,当地不仅不支持,反而坚持墓地要买,且价格不菲,让人无法理解。

这年9月,陈宝箴、陈三立学术研讨会在南昌召开,会后,代表们到庐山参观松门别墅。与会代表中,除专家学者外,有不少先生家人,特别是先生之女陈流求、陈美延和侄女陈小从,在得知吴官正批示后,很是感动。陈氏家人于是提出,既然落葬杭州西湖和南昌西山都不成,就改葬庐山。陈流求说:“这不仅是家属的愿望,也可以为中华优秀文化方面留下一点纪念。”

为此,先生家人正式向江西有关方面提出要求,并通过全国政协、西南联大校友会等单位多方呼吁。期间,陈流求1995年11月3日致信西南联大校友会转全国人大常委会副委员长王汉斌和彭佩云,请求在繁忙工作中与江西省有关方面联系,促成尽快落实。这封信,很快就转到江西,12月5日,已是省委书记的吴官正再次作出批示:“请张才同志同文化厅、九江、庐山等领导商量,必要时请示懋衡和圣佑同志。”省长舒圣佑9日批示:“请张才同志按吴书记批示办。”

这之后,朱张才继续联系,先生家属也多方努力。吴官正调离江西后,省领导舒惠国、孟建柱、黄智权等先后都批示和过问此事。2001年,著名画家黄永玉和陈流求联名致信全国政协副主席、原江西省委书记毛致用,请他出面斡旋。为落实此事,翌年4月17日,毛致用亲率黄永玉和陈流求专程到南昌、庐山。这期间,不仅文化部门,统战、民政等部门也都涉入。然而,直到这年11月,仍旧不见任何动静。

这时,我已调任江西省科技厅厅长。11月3日,是一个星期日,我和几个朋友到庐山植物园休憩。当我同植物园主任郑翔聊及先生骨灰安葬之事,说仅我向省里反映到现在已有8年了,省领导一再批示,就是不得落实。郑翔说:“就葬在植物园!”我一听,是个好主意。

我们当即商定,庐山植物园归中国科学院和江西省政府领导,是省科技厅的直属单位,不属庐山风景名胜区管理。况且已有“三老”墓,再添一老又何妨?为免生枝节,我们只做不说。至于费用,先生家人已表示自理,就以陈家为主,植物园经费也困难,就多出力,少出钱。我还叮嘱,要尊重先生家人意见,抓紧墓园设计和选址,争取明年清明完成。郑翔后来查了一下,定在农历五月十七日,即先生诞辰日,举行墓碑揭幕仪式。

郑翔连夜通过胡迎建征询先生家人意见。反馈意见很快传来:先生在成都的长女陈流求、在香港的次女陈小彭和在广州的三女陈美延,一致赞成将父亲骨灰归葬庐山植物园,她们回忆,父母也曾另有遗言:身后能葬庐山,亦无憾矣。

接下来的事情,顺风顺水。郑翔带着卫斌等几个人,一面与先生家人保持联系、沟通,一面精心设计建墓方案、选址。经反复研究比较,墓址选在“三老”墓右侧的山坡上,此处坐北朝南,阳光充足,地势干燥。墓碑就地取材,由大小砾石

图 3-17　陈寅恪夫妇墓。

组成，一改旧习，不起坟茔，不设碑额，新颖、简朴、庄重。

在审定墓碑设计方案时，我对要不要立“独立之精神，自由之思想”碑，内心是有过思量的。当时，从全国来说，对先生的评价已经峰回路转，但对这10个字仍较敏感，没有这块字碑，我们压力不大。但“独立之精神，自由之思想”，是先生精气神所在，是先生“一生未尝侮食自矜，曲学阿世”的象征，立这块字碑，就是立先生形象，立科学旗帜；不立，必成遗憾。所以，宁可冒点风险，也要把黄永玉书丹的字碑立好。

也许是因为敏感吧，我在上庐山参加先生墓碑揭幕仪式前，向领导请假时，领导劝我“不要去”。这当然是出于对我的关心，我心存感激，但没有犹豫，还是上山了。

让我感到欣慰的是，庐山植物园发出举行先生墓碑揭幕仪式的邀请函后，先生生前工作过的单位，如清华大学、北京大学、中山大学、中国社科院历史所、台北“中研院”历史语言研究所，以及燕京大学、西南联大校友会等单位纷纷发来贺信，对先生安葬庐山给予充分肯定。省人大常委会、省政协、省委统战部和九江市、庐山及修水等相关单位领导、陈氏后裔、新闻记者近百人参加了墓碑揭幕仪式。

我在致词中，引用郁达夫悼鲁迅先生文章中的一段话：“一个没有伟大人物出现的民族，是可怜的生物之群，有了伟大的人物，而不知拥护、爱戴和崇仰的国家，是没有希望的奴隶之邦。”在我心目中，先生和鲁迅一样，也是民族精英，学人之魂。置身先生墓前，想到先生一生，解放前求学、为学，辛苦漂泊半个世纪，解放后又在频繁的政治运动中煎熬20年，身后竟34年骨无所归，今天终于入土为安，不禁悲喜俱来，动情地讲了三点意见：要好好保护先生墓园，让先生安息，让先生家人放心，让海内外一切拥护、爱戴、崇仰先生的人放心；要热情宣传先生；要认真学习先生，尤其是要学习、践行“独立之精神，自由之思想”。这不是矫情之作，也非应景之辞，实为我的内心自白，是我10年来关注、策划并支持植物园最终办妥这件事的一个历史小结。

仪式结束后，在下景寅山的路上，一位省领导对我说：“国强同志，这件事做得好，只有你这样为学的人，才会想到这件事，才能做成这件事。”听了这话，我如遇知音，心想，这大概就是黑格尔所说的“只有精神才能认识精神”吧。

郑翔告诉我，在安葬过程中，春雨绵绵，施工时断时续，但奇怪的是，4月30日，当他捧着先生骨灰盒安放入墓穴时，雨止天晴，墓地上空出现一道绚丽的日

图3-18　李国强与庐山植物园领导在陈寅恪墓落成仪式上合影。左起：徐宪、李国强、郑翔、鲍海鸥、张乐华。

晕，令在场者惊喜万分。植物园人用摄像机记录了这天遂人愿的祥瑞而壮美的瞬间。

在整个安葬过程中，先生三位女儿表现出的闺秀懿范和文化修养，给人留下深刻印象。34年来，她们为安放先生骨灰不遗余力，多方奔走，屡挫屡奋，令人感动。她们始终坚持费用自理，3人凑3万元，交给植物园。植物园精打细算，能省则省，该贴即贴，剩余近万元要退，三姊妹怎么也不肯收。按理，为了表示酬谢，办一桌酒，请植物园领导和经办人也就可以了，但她们硬是包下牯岭街一家像样的酒店，用余款宴请植物园全体职工。植物园人也十年如一日，把先生墓园当作重点文物保护，人人都是义务保安员、保洁员和宣传员。先生泉下有知，定当含笑。

安葬先生这件事，植物园和江西媒体并未作过多宣传，但却迅速传开。墓园照片在众多网络、平面媒体和书籍中不断出现，海内外来先生墓前的拜谒者、旅游者络绎不绝。著名作家、《人民日报》高级记者李辉还专门到庐山植物园，采访郑翔和我，详询细节。郑翔已经到庐山管理局担任领导了，他说，我在庐山工作多年，这件事做得最有意义。郑翔和我一样，一向仰望先生，钟情庐山，能有幸为先生安葬庐山尽点心力，感到由衷的高兴。

图3-19　景寅山石刻。

安葬仪式后不久，郑翔和我商量，应该为先生安息的山坡取个名字。我想到庐山花径公园内，唐代诗人白居易咏桃花的地方有座景白亭，我从小常在那里玩耍，受此启发，就取名为“景寅山”，表达对先生的景仰之情。郑翔特请他的老师、书法家杨农生书丹，刻石立碑，成为一景。

古人云：“山不在高，有仙则名；水不在深，有龙则灵。”景寅山并不高大，但因有先生而声名远播。碑上，先生的名言“独立之精神，自由之思想”，是学人心中永远的光，吸引着越来越多的人来到这座圣山，凭吊先生，沐浴光亮，纯净心灵。

2012年清明前夕

我所亲历亲见的陈寅恪先生归葬庐山之过程

胡迎建[①]

1988年10月，江西省诗词学会成立之时，邀来陈寅恪侄女陈小从女史，聘为学会顾问，余始识其懿范风仪。不久，省诗词学会上书省委宣传部，以庐山松门别墅辟建陈三立纪念馆。1994年春，台北陈伯虞至武昌，乃遵小从女史之嘱，为此事来南昌访我。我提出，现在各方面人士不知陈三立，最好举行陈三立学术研讨会，先扩大影响。遂于9月中旬，由省社联、省诗词学会主办的首届"陈宝箴、陈三立学术研讨会"在昌举行，邀请全国50多位专家学者、陈家后裔10多人与会，共研义宁之学。会后，我陪外省代表与陈家后裔往游牯岭，访陈三立故居松门别墅，瞻拜依依。陈寅恪女陈流求、陈美延女史提出，陈寅恪骨灰一直未下葬，她们不愿意葬在广东，因为那是父亲在"文革"中伤心之地，且又不是广东人。希望陈三立纪念馆建成后，同时将陈寅恪骨灰归葬庐山。但当时庐山管理局说，建国后，不论何名人，不能葬于风景名胜区。当时白鹿洞书院管理处处长孙家骅提出可葬于白鹿洞书院，但陈家人不同意，说陈寅恪与那里无渊源关系，此事遂搁浅。这段时间，我撰写了《独上高楼——陈寅恪》一书，先后于1998年、1999年由山东画报出版社、香港中华书局出版。

2001年6月，著名画家黄永玉从广东省委党校教师张求会的《陈寅恪的家族史》一书获知，陈家有将陈寅恪骨灰安葬庐山的想法，遂于2001年7月致信老朋友毛致用，请毛致用在陈氏姐妹致黄永玉的信上签署意见，转交给江西省。其时，张求会打电话告诉我这一喜讯，皆大欢喜，以为有希望了。

---

① 胡迎建，江西省星子县人，1953年生。1987年毕业于江西师范大学中文系，获文学硕士学位。江西省社会科学院研究员，从事中国古典文学研究。

其后，江西民政厅在省长亲自督促下，联合建设厅和庐山管理局，起草了一份《意见》，强调陈寅恪骨灰安葬庐山的各种理由。8月初，附有省长批示的《意见》送达毛致用处，“如陈先生的子女认为可行，即可具体商定实施”的郑重承诺，使得所有人都倍增希望。三个月后，黄永玉亲自将《意见》带到广州。陈美延因为摔伤腿脚，只得在电话中向黄老致谢。2002年4月，黄永玉与毛致用相约同行，从长沙驱车前往南昌，逗留一天，黄永玉再与广州陈美延的代表一起驱车前往庐山，实地考察松门别墅。前面有大石，上有陈三立所书“虎守松门”石刻。当时吴官正省长有批示，让那些人都搬出来。与庐山方面接谈，计划把陈先生的骨灰在选好的石头背后雕个洞，把骨灰摆进去。黄永玉返家后，还书写了“独立之精神，自由之思想”，计划镌于大石上。但不久，传来此构想被否决的消息。庐山管理局谢绝的理由似乎也成立，他们指出，庐山是国家级风景名胜区，按照国家相关规定，不允许在景区里增加新的墓葬，何况在“月照松林”景点上凿穴入葬，难度极大，且不符合规定。如果一定要安葬庐山，作为通融，可在山上专门的墓地“长青园”里购置一处，作为陈寅恪墓地，价格可以优惠。但陈家人不同意。

2002年夏，我在青山湖旁散步时遇到我的老领导、原省社科院院长、时任省科技厅厅长的李国强。我很焦急地告诉他，我听说杭州市政协有一提案，计划将陈寅恪骨灰葬到其父陈三立墓旁，在九曲十八涧的牌坊山。如果安葬到浙江，江西情何以堪。

2003年2月，李国强来到庐山植物园检查工作，与时任植物园主任的郑翔见面时，谈及此事，并说到陈寅恪归葬庐山搁浅的遗憾事。郑翔当即提出，可以在庐山植物园择地安葬。庐山植物园直属中国科学院领导，由江西省科技厅业务管理。植物园虽在庐山，庐山管理局却没有任何管辖权。李国强觉得这是一个很不错的建议，叫他来找我。郑翔主任下山，到省社科院找到我，说庐山植物

图3-20 进入墓园之仰止门。

园可以承办此事,嘱我与陈寅恪后人联系此事,因为他当时与陈家人不熟。我当时赠送了自己撰写的《独上高楼——陈寅恪》一书。随后写信给陈寅恪三女儿陈美延,告知植物园有此意思,且其地环境甚佳。半月后,我接到陈美延的信,大意说,她家三姐妹经过商量,同意葬于植物园。因为这里有渊源关系,其侄陈封怀先生也葬于此,距离松门别墅不远。我旋即将此喜讯告诉了郑翔主任。

郑翔和庐山植物园职工很快开始制定方案,甚至已经退休的研究人员,也热情参与其中,选好了附近大沟中的大砾石块,搬运至勘定的葬地。2003年4月,郑翔赴广州,陈美延把保存了34年的父母骨灰盒交给郑翔。郑翔选择了2003年6月16日,也就是阴历五月十七日陈寅恪先生诞生113岁之日,葬于庐山植物园。墓碑是就地取材,由大小砾石组成。郑翔在通往陈寅恪墓地的坡下立了块石碑"景寅山",在坡上做一寻常的木门,上书不寻常的两个字"仰止"。随后举行揭碑仪式,本人搭乘科技厅小车,与李国强厅长同行,一同参加安葬揭碑仪式。此事乃有本人穿针引线之功,当时极为激动,为之作《陈寅恪先生逝世垂三十三年,今夏归葬庐山植物园,以冰川石为碑,以太乙峰为邻,冥诞之日,举行揭碑仪式》诗云:

重峦开抱待魂归,觅选冰川石作碑。
太乙居旁为友伴,含鄱如口纳恢奇。
文章不朽关天意,节义从来乃国维。
仰望匡庐云雾里,一峰屹立万峰移。

雷震与庐山森林植物园

胡宗刚

1934年在庐山森林植物园创建之始，雷震是其中主要成员。1945年抗日战争胜利，雷震又受命回植物园接收和工作，至1948年离开。其在植物园时间虽不甚久，但对植物园创建和发展作出过重要贡献。

雷震，字侠人，江西南昌人，生于1903年。幼年在南昌菜园村村立小学读书，1916年入江西省公立农业学校就读。该校为中国早期农业学校之一，初设于南昌进贤门外，1909年增设林科，1920年林科迁庐山白鹿洞书院办学，成立高等林业学堂，后更名为江西公立农业专门学校。近代中国著名林学家侯过、钟毅等曾在该校任教，雷震得其亲炙。1924年，雷震在该校毕业，即在学校所属白鹿洞林场工作，任技士。1929年，受庐山林场之邀，转赴庐山林场工作。1934年又受胡先骕之请，参与庐山植物园创建。雷震在学校、在林场工作期间，因工作深入，获得甚多庐山林业方面资料和经验，对森林植物颇有研究，采得树木标本800多种，1933年有关方面编印《庐山植物志》，即取材于雷震的调查和记录。1931年胡先骕来庐山考察植物，为撰写《庐山志》有关植物部分，也参考雷震成果甚多，并由雷震陪同前往各处考察。此

图3-21　1933年雷震在庐山三宝树之一柳杉前留影。

番接触，雷震之学识也令胡先骕赏识，当1934年胡先骕创办庐山森林植物园，即邀其来植物园供职。植物园系静生所与江西省农业院合办，而庐山林场也隶属于江西省农业院，故此项变动甚为简易。

是年4月间，胡先骕派秦仁昌来庐山，选定含鄱口三逸乡一带江西省林业学校演习林场为植物园园址。6月，胡先骕即指派雷震与林业学校办理交接手续，并开始筹备。7月秦仁昌再来开办，并于8月20日举行典礼，胡先骕等许多著名科学家前来参加，一时盛况空前。秦仁昌对雷震这样评述：

> 雷震与静生生物调查所所长胡先骕是同乡，胡先骕很赏识他，认为他工作能力强，特别对庐山情况熟悉。1934年夏静生所派我去庐山筹设植物园，在我到庐山以前一个月，胡先骕已派定雷震为植物园技士，离开庐山林场，到植物园先事筹备。我上庐山后，看了他做了不少准备工作，并且做得很好，证明了胡先骕对他工作能力强的说法是对的。①

植物园成立之后，秦仁昌对雷震甚为信任，放手让他总揽植物园的总务，负责行政工作，而秦仁昌、陈封怀及几位练习生则专注于研究，此也因雷震对庐山各方面情况均为熟悉，一些事务处理较为便利之故。建园初期，主要任务是开辟苗圃、修筑道路、修沟砌磡、采种造林等，这些均由雷震负责组织实施。而这些工程需要大量劳动力，在当地招募临时工人，对工人进行管理，也全由雷震指挥，由工头监督实施。还有一些土地产权及遗留事务，也由雷震办理。由于植物园建设宏大，且时间紧迫，故雷震工作非常繁忙，在抗日战争之前，植物园建设初具规模，雷震为之贡献甚多。

雷震夫人李遇齐，其时随雷震在植物园一同生活。2013年，已是98岁高龄的李遇齐对在植物园生活有如下回忆：

> 大家都在伙房吃饭，不管是干部，还是工人及职工家属。每月按人头交纳伙食费，家里不开伙。吃饭是干部一桌先吃，有秦仁昌夫妇、我们夫妇，后来还有陈封怀夫妇，但时间较短，只有一二年。干部一桌吃完了，工人才接着吃，人多时有三四桌。伙食很好，菜也很多，干部和工人一样。

---

① 秦仁昌：关于雷震的情况，1968年10月3日。江西省林业厅藏雷震档案。

> 食堂物资采购，每天有一个大师傅挑个担子，去牯岭购买。我们需要一些小件物品，写个条交给大师傅一块代购，从来没有出现差错。那时东西便宜，鸡蛋1块钱100个。伙房自己养猪，植物园自己种有蔬菜，春夏时也经常在外采蘑菇、竹笋和野菜，有一次工人还抬回一只半大的老虎。①

这些生活细节，说明植物园员工如同家人，而这些鲜活的材料，虽然有些琐碎，但他处无记载，弥足珍贵。1937年4月，李遇齐之弟李遇正也来植物园工作，担任练习生，该年《年报》有记载。据李遇齐言，其还有一位弟弟当时也随他们在庐山，因受李一平存古学校进步思潮影响，投奔延安，加入中国共产党领导的革命事业。

抗日战争爆发，1938年植物园迁往云南，在丽江设立工作站。1939年初雷震偕夫人也辗转到达丽江，加入工作站工作。因经费拮据，雷震也曾在丽江中学兼职。但至1940年6月，因夫人患病，为治疗疾病，不得不返回江西。后在江西省农业院设于南城麻姑山林业试验所工作，一度任该所所长。1945年8月抗战胜利，11月受江西省农业院之命返回庐山，接收庐山森林植物园。植物园复员时，因经费异常拮据，于1948年8月离去，重回江西省农业院。当时主持植物园复员之陈封怀，对雷震离去甚为歉疚。1949年后，雷震曾任江西省林业垦殖厅林业局副局长、林业工程师，1978年8月在南昌去世。

① 李遇齐口述，雷井华记录，2013年。

且把清明祭先人

——2002年4月4日在庐山植物园职工祭扫“三老墓”上的演讲

郑 翔

同志们：

明天就是清明节。今天，我们植物园的全体职工相聚在“三老墓”前，以无比崇敬的心情，以祭奠亲人的方式，祭奠胡先骕、秦仁昌、陈封怀三位老先生，表达我们对他们的追思、缅怀和崇敬之情。三位老先生对我们庐山植物园有缔造之恩、培育之德和发展之功。“吃水不忘挖井人”。作为植物园后辈职工，我们对他们的恩、德、功，应该世世代代，永记不忘。以后，我们每年清明节都要在这里祭奠“三老”，形成习俗，世代相传。

三位老先生不仅仅是庐山植物园的创始人，更是中国第一代著名植物科学家，也是世界知名的植物学家。他们的科学成就、科学精神和科学贡献都是世界性的。

胡先骕是我国著名的植物学家，江西新建县人，早年曾两度留学美国，获哈佛大学博士学位，归国后与秉志先生一道，先后创办了中国科学社生物研究所、静生生物调查所，为中国生物学研究作出了奠基性贡献。1934年胡先骕又创办了庐山植物园，产生了深远影响。

胡先骕还是位教育家，曾在南北许多大学任教授，教书育人，培育了一代新人，许多植物学家都出自其门下，被尊为宗师。1940年出任国立中正大学第一任校长。在战时，在极为艰苦的条件下，聘请名师，关爱学生，为该校建设奠定基础。只是与蒋经国意见相左，才被迫辞职，未能实现其教育理想。

不仅如此，胡先骕还是著名的文学家，在东南大学时期，与吴宓、梅光迪创办《学衡》杂志，就白话文和文言文与北大胡适进行论争，一时成为学术焦点。在《学衡》上，胡先骕还撰写大量的评论明末清初诗人的文章，内容丰赡，考辨翔实，立论鲜明，为文学批评增加新的活力。他的评论至今仍被学界所引用。胡先骕于诗力主江西诗派，而自作却不拘一格，有《忏庵诗稿》行世，钱钟书赞誉其“挽弓力大，琢玉功深”。

秦仁昌先生是庐山植物园的第一任主任，是世界著名的蕨类植物分类学家。他出生在江苏武进县农村，是从农村走出来的孩子而最终成为享誉世界的科学家。1932年，他从欧洲七国学习、工作回来之后，在胡先骕先生领导的静生生物所工作，怀着“科学救国”的理想，主动请缨，自告奋勇，来到庐山，创建中国第一个植物园。当他第一次上山开创事业的时候，含鄱口三逸乡还在原始状态的一片荒野，没有道路，没有电灯，禽兽出没，人烟稀少，一切生活和工作用品都要从山下背上来。他们开石筑屋，披荆斩棘，克服艰难，战胜困苦，一边建园，一边科研。就是在这样的条件下，他竟然完成了一套全新的蕨类植物分类系统的研究，他所创立的分类系统至今仍被国际学界采用。

1938年秋，日军兵临山下，秦先生被迫率植物园仅有的19名员工撤离庐山，前往云南丽江设立工作站，继续研究工作。从此，他一去未返，再也没能回到庐山。尽管如此，此后的数十年，他一直关心着庐山植物园的发展。42年后的1980年，他在给中国科学院方毅院长的一封信中，满怀深情地表达出他对庐山植物园的关心和怀念。他在信中这样写道：

“全国解放后，我虽然调来北京植物所工作，但仍然关心着庐山植物园的发展和研究工作。据近来到庐山访问的朋友们回来说，植物园内巨木参天，林道荫郁，风景优美，鸟语花香，成为庐山的一颗明珠，每年来访的人士以数万计，其中国际友人也是数千。去年12月8日，美国商业部副部长Elsa Allgood Porter参观了植物园后，在留言簿上写道：看到父亲（名叫Allgood，是三十年代美国庐山牯岭小学校长，她是该校的学生）四十多年前赞扬过的并在抗日战争中设法保护的庐山植物园，通过广大科学工作者和工人们的努力，已把过去的梦想变成了现实，我感到很高兴，并祝愿继续发展。还有许多国际友人参观后留言说，庐山植物园是中华人民共和国最美丽的植物园等等。今天，我听到国际友人这些话，深有感慨。只有解放后在中国共产党领导下，科学家的梦想才能变成现实，庐山植物园才能成为名闻世界的中国植物园。可惜，我本人因右脚骨折，不能旧地重游了……”这些文字出自一个年已垂迈的老科学家之手，出自我们植物园的第一任主任之手，字里行间充满着对庐山植物园的关心、眷恋和向往。

2001年5月，美国密苏里植物园主任彼得·雷文先生来园参加蕨苑揭幕仪式，献辞时，对秦仁昌先生的成就和精神给予了高度而独特的评价："我们可以看到秦仁昌的精神也激励着人类的勇气和信念。他的一生是一个经历了艰难痛苦而获得成功的动人故事。""我们知道蕨苑的创立不仅是对秦教授智慧的崇敬，更是对他的勇气和精神的崇敬。""或许秦仁昌的工作和生活是跨越这一沟壑的桥梁。他和这个地方向我显示了我们周围环境的重要性，不仅是美丽的风景，而且是人类精神中的勇气和品格。"一个外国人，一个美国植物学家，一个中国科学院的外籍院士，不远万里来到庐山，给蕨苑揭幕，给秦先生墓献上花篮，并且献上一片真诚的赞誉和崇敬，我们在深受感动的同时，更感到肩上的重任。

著名的植物园专家陈封怀，江西修水县人，出身名门，1936年自英国爱丁堡皇家植物园留学归国，即来庐山植物园任园艺技师。抗日战争胜利后，是他不畏困苦，重返庐山主持复员工作，以迎接1949年的解放。他1946年所面对的植物园，已经是苗圃荒芜，温室不存，标本被掠，仪器散失，遍地疮痍，面目全非，事业上从头做起，重整山河，恢复建园。经济上来源几绝，他不得不以自己薪金的大部分充作公用聊以补贴。生活上温饱难继，一天的粮食分作两天吃，在建园劳作的同时，不得不生产自救。在人身安全上，除了野兽的出没，又多了散兵游匪的侵扰。事业开展之艰辛，生活维持之困难，是我们今天难以想象的。他们在整日的劳作中仅仅用"休息十分钟"作为体力的恢复。我们谁能想到，现在这么美丽的园林景观就是在这样的条件下完成的。他们是栽树的前人，我们是乘凉的后者。

庐山植物园在解放之后有了长足的发展，从此也引领了中国植物园的建设。陈封怀先生奔走南北，作出杰出贡献，被尊为"中国植物园之父"。

我们与"三老"不是同一个时代的人，但我们是同一个地方的人，是同一个事业中的人，有着同样的科学理想和追求。"三老"虽然已经故去多年，我们绝大部分人都没有见过他们，但是，这并不影响我们对他们的崇敬，因为"三老"的精神不死。江西省科技厅厅长李国强同志第一次对"三老"精神作了一个准确、精辟又富有现实意义的概况："献身科学，报效祖国，艰苦奋斗，以园为家。"这个"三老"精神，不仅是我们庐山植物园的财富，也是整个植物科学界，乃至整个科学界的宝贵财富。我们为植物园是"三老"精神的起源地而感到骄傲。

我们庐山植物园是一方风水宝地。这里不仅有着美丽的园林景色，更诞生了著名的科学家，诞生了卓越的科学成就，诞生了永恒的科学精神。这些科学家已经成为历史人物，化作云烟，长留在青山不老的记忆之中。这些科学成就早已跨越国界,至今仍在全世界植物界发挥重要作用,而这个科学精神将永远激励我们不懈地工作。继承和发扬“三老”精神,发展我们共同的科学事业,是我们这一代植物园人的光荣使命。

在这个深情缅怀先人的时刻,我们同时深感惭愧和不安的是,我们现在还拿不出多少像样的成绩来告慰我们的“三老”。但是,我们坚信,有科技厅党组的正确领导,在中国科学院大力支持下,在全园职工的共同努力下,有改革和创新的有力支撑,明年的清明节,我们可望有比较好的工作成绩,告慰我们的“三老”,告慰他们的在天之灵。

我一直想给“三老”叩几个响头,但一直不好意思。今天是清明时节,我们集体祭奠“三老”,愿意跟我叩头的同志,我们一起给“三老”行一个跪拜之礼吧。(全场一片肃然,全体一片跪倒,向“三老”墓行跪拜之礼)

我们刚刚完成我们的第一步改革。今天,改革后的资源与生态研究室把它们刚刚引回来的五十几种植物种植在“三老”墓旁,其中有二十几个国家保护物种。这次行动,是我们多年来第一次有规模的外出引种,也是我们对“三老”最好的纪念。我们的改革刚刚完成,我们的事业又有了新的起步。我们要让“三老”放心,改革之后,他们的后代会更加勇敢而坚定、更加勤奋而自觉地去完成他们的未竟事业,去实现他们的科学理想,去为国家作出应有的贡献。

钱仲联为纪念胡先骕题诗[①]

胡宗刚

图 3-22　钱仲联。

当代著名的文史学家、苏州大学教授钱仲联先生，在其关于清代诗学的著作中，曾引用胡先骕在《学衡》杂志上发表的诗评文字。一位自然科学家关于国学的著述，能受到一位国学大师的推崇，殆为鲜见。余作胡先骕传记资料之收集，对钱仲联的著作甚加注意。前岁又见安徽教育出版社《当代学者自选文库》出版，其中收有《钱仲联卷》，书中辑有作者多种“诗坛点将录”。《近百年诗坛点将录》点胡先骕为“地满星玉旛竿孟康”，云：“所撰评论郑珍、金和、张之洞、陈曾寿、刘光第、俞明震诸家诗集之专文，阐述详尽，评骘精确，究心近人旧体诗者，不可不读也。”（第690页）《近百年词坛点将录》，胡先骕又被点为“地羁星操刀鬼曹正”：“所撰论王半塘、文芸阁、朱彊村、赵尧生诸家词集之专文，剖析精微，评骘得当。自为词有被胡适所讥者，时人学梦窗者多有此失，不独步曾为然。”（第717页）《南社吟坛点将录》再评胡先骕为“地魁星神机军师朱武”，所云最为详尽，照录如下：

---

① 本文写于2001年2月3日，此为首次发表。

> 步曾，植物学宗师，而邃于文学。先后出沈曾植、陈衍门下。留学美国，与胡适同时，而持论抵牾。于诗词根柢深厚，尤精近代。曾撰评论文章，于明代阮大铖、近代文廷式、刘光第、俞明震、赵熙、陈曾寿等家之专集，俱专篇评论，洞见社会关系奥窔，具正法眼藏。无专论者，则于《评胡适〈五十年来之中国文学〉》一文中论及之。以撰著《近代诗抄》之论诗绝句组诗遍论各家。皆发表于《学衡杂志》。其自得力于阮大铖及同光体诸家，而多新内容。有《胡先骕先生诗集》。(第737页)

钱仲联之于胡先骕的推许敬重，可谓备矣。

胡先骕字步曾，赣之新建人，生于1894年。成名甚早，1918年即任南京高等师范学校农科教授，于文史有较高造诣，最为时人称道的是曾为《学衡》主将，而一生主要腐心于植物分类学研究，为中国该学科开创者之一。后长期定居于北京，1949年后，形存心隐，逝世于“文化大革命”中，享年74岁。钱仲联，初名萼孙，以字行。江苏常熟人，生于1908年。以治文学为主，旁及经、史、地等领域，淹贯博通。长期执教鞭于东南诸大学，被誉为国学大师，为苏州大学扛鼎人物。钱仲联之所以尊崇胡先骕，窃意以为他们之间应有交往，惟无缘拜谒钱老了解本事而引以为憾。

曙光果然出现于东方，缘分终于降临。湖北程巢父先生，近几年每至盛夏，辄携两子来庐山逭暑，只求庐山气候凉爽，空气清新，好为著书立说。去年程先生一行来时，带来佳音，其长子季蒙已获浙江大学博士学位，又与苏州大学中文系博士后流动站联系妥帖，随钱仲联先生作沈曾植研究。很为季蒙博士能从名师而高兴，也为自己有可能拜谒心仪已久的长者感到心喜。他们临走时即以此嘱托，请便中设法向钱先生询问其与胡先骕之关系，并代为搜集手札之类的资料。当他们在苏州安置好新居后，季蒙博士来电话告之所询结果：钱先生与胡先骕没有直接交往。甚为怅怅。

是年初冬，余买舟东下，于南京中国第二历史档案馆查找有关胡先骕与北平静生生物调查所的档案，恰逢程巢父先生也来南京访求资料，又商之于他，以钱仲联先生对胡先骕的赞誉，可否请钱仲联先生为庐山植物园写字一幅，以作珍藏。庐山植物园为胡先骕1934年创办，今拟举办园史展览，若得钱先生书法，乃莫大荣幸。程先生言：可矣！遂欣然规往。在南京繁重紧张的抄写档案任务完成之后，已是下午，匆忙收拾行李，赶往苏州。翌日，程先生引领拜谒已93岁高龄的钱先生，问明客者来自庐山，当即说庐山有一著名植物园，为胡先骕创办。

程先生与之言，我即是来自庐山植物园，特为胡先骕事而请先生写字，钱先生当即允诺。但书写什么内容，他思之良久，以为还是作诗一首为好，让人喜出望外。时已初冬天气，室内有些寒冷，寓所中未使用取暖设备。钱先生身着棉衣，步履蹒跚，又有些耳背，不过精神矍铄，思维敏捷，惟其吴语让我难谙，虽有程先生常为传语，终觉交谈不便，也就没有提出更多的问题请益，只是嘱待天暖之后，请为临砚挥毫。

未曾想到，返山后不几日，便接程先生以挂号寄来之钱先生墨宝，老先生如此行事，让人感动不已。更有诗书俱佳作品，能不欢之呼之。现敬录如下：

庐山植物园定于农历辛巳举办胡先骕先生纪念展览，赋诗奉献

束发拈诗笔，倾心属此翁。
秀州传钵袋先生为沈寐叟弟子，西海畅宗风。
学派群流上，专长植物中。
名园开盛会，仰止万方同。

农历庚辰冬苏州大学终身教授九十三叟钱仲联

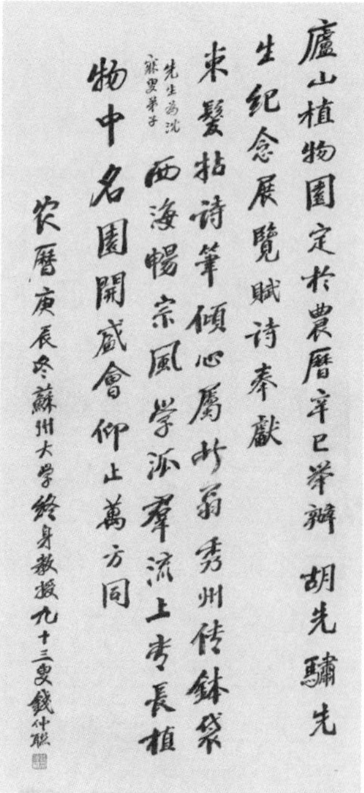

图3-23 钱仲联题诗并书。

字幅大小只比整张宣纸稍窄，笔迹遒劲有力，温润有致。诗非乏乏应酬之作，从中可解先生对胡先骕之景仰，试为解之。

1926年，钱仲联19岁，自无锡国学专修学校毕业，即于《学衡》第51期发表《近代诗评》一文。文中知人论世，品评清末民初骚坛，持论多得益于胡先骕此前于《学衡》中的诸多专文，此所谓“束发拈诗笔，倾心属此翁”是也，前所引《点将录》中的文字也可与此相印证。

胡先骕为近代著名学者沈曾植门生。沈曾植字子培，号乙庵，晚号寐叟，浙江嘉兴人，嘉兴古称秀州。钱仲联自40年代起，着手笺注沈曾植《海日楼诗集》，尝受沈曾植嗣哲沈慈护之邀赴沪。其自言：“一九四七年七八月间，应沈慈护先生之召专程赴沪，客于沈宅，整理沈曾植遗著，得读其笔记、文稿及大量手稿，所获颇丰。通过与慈护先生的交谈，详细掌握了沈曾植的交游唱酬、学术活动等生活背景材料，用以补充《海日楼诗集笺注》初稿之不足，续加整理，遂成定稿，这时已临近解放。……我客居沈宅期间，依据沈曾植遗著整理编成《海日楼札丛》八卷、《海日楼题跋》三卷。”（《钱仲联学述》，浙江人民出版社1999年，第67页）钱仲联在沈宅应了解到一些胡先骕的情况。1958年胡先骕应沈慈护之请，曾为《海日楼诗集》作跋。晚年所撰《忏庵丛话》中，言师云：“著有《海日楼诗集》，未刊，近人钱仲联（萼孙）为之注。《曼陀罗室呓词》则朱彊村（孝臧）早为之刊布。平生治学有所得，辄书于片纸，堆积盈簏。彊村先生面告，其所治学多端，非通人无从为之董理。今其嗣子慈护托钱仲联辑集成编，为《海日楼札丛》及《海日楼题跋》问世，学者始能自其学海中蠡酌之，其略见于钱氏之前言，兹不赘。”（《胡先骕文存》上册，江西高等教育出版1994年，第504页）兹亦可见胡先骕甚为推许钱仲联也。若按师承辈分言，钱仲联称沈曾植为太老师，故于胡先骕也以长辈相尊，故有“秀州传钵袋”之句。

今《海日楼诗集笺注》历经半个世纪，将由北京中华书局出版，在季蒙博士处见到此书手稿的复印件，洋洋大观。稿后附有胡先骕跋语，此文《胡先骕文存》失收，余当即抄录一过，也为此次苏州之行的又一收益。

马曜与庐山[①]

胡宗刚

民国时期之庐山，有交芦精舍、有李一平、有存古学校。余读《李一平诗集》，又知有马曜，且尚在昆明。既而修书通问，得先生惠赠《此湖精舍诗注》一册，很出望外。知云南教育出版社有《马曜先生从事创作学术活动五十周年纪念文集》出版，邮购一册，始于先生生平交游、道德文章有所了解，时在1999年。

2000年春往北京，为搜讨庐山植物园第一任主任秦仁昌先生史料，在中科院植物研究所标本馆秦仁昌再传弟子张宪春博士处，见到马曜先生为秦仁昌百龄诞辰所书五言诗一首，先生以八八高龄，所写篆书，平稳流畅，苍劲浑厚，别有逸致，实为难得，让人艳羡不已。从诗中方知，马、秦之间交谊颇厚。返回庐山后，再为驰函，请马老先生为庐山植物园也书一幅，以作珍藏。未久，马老书作如期寄达，再次捧读留有墨香之佳作，甚为欣喜。

余作静生生物调查所史料之收集，2001年夏有西南之行，在昆明，特往一二·九大街，云南民族学院之宿舍，拜谒著名历史学家、民族学院名誉院长马曜先生，听其述谈与秦仁昌之交往，回顾与庐山之因缘始末。归于匡山，重读先生诗集和《纪念文集》，作此文以志先生于庐山之旧迹，可作庐山近世掌故。

马曜，字幼初，云南洱源白族人，生于1911年。幼承庭训，得学吟诗；1935年来庐山之前，在上海光华大学求学，就读会计学。此时加入中国共产党，在沪西区委领导下，从事地下工作，一度曾往湖北襄阳，随滇军将领范石生。当范石生与蒋介石不协，称病来庐山，与其同僚游山乐水，马曜即来庐山，意在争取范石生起义，此项工作并未如愿。时有云南大姚人李一平在庐山芦林办学，马曜

---

① 本文写于2001年12月23日，此为首次发表。

图3-24　马曜。

即参与授课，因此在庐山工作、生活一年有余。曾在学生当中传播进步思想，后有学生受其影响而参加抗日战争的游击队，或奔赴延安参加革命，如罗丰、柯贤廷、唐维恭等。其中罗丰进了抗大，戎马一生，离休前为福州军区空军政治部副主任。当唐维恭临行时，马曜在浔阳与之告别，且作诗相送。

马曜在庐山教书所得甚微，生活清苦，1935年除夕，竟无米下锅。是时，不幸患染肺病咯血，在牯岭医院、南昌医院治养，回芦林学校后仍是养病。山中寂寥，引发诗情，与唐维恭、阎任之等唱和，达65首。此先录几首，以见先生之诗力、诗风。《赠李一平》云："圣狂心许处，肮脏有高姿。与子一交臂，如当百万师。庄谐稍世觉，屈问倘天知。豹雾开真面，匡君好护持。"《宿黄龙庵》："十年乡梦落禅林，照眼溪山独古今。荒径竹丛迷鸟迹，澄潭树影阅秋心。碾余午梦过雷隐，立尽疏钟寂暮阴。夜静经残群动息，避秦应不厌山深。"《偶成》："大地不平山突兀，苍天有泪雨滂沱。欲将积愫浇江海，转觉波涛自此多。"《交芦桥晚步》："流水荡悬旌，溪光沐晚晴。涧声喧石动，云影傍人行。一树怀春意，扁舟遗世情。筇还千嶂合，遥磬澈心清。"

马曜先生为诗，其自言云："初宗昌谷，恨其骨多；即学玉谿，恶其肉满。学殖未丰，意侈才短，频年荒梗，顿成颓坠。及读少陵、涪翁诗，始惊其搜扶无秘，包含无外，吟讽既久，略窥其辞之所以然，及其不得不然。"其时，庐山文人雅士云集，诗坛祭酒陈散原老人也年年居山，肆力宋诗，倡导之风盛行；其次，庐山得自然之灵，景色明晦变化，蕴含诗情；再次，为人类进步事业从事地下工作，也铸成他深远的情怀。因此激发马曜重提诗笔，这是其少年作诗之后的又一时期。每有所写，即寄回云南呈教乃父，以续趋庭。1948年先生诗作结集出版，罗庸、钱基博、王灿、刘文典诸前辈为之作序，备加鼓励。1993年此集经蔡川右注释，由云南教育出版社重刊，得以广传。

马曜与秦仁昌相识在庐山，其时，庐山植物园刚刚建立，秦仁昌自北平南下

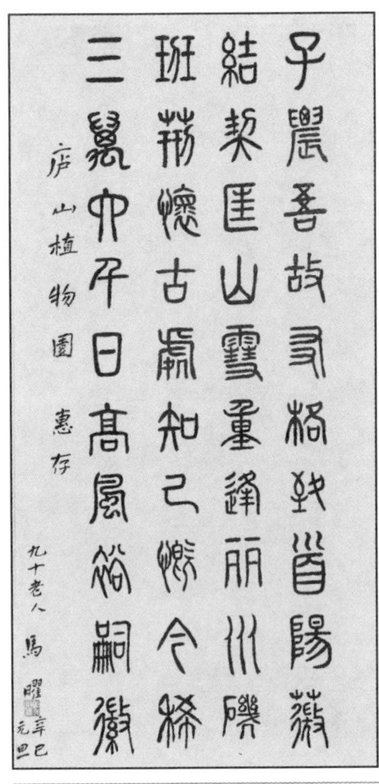

图 3-25 马曜为纪念秦仁昌题诗并书。

主持，得李一平帮助甚多，其也往学校授课。抗战时，庐山植物园迁往云南丽江，设立工作站，此时马曜也在丽江工作，友谊遂为加深。1949年后，先同在云南大学，秦仁昌曾受到政治追究，是马曜仗义执言，方才解脱。秦仁昌调至北京中科院植物所后，马曜每次往京，皆往秦家探望，每次秦仁昌都以酒相待。故马老追念秦先生之诗，异常深切，谨录如下：

子农吾故友，格致首阳薇。
结契匡山雪，重逢丽水矶。
班荆怀古处，知己慨今稀。
三万六千日，高风裕嗣徽。

马曜先生还谈了两则庐山旧事，也值得一记。其一，上海兵工厂厂长宋垢蓬其时也携家人在庐山居住，其妇系西人，钢琴家。宋于国民党也甚不满，马曜与之接触，争取其对革命有所支持；其二，江西省主席熊式辉之子很为顽劣，熊式辉虽军人出身，于其子却无法管教，即送到存古学校，托付给李一平，起先以铁链拴住，以防逃走，后经反复施教，终让其明悉道理，驯服其劣性。

此次拜谒马曜先生，带有庐山植物园所产云雾茶，马老高兴，说很久没有喝到云雾茶了。其诗中有“忽忆茶香寻老衲，共看天色话桑麻”之句。自从1936年离开庐山，马老就未曾重上庐山，对庐山之景物很为怀念，余因嘱写忆庐山之诗。

在马老的书房中，我发现一册1936年商务印书馆出版的卫聚贤《考古学小史》，内有我需要的材料，准备取出抄录，未想马老却让我把书拿走。前辈如此恩泽后学，我从前只在别人的文章中读到，今亲为承受，让人欣喜。

中午，马老请我到附近莲花池饭店吃过桥米线，与我谈陈圆圆旧事，谈在庐山时的旧人。想到《吴宓日记》中多处记有先生，以此为问，又与我谈和吴宓的交往。临别时，马老送我上出租车，硬要为我付车费，让我再次沐浴到老人的恩泽。

作此文已近岁末年初，所在地是老人曾经行吟晚步之芦林，遥祝老人康健长寿。

闪烁的界碑①

——写在鄱阳湖分园立好界碑之际

吴宜亚

这不是历史的丰碑！

这只是时代的接力棒！

透过阳光照射树林的闪亮，我们凝神注视着眼前用青石镌刻的界碑。高度、厚度、宽度，无不显示出一种成熟男子的气度，俨然一棵饱经风霜的千年古树，久久站立，久久沉思。仿佛全身烙满了山的影子、水的影子、菖蒲的影子、水稻的影子、蔬菜的影子、农夫的影子、村庄和炊烟的影子。是的，你将成为一棵大树，成为一簇水草，成为动物、微生物之外的另类，成为孩子们向往的植物的宝库、知识的殿堂！

图 3-26 鄱阳湖植物园 8 号界碑。

这里还没有美丽的外貌！

这里永远有科学的内涵！

循着通幽的小径，我们看不到飞泻

① 该文刊于 2009 年 8 月 21 日《九江日报》。

的流泉、坚韧的巨石、飘逸的春雾、味浓性泼辣的绿茶。只感觉跋涉的艰辛、灵魂的交响！色彩古韵的字体下，流淌的是75年的兴衰交替、75载的风风雨雨。你是一个苍老的行者，你是一个新生的婴儿，在闪烁的界碑前，一次又一次经受住血液的洗礼。我们仿佛看到了胡先骕引领分类、秦仁昌游学英伦、陈封怀临危受命。大雁去了那里？大雁的精神永在！“人”字飞行的队伍，是铁骨铸造的经典，是庐山植物园人奔流不息的血脉。

快去描绘壮美的蓝图！

快去抒写大气的诗行！

你走了很远，走得很累，走进了八千里路云和月，走进了春色满园、飞莺舞蝶的季节，走进了披蓑戴笠、桃花涨汛的江南。一声长啸，泪湿衣裳；蓦然回首，闻到了鄱阳湖畔鱼米香。你才刚刚踏上征程，咿呀蹒跚，拨开含鄱口的云雾，细数仰贤亭的枫叶，谛听三逸乡的松涛。看阳光涤荡绿水，赏鲜花烂漫山间。静静的、静静的，忠实守护人类的梦想，感受绿叶的呼吸，感受松杉桧柏的心跳，感受先贤祖辈厚重的足迹怎样越过千年万年的磨砺。

在初春萌生嫩芽！

在深秋染满红霞！

也许，我只是你身边的一个过客，而你却展开博大的胸怀，吸纳我、哺育我、牵引我。在冷热交替的时空，你的身躯是匡庐的青松，挺拔、伟岸、坚强；你的热情是鄱湖的秀波，轻柔、澎湃、壮阔！也许，你只是站在荒芜的地平线上，仰视风起云涌，无法抵达汉阳峰的巅顶。但我们新一代的拓荒者正整装出发，一路昂首阔步，一路笑语欢歌。心中丢失怯弱，双手划过天空，吹奏的号角长满了希望的羽毛，积蓄了腾飞的力量，勇敢地翱翔、翱翔……

后记

江西省、中国科学院庐山植物园系北平静生生物调查所与江西省农业院于1934年合作创建，而静生所则成立于1928年。沧海桑田，1997年余着手撰写《静生生物调查所史稿》一书，开始在各地档案馆广泛搜集历史资料，所获之中即有不少关于庐山植物园者。2007年受中国科学院植物研究所之邀，往该所工作一年有半，遍阅该所档案，又获得一些庐山植物园史料。2009年庐山植物园建园75周年，受时任主任张青松先生嘱托，撰写《庐山植物园最初三十年》一书，在庐山植物园凌乱的档案中，也获得一些史料。在此期间，还向一些曾在庐山植物园工作过、且仍健在的老先生约稿，请其撰写回忆文章，荣幸获得数篇。此后匆匆又是五年，2014年，又逢庐山植物园建园80周年，党委书记吴宜亚先生视野开阔，作风务实，勇于担当，积极主张二次创业。为传承历史文化，年初之时，嘱为编著图籍，以志纪念。遂提出撰写一篇简史，记述庐山植物园发展脉络；再将多年搜集所得重要档案史料和一些回忆文章编辑成册，而回忆文章还可向庐山植物园退休之老先生和在职员工征集，请为赐稿，以光篇幅。该项建议获园办公会议赞同，随即着手进行。经过半年努力，形成这样的规模，计40余万言，图片百余幅，内容堪称丰赡。然亦有遗憾之处，征稿未能如愿，最终所得，仍不足10篇，也只能如此。

档案和回忆录，是历史著作形式之一。档案是未曾修饰之历史，回忆是亲历者述闻，皆为第一手资料，其所呈现之历史，较为客观公允，历史功过是非，读者自可明辨。感谢詹选怀、鲍海鸥、张乐华、雷荣海、杜有新、魏宗贤、高浦新、卫斌、蒋波诸同人，或审阅全书文稿，或提供资料，或贡献图片。编辑本书，因时间仓促，定有不周或错误，敬请读者予以批评指正。

胡宗刚

2014年7月15日 于庐山植物园园边室